U0382313

# 《消防安全责任制实施办法》
# 释义与解读

公安部消防局　编著

中国社会科学出版社

# 图书在版编目（CIP）数据

《消防安全责任制实施办法》释义与解读／公安部消防局编著.
—北京：中国社会科学出版社，2018.3（2018.5重印）
ISBN 978 - 7 - 5203 - 2011 - 5

Ⅰ.①消…　Ⅱ.①公…　Ⅲ.①消防—安全管理—学习参考资料
Ⅳ.①TU998.1

中国版本图书馆 CIP 数据核字（2018）第 013171 号

---

出　版　人　赵剑英
责任编辑　黄　山
责任校对　武　晶
责任印制　王　超

---

出　　版　中国社会科学出版社
社　　址　北京鼓楼西大街甲 158 号
邮　　编　100720
网　　址　http：//www.csspw.cn
发 行 部　010 - 84083685
门 市 部　010 - 84029450
经　　销　新华书店及其他书店

---

印　　刷　北京君升印刷有限公司
装　　订　廊坊市广阳区广增装订厂
版　　次　2018 年 3 月第 1 版
印　　次　2018 年 5 月第 2 次印刷

---

开　　本　880×1230　1/32
印　　张　13.25
插　　页　2
字　　数　281 千字
定　　价　26.00 元

---

凡购买中国社会科学出版社图书，如有质量问题请与本社营销中心联系调换
电话：010 - 84083683

# 《消防安全责任制实施办法》释义与解读
## 编委会

| | | | | | |
|---|---|---|---|---|---|
| 主　任 | 于建华 | | | | |
| 副主任 | 琼　色 | 詹寿旺 | | | |
| 委　员 | 杜兰萍 | 张福生 | 马维光 | 罗永强 | 魏捍东 |
| | 周　天 | 亓延军 | 王保国 | 马恩强 | 王宝伟 |
| | 代旭日 | 金京涛 | 张全灵 | 刘激扬 | 闫文伟 |
| | 王治安 | 郝益成 | 郭水华 | 王　玮 | 王天瑞 |
| | 刘心元 | 王　勇 | 于杰武 | 李建春 | 李俊东 |
| | 葛相君 | 张兴辉 | 周　详 | 杨国宏 | 李　斌 |
| | 王文生 | 宋树欣 | 张明灿 | 李彦军 | 张福好 |
| | 万志祥 | 曹　奇 | 李伟民 | 李　勇 | 汪永明 |
| | 刘赋德 | 蔡卫国 | 赵文生 | 邓立刚 | 王增华 |
| | 吴振坤 | 牛　军 | 唐国忠 | 姚清海 | |
| 主　编 | 王天瑞 | | | | |
| 编写人员 | 王天瑞 | 王海宁 | 米文忠 | 王志荣 | 王　伟 |
| | 王子焱 | 杨张捷 | 胡　鑫 | 王　肖 | 罗时照 |
| 审稿人员 | 张华东 | 叶兴亮 | 刘海燕 | 钟蔚彬 | 高　磊 |
| | 杨屹茂 | 闫　宏 | 林　志 | 闵魁英 | 刘宗卫 |
| | 李　兴 | | | | |

# 前　言

　　消防工作事关人民群众生命财产安全，事关经济发展和社会稳定大局，事关党和政府形象。近年来，在党中央、国务院和地方各级党委政府的领导下，经过各地区、各有关部门和全社会的共同努力，我国消防工作取得了历史性进步，为服务经济社会发展、保障人民群众生命财产安全作出了重要贡献。但是，随着我国经济社会快速发展，工业化、城镇化深入推进，消防工作新情况、新问题日益增多，火灾风险累积叠加。当前，公共消防安全基础不适应经济社会发展、消防安全保障能力不适应人民群众需求、消防管理方式方法不适应科技信息化发展、公众消防意识不适应现代社会管理要求的问题仍很突出，消防安全形势不容乐观，重特大火灾事故时有发生，总体上仍处于火灾易发、多发期。

　　为进一步加强和改进消防工作，大力推动消防安全责任制落实，2017年10月29日，国务院办公厅专门印发了《消防安全责任制实施办法》（以下简称《实施办法》），就建立健全消防安全责任制作出了全面、系统、具体规定。《实施办法》紧密契合党的十九大精神，积极回应"新时代""新矛盾"

"新需要"，充分体现了以习近平同志为核心的党中央对公共消防安全的高度关切和对人民生命安全的极端重视，彰显了坚持以人为本、心系百姓的鲜明执政理念，是指导当前和今后一个时期消防工作的纲领性文件。《实施办法》的出台，有利于进一步建立健全消防安全责任制，提升各级政府、行业部门和社会单位消防工作的积极性、主动性；有利于进一步夯实消防安全基础，保障消防工作与经济社会协调同步发展；有利于进一步推动消防工作社会化进程，提升公共消防安全水平，对于解决新时期消防工作面临的新情况、新问题，为新时代中国特色社会主义建设创造良好的消防安全环境，必将起到强有力的推动和促进作用。

《实施办法》共 6 章、31 条，以现行消防法律法规为依据，结合近年来消防工作实践，致力于解决消防安全责任落地难的"顽症"，提出了许多创新性的规定和要求。第一章总则，将"党政同责、一岗双责、齐抓共管、失职追责"作为总体原则，明确了相关法律政策依据和目的意义；第二章地方各级人民政府消防工作职责，规定了省、市、县和乡镇政府、街道办事处以及开发区、工业园区管委会消防安全职责；第三章县级以上人民政府工作部门消防安全职责，区分不同情况，分别规定了公安、教育、民政等 13 个具有行政审批职能的部门和发改、科技、工信等 25 个具有行政管理或公共服务职能的部门的消防安全职责；第四章单位消防安全职责，分三个层次，规定了一般单位、消防安全重点单位和火灾高危单位的消防安全职责；第五章责任落实，规定了消防工作考核、结果应用、责任追究等内容；第六章附则，对专有名词作了解释，明确了施行时间和要求。

学习好、贯彻好、落实好《实施办法》，是各级政府、行业部门和社会单位的共同任务。为配合宣贯落实，我们组织编写了《〈消防安全责任制实施办法〉释义与解读》，对《实施办法》逐条进行了深度解读，旨在使各级政府、行业部门、社会单位正确理解、准确把握《实施办法》精神实质和内容要义，转化为狠抓落实的具体行动、自觉行动。让我们以贯彻落实《实施办法》为契机，举全社会之力，不断加强和创新消防治理，有效预防和遏制重特大火灾事故，努力开创新时代消防事业的新局面，使人民群众幸福感、安全感更加充实、更有保障、更可持续。

由于时间紧迫、编者能力有限，疏漏和不妥之处在所难免，敬请广大读者批评指正。

编　者

2017 年 12 月 18 日

# 目　　录

# 第一章 总则

消防工作是一项社会性很强的工作。做好消防工作，离不开全社会的共同努力和积极参与。但从目前情况看，政府、部门、单位、公民"四位一体"消防安全责任体系尚未健全，消防安全责任制落实不到位的问题仍比较突出。一些地方安全发展意识不强，对消防工作重视不足、摆位不够，消防工作滞后于经济社会发展。一些行业部门对"管行业必须管安全"存在认识误区，消防管理责任不清、主动性不强，对本行业、本系统消防安全疏于监管。一些单位重经济效益、轻消防安全，主体责任不落实，消防制度不完善，违章作业、冒险蛮干现象普遍，由此导致的火灾事故时有发生。为解决这些突出问题，国务院办公厅专门出台了《实施办法》，并将"党政同责、一岗双责、齐抓共管、失职追责"确定为消防安全责任制的总体原则，逐一界定细化了地方各级政府、行业部门和社会单位的消防安全责任，就消防安全责任追究做出了明确规定。

## 一 消防安全责任制总体原则

**第一条** 为深入贯彻《中华人民共和国消防法》、《中华人民共和国安全生产法》和党中央、国务院关于安全生产及消防安全的重要决策部署，按照政府统一领导、部门依法监管、单位全面负责、公民积极参与的原则，坚持党政同责、一岗双责、齐抓共管、失职追责，进一步健全消防安全责任制，提高公共消防安全水平，预防火灾和减少火灾危害，保障人民群众生命财产安全，制定本办法。

【条文主旨】本条明确了《实施办法》的制定依据、总体原则、根本目的，特别是首次将"党政同责、一岗双责、齐抓共管、失职追责"确定为消防安全责任制的总体原则。

【条文解读】

（一）制定依据

《中华人民共和国消防法》第二条要求，实行消防安全责任制，建立健全社会化的消防工作网络。《中华人民共和国安全生产法》第四条规定，建立、健全安全生产责任制，提高安全生产水平，确保安全生产。《中共中央 国务院关于推进安全生产领域改革发展的意见》（中发〔2016〕32号）明确，坚持党政同责、一岗双责、齐抓共管、失职追责，完善安全生产责任体系。

党的十八大以来，面对经济社会发展的新机遇和新挑战，以习近平同志为核心的党中央坚持以人民为中心的发展思想，高举安全发展、以人为本的旗帜，把安全生产作为民生大事，纳入"五位一体"总体布局和"四个全面"战略布局统筹推进。2013 年 7 月 18 日，习近平总书记在中共中央政治局第二十八次常委会上强调，落实安全生产责任制，要落实行业主管部门直接监管、安全监管部门综合监管、地方政府属地监管，坚持管行业必须管安全，管业务必须管安全，管生产必须管安全，而且要党政同责、一岗双责、齐抓共管；该担责任的时候不负责任，就会影响党和政府的威信。2015 年 5 月 29 日，习近平总书记在主持中共中央政治局第二十三次集体学习时强调，要切实抓好安全生产，坚持以人为本、生命至上，全面抓好安全生产责任制和管理、防范、监督、检查、奖惩措施的落实，细化落实各级党委和政府的领导责任、相关部门的监管责任、企业的主体责任，深入开展专项整治，切实消除隐患。党的十九大报告明确提出，树立安全发展理念，弘扬生命至上、安全第一的思想，健全公共安全体系，完善安全生产责任制，坚决遏制重特大安全事故，提升防灾减灾救灾能力。

《实施办法》认真贯彻习近平总书记系列重要指示精神，依照有关法律法规和政策性文件规定，科学总结消防工作经验，对消防安全责任体系作出了全面、系统、具体的规定。

**（二）政府统一领导、部门依法监管、单位全面负责，公民积极参与**

政府统一领导、部门依法监管、单位全面负责、公民积极参与，是《中华人民共和国消防法》确定的消防工作原则。消防工作作为公共安全的重要内容，涉及各行各业，事关千家万户，具有鲜明的社会性、群众性，需要全社会的共同参与。

**政府统一领导**　就是政府作为公共安全的管理者，应依法担负消防安全的领导责任，从总体上规划、指挥、部署、支持和协调全国或本行政区域的消防工作。

**部门依法监管**　就是政府各部门应在各自职责范围内，根据本行业、本系统的特点，依据有关法律法规和政策规定，履行消防工作职责，确保本行业、本系统消防安全。

**单位全面负责**　就是单位作为消防安全的责任主体，应对本单位消防安全负全责，全面落实消防安全自我管理、自我检查、自我整改，确保本单位消防安全。

**公民积极参与**　就是公民作为消防工作的基础，是消防工作的直接参与者和监督者，应自觉遵守消防法律法规，履行维护消防安全、保护消防设施、预防火灾、报告火警等义务。

**（三）党政同责、一岗双责、齐抓共管、失职追责**

这是消防安全责任制的总体原则，也是党委、政府抓好消防工作的根本遵循。四者同等重要，互为补充，缺一不可。

2015 年 8 月 15 日，习近平总书记就天津港"8·12"瑞海公司危险品仓库特别重大火灾爆炸事故作出重要指示，各级党委和政府要牢固树立安全发展理念，坚持人民利益至上，始终把安全生产放在首要位置，切实维护人民群众生命财产安全；要坚决落实安全生产责任制，切实做到党政同责、一岗双责、失职追责。《实施办法》认真贯彻习近平总书记系列重要指示精神，在认真总结消防工作实践经验的基础上，首次针对消防安全责任制提出了"党政同责、一岗双责、齐抓共管、失职追责"的总体原则。

1. 党政同责。

党政军民学、东西南北中，党是领导一切的。党的十九大报告明确提出，坚持党对一切工作的领导，完善党委领导、政府负责、社会协同、公众参与、法治保障的社会治理体制。因此，加强社会治理、确保消防安全、维护社会安定、保障人民群众安居乐业是各级党委、政府必须承担的重要责任。从实践上看，各级党委、政府普遍将消防工作纳入重要议事日程，实行党政同管、同抓、同责，在推动解决消防安全重大问题、提高公共消防安全水平方面取得了良好效果。

地方各级党委对本地区消防工作全面领导、全面负责，应认真贯彻落实消防法律法规和党中央、国务院消防工作方针政策、决策部署，结合本地实际制定具体意见和措施；将消防工作纳入党委工作全局和重要议事日程，定期召开党委常委会议和专题会议，研究部署重大消防工作事项；将消防安全内容纳入党员领导干部教育培训，指导政府依法履行职责，协调党委有关工作部门和人大、政协及群众团体、宣传部门、社会各界开展活动，引导群众全面参与、主动支持；加强消防工作考核结果运用，建立与政府、部门负责人和直接责任人履职评定、奖励惩处相挂钩的制度。

地方各级党委所属工作部门应结合工作职责，共同做好消防工作。政法委员会将消防工作纳入平安建设和社会治安综合治理的重要内容，定期督导检查，严格考核奖惩。组织部门把消防工作年度考核情况作为对党政主要负责人和领导班子综合考核评价的重要依据。宣传部门将消防宣传教育纳入社会主义精神文明建设和思想文化宣传教育工作内容；组织、协调和督促加强消防宣传教育和舆论引导，督促新闻媒体开展公益性消防宣传，配合职能部门做好灭火救援新闻发布工作。纪律检查委员会加强对党员领导干部履行消防工作职责情况的监督，及时发现、纠正和查处履行职责不到位的情况，依法参加火灾事故调查处理工作。党校把消防安全知识纳入党员领导干部培训内容。

2. 一岗双责。

是指领导干部既要承担业务工作、确保各项目标任务的完成，又要承担分管领域的消防工作、确保本领域消防安全，实现业务工作和消防工作同步发展。落实消防安全"一岗双责"是法律要求，是职责所系。领导干部要牢固树立责任意识，带头践行"一岗双责"，将消防工作与业务工作同研究、同部署、同检查、同考核、同落实，做到业务工作拓展到哪里，消防工作就延伸到哪里，实现"两手抓、两手硬"。领导干部不重视消防安全，不履行或不正确履行消防工作职责，造成本单位、分管领域火灾隐患突出、火灾事故不断，即使业务工作再突出，也是不称职的。

3. 齐抓共管。

是"政府统一领导、部门依法监管、单位全面负责、公民积极参与"消防工作原则的具体体现，是消防工作社会化属性决定的，也是消防工作实践经验的总结和客观规律的反映。政府、部门、单位、公民都是消防工作的主体，任何一方都非常重要，不可偏废。只有落实好政府属地管理责任、行业部门监管责任、社会单位主体责任、公民自我管理责任，做到各司其职、各负其责，消防工作才能形成齐抓共管的合力、发挥群策群力的效能，实现公共消防安全长治久安。

4. 失职追责。

就是对未履行职责或不正确履行职责的，依法依规严肃处理并追究有关人员的责任。各级政府应根据《实施办法》，结合本地实际，组织制定具体的实施细则，进一步明确消防工作责任主体的权力清单和责任清单，厘清责任边界，划定红线底线，切实做到履职有依据、追责有出处。同时，要将督查检查、目标考核、责任追究有机结合起来，形成保障消防工作职责有效落实的强大推动力。

**（四）进一步健全消防安全责任制**

建立健全消防安全责任制，是我国消防工作长期实践的经验总结。1957 年《中华人民共和国消防监督条例》规定，在企业、事业、合作社实行防火责任制度。1984 年《中华人民共和国消防条例》和 1987 年《中华人民共和国消防条例实施细则》规定，机关、企业、事业单位实行防火责任制度。1998 年《中华人民共和国消防法》将防火安全责任制作为消防工作制度。2008 年《中华人民共和国消防法》将实行消防安全责任制写入了法律。

"十五"以来，国务院每五年都会出台文件，根据形势需要，对建立健全消防安全责任制提出具体要求。2001 年批转《关于"十五"期间消防工作发展指导意见》（国发〔2001〕16 号）；2006 年印发《关于进一步加强消防工作的意见》（国发〔2006〕15 号）；2011 年印发《关于加强和改进消防工作的意见》（国发〔2011〕46 号）；2013 年出台《消防工作考核办法》（国办发〔2013〕16 号），逐步丰富了消防安全责任制的内涵、拓展了其外延。

长期以来，各地认真贯彻法律法规和政策文件要求，狠抓消防安全责任制落实，有效推动了消防工作社会化进程。但是，一些地方和单位消防安全责任制不健全、落实不到位的问题还比较突出，成为消防工作的最大"顽症"，因此导致的重特大火灾事故时有发生。国务院出台《实施办法》，进一步细化责任制要求，就是要解决这一"顽症"，切实形成消防工作合力，提升公共消防安全水平。

2013年6月3日，吉林省长春市德惠市宝源丰禽业有限公司主厂房发生特别重大火灾爆炸事故，造成121人死亡、76人受伤，17234平方米主厂房及主厂房内生产设备被损毁，直接经济损失1.82亿元。经事故调查发现，该公司安全生产主体责任根本不落实，公安、消防部门履行消防监督管理职责不力，建设部门在工程项目建设中监管严重缺失，安全监管部门履行安全生产综合监管职责不到位，地方政府安全生产监管职责落实不力。

2015年8月12日，天津市滨海新区天津港瑞海公司危险品仓库发生特别重大火灾爆炸事故，造成165人遇难、8人失踪、798人受伤，304幢建筑物、12428辆商品汽车、7533个集装箱受损，核定直接经济损失68.66亿元。经事故调查发现，瑞海公司严重违反有关法律法规，是造成事故发生的主体责任单位。该公司无视安全生产主体责任，严重违反天津市城市总体规划和滨海新区控制性详细规划，违法建设危险货物堆场、违法经营、违规储存危险货物，安全管理极其混乱，安全隐患长期存在。有关地方党委、政府和部门存在有法不依、执法不严、监管不力、履职不到位等问题。天津交通、港口、海关、安监、规划和国土、市场和质检、海事、公安以及滨海新区环保、行政审批等部门单位，未认真贯彻落实有关法律法规，未认真履行职责，违法违规进行行政许可和项目审查，日常监管严重缺失；有些负责人和工作人员贪赃枉法、滥用职权。天津市委、市政府和滨海新区区委、区政府未全面贯彻落实有关法律法规，对有关部门、单位违反城市规划行为和在安全生产管理方面存在的问题失察失管。交通运输部作为港口危险货物监管主管部门，未依照法定职责对港口危险货物安全管理进行督促检查，对天津交通运输系统工作指导不到位。海关总署督促指导天津海关工作不到位。有关中介及技术服务机构弄虚作假，违法违规进行安全审查、评价和验收等。

地方各级人民政府应认真汲取重特大火灾事故教训，严格按照《实施办法》要求，结合实际加快健全完善消防安全责任制，构建责任明晰、各司其职、各负其责、齐抓共管的消防工作格局。同时，应通过举办培训班、研讨会等形式，对地方政府、行业部门和社会单位有关负责人进行培训，使他们知晓自身消防安全职责，切实增强依法主动履职的意识，共同推动消防安全工作。同时，应将消防安全责任制落实纳入对下级政府和本级政府有关部门消防工作考核的重要内容，推动各级政府、行业部门和社会单位依法履行消防安全职责，切实增强做好消防工作的积极性、主动性。

## 二 政府及其负责人消防工作总体要求

> **第二条** 地方各级人民政府负责本行政区域内的消防工作，政府主要负责人为第一责任人，分管负责人为主要责任人，班子其他成员对分管范围内的消防工作负领导责任。

【条文主旨】本条规定了对政府及其负责人消防工作的总体要求，是习近平总书记关于安全生产地方政府属地管理重要指示精神在消防工作中的具体体现。

【条文解读】

**（一）地方各级人民政府负责本行政区域内的消防工作。**

《中华人民共和国消防法》第三条规定，国务院领导全国的消防工作，地方各级人民政府负责本行政区域内的消防工作。《国务院关于加强和改进消防工作的意见》（国发〔2011〕46 号）明确，地方各级人民政府全面负责本地区消防工作。因此，做好消防工作是政府的法定职责。

消防工作事关经济社会发展大局，事关人民群众生命财产安全。党的十九大作出了"新时代""新矛盾"的重大论断，确定了"两个阶段""两步走"、建设美丽中国的宏伟蓝图。实现党和国家确定的重大发展战略，需要更加持续稳定的消防安全环境。如果消防工作抓不好，火灾事故频繁发生，甚至出现重特大群死群伤火灾，连最基本的安全保障都做不好，各级政府就没有精力去抓经济建设、社会发展，更谈不上构建和谐社会、实现全面小康。因此，地方各级人民政府必须依法依规全面承担起维护和保障本地区公共安全的职责，建立健全消防安全责任制，层层明确消防工作职责，把消防安全作为衡量地方经济发展、社会管理、文明建设成效的重要指标，落实好属地管理责任，为经济社会发展、人民群众安居乐业创造良好的消防安全环境。

**（二）政府主要负责人为第一责任人，分管负责人为主要责任人，班子其他成员对分管范围内的消防工作负领导责任。**

本条就政府领导班子成员的消防工作责任作出了明确规定。

《中共中央　国务院关于推进安全生产领域改革发展的意见》（中发〔2016〕32 号）规定，党政主要负责人是本地区安全生产第一责任人，班子其他成员对分管范围内的安全生产工作负领导责任。《国务院关于加强和改进消防工作的意见》（国发〔2011〕46 号）明确，政府主要负责人为第一责任人，分管负责人为主要责任人，其他负责人要认真落实消防安全"一岗双责"制度。

主要负责人是指负责政府全面工作的正职领导，是本地区消防工作的第一责任人，应组织实施消防法律法规、方针政策和上级部署要求，定期研究部署消防工作，协调解决本行政区域内的重大消防安全问题。

分管负责人是本地区消防工作的主要责任人。一般有两类，有的是按照分工负责制协助政府正职领导专门负责安全生产工作的副职领导，有的是协助政府正职领导专门负责消防工作的副职领导。分管负责人应协助主要负责人，综合协调本行政区域内的消防工作，督促检查各有关部门、下级政府落实消防工作的情况。

　　班子其他成员是指协助政府正职领导负责其他业务工作的副职领导，也包括受政府正职领导委托分管具体业务工作的助理以及其他政府党组成员。班子其他成员在履行管理业务工作职责的同时，也应对分管领域消防工作负领导责任，定期研究部署分管领域的消防工作，组织工作督查，推动分管领域火灾隐患排查整治。

## 三　消防监督管理主体责任

第三条　国务院公安部门对全国的消防工作实施监督管理。县级以上地方人民政府公安机关对本行政区域内的消防工作实施监督管理。县级以上人民政府其他有关部门按照管行业必须管安全、管业务必须管安全、管生产经营必须管安全的要求，在各自职责范围内依法依规做好本行业、本系统的消防安全工作。

【条文主旨】　本条规定了消防监督管理的实施主体和县级以上人民政府其他有关部门的行业消防安全管理责任，体现了消防工作的社会属性，实现了由专门监管向社会齐抓共管的转变。公安机关消防机构承担消防工作综合监管职能，在加强监督执法同时，更要督促各行业部门认真履行消防安全职责，而不是包揽其消防工作。

【条文解读】

（一）国务院公安部门对全国的消防工作实施监督管理。县级以上地方人民政府公安机关对本行政区域内的消防工作实施监督管理。

实施消防监督管理，是法律赋予公安机关的法定职责。《中华人民共和国消防法》第四条规定，国务院公安部门对全国的消防工作实施监督管理。县级以上地方人民政府公安机关对本行政区域内的消防工作实施监督管理，并由本级人民政府公安机关消防机构负责实施。国务院和地方各级人民政府的领导是一种宏观部署和重大事项决策处理活动，对消防工作的具体实施、监督管理，需要政府各有关部门根据法律和专业技术要求以及政府总体部署具体执行。

公安部在国务院领导下对全国范围内的消防工作进行规划、部署、监督检查。

县级以上地方人民政府公安机关在本级人民政府领导下对本行政区域内的消防工作实施综合监督管理，督促政府各部门落实行业消防管理责任和消防公共事务管理责任，监督社会单位落实消防安全主体责任。

公安机关消防机构是公安机关负责消防法律法规实施的具体机构，由其负责开展消防监督管理工作。

公安派出所作为公安机关的派出机构，具有点多面广、贴近群众、熟悉情况等优势，做好消防监督管理工作责无旁贷、天经地义。各公安派出所实际上是乡镇、街道等基层政权组织的消防专门监管机构，主要承担"九小"场所等监督检查任务。各地公安机关应出台相关规定，合理确定消防机构和公安派出所的消防监管权限。有条件的地方可通过立法等形式，赋予公安派出所一定的消防行政处罚和行政强制权限，强化公安派出所消防监督工作。

**（二）县级以上人民政府其他有关部门按照管行业必须管安全、管业务必须管安全、管生产经营必须管安全的要求，在各自职责范围内依法依规做好本行业、本系统的消防安全工作。**

《实施办法》首次在国家层面，明确规定政府有关部门必须贯彻"管行业必须管安全、管业务必须管安全、管生产经营必须管安全"的要求，做好本部门、本行业、本系统的消防工作。

2013年7月18日，习近平总书记在中共中央政治局第二十八次常委会上强调，落实安全生产责任制，要落实行业主管部门直接监管、安全监管部门综合监管、地方政府属地监管，坚持管行业必须管安全，管业务必须管安全，管生产必须管安全。《中共中央　国务院关于推进安全生产领域改革发展的意见》（中发〔2016〕32号）要求，按照管行业必须管安全、管业务必须管安全、管生产经营必须管安全和谁主管谁负责的原则，厘清安全生产综合监管与行业监管的关系，明确各有关部门安全生产和职业健康工作职责，并落实到部门工作职责规定中。

地方政府有关部门应当认真贯彻落实习近平总书记系列重要指示精神和中央文件要求，坚持"谁主管、谁负责"，在各自职责范围内，做好本部门消防工作。要依据有关法律法规、政策文件和国务院相关规定，切实将消防工作与业务工作同部署、同检查、同落实，结合行业特点和突出问题，制定完善本部门、本行业消防管理规定，建立健全常态化消防检查和宣传培训等机制，提升行业消防管理整体水平，以每个行业系统的安全稳定确保社会安全稳定。

## 四　社会单位消防安全根本原则

　　**第四条**　**坚持安全自查、隐患自除、责任自负。机关、团体、企业、事业等单位是消防安全的责任主体，法定代表人、主要负责人或实际控制人是本单位、本场所消防安全责任人，对本单位、本场所消防安全全面负责。**

　　**消防安全重点单位应当确定消防安全管理人，组织实施本单位的消防安全管理工作。**

　　【条文主旨】本条规定了单位消防安全的根本原则和消防安全责任人、管理人的责任。

　　【条文解读】

　　（一）坚持安全自查、隐患自除、责任自负。

　　这是机关、团体、企业、事业等单位建立并落实消防安全责任制的基本原则。

　　安全自查是指单位应依据党和国家有关消防工作的方针政策、法律法规，以及单位规章制度，定期组织开展防火巡查、检查，及时查找本单位消防工作存在的突出问题和火灾隐患，对单位消防安全状况作出准确评价。

　　隐患自除是指单位应针对发现的问题和火灾隐患，确定整改措施、期限以及负责整改的部门、人员，落实整改资金，自觉消除隐患，并建立落实防止问题反复和隐患反弹的制度。

　　责任自负是指单位应对自身的消防安全状况全面负责，对未依法履行消防工作职责或违反消防法律法规和单位消防安全制度的行为，依法承担相应的责任。

**（二）机关、团体、企业、事业等单位是消防安全的责任主体。**

《中华人民共和国消防法》第二条明确消防工作"单位全面负责"的原则，即单位是自身消防安全的责任主体。

单位是社会的基本单元，也是社会消防管理的基本单元。单位的消防安全管理能力，反映了一个社会的公共消防安全管理水平，在很大程度上决定着一个城市、一个地区的消防安全形势。据统计，90%以上的重特大火灾都发生在社会单位。可以说，抓住了社会单位，就掌握了消防工作的主动权。

一般单位、消防安全重点单位、火灾高危单位应根据消防法律法规要求，履行相应的消防工作职责，落实逐级消防安全责任制和岗位消防安全责任制，明确逐级和岗位消防安全职责，确定各级、各岗位消防安全责任人，推动落实各项消防安全管理措施，确保自身消防安全。

**（三）法定代表人、主要负责人或实际控制人是本单位、本场所消防安全责任人，对本单位、本场所消防安全全面负责。**

单位、场所的法定代表人、主要负责人、实际控制人处于决策者、指挥者的重要地位，应对本单位、本场所消防安全全面负责、全面管理。单位、场所可以安排副职分管消防工作，但不能因此减轻或免除法定代表人、主要负责人、实际控制人对本单位消防工作所负的责任。对不履行或不按规定履行消防安全职责的法定代表人、主要负责人、实际控制人，依法依规追究责任。

**法定代表人**　是指按照法律或者法人组织章程规定，代表法人行使职权的负责人。

**主要负责人**　是指依照法律法规和有关规定，代表非法人单位行使职权的正职领导。

**实际控制人**　是指通过投资关系、协议或者其他安排，能够实际支配单位、场所行为的人。

实践证明，消防工作作为单位、场所管理的重要内容，涉及各个方面，必须要由法定代表人、主要负责人、实际控制人统一领导、统筹协调，负全面责任，将消防工作纳入工作决策，保障其与生产、科研、经营、管理等工作同步进行、同步发展。单位、场所的法定代表人、主要负责人、实际控制人对消防工作全面负责，不仅是对本单位、本场所的责任，也是对社会应负的责任。

根据《机关、团体、企业、事业单位消防安全管理规定》（公安部令第 61 号）等规定，消防安全责任人应履行下列职责：一是贯彻执行消防法规，保障单位、场所消防安全符合规定，掌握本单位、本场所的消防安全情况；二是将消防工作与本单位、本场所的生产、科研、经营、管理等活动统筹安排，批准实施年度消防工作计划；三是为本单位、本场所的消防安全提供必要的经费和组织保障；四是确定逐级消防安全责任，批准实施消防安全制度和保障消防安全的操作规程；五是组织防火检查，督促落实火灾隐患整改，及时处理涉及消防安全的重大问题；六是根据规定建立专职消防队、志愿消防队、微型消防站；七是组织制定符合本单位、本场所实际的灭火和应急疏散预案，并实施演练。

**（四）消防安全重点单位应当确定消防安全管理人，组织实施本单位的消防安全管理工作。**

确保单位消防安全，关键是要有消防安全的明白人。《实施办法》吸收近年来的实践经验和国外做法，要求单位建立消防安全管理人制度，这既是工作延续，也是制度创新。

从国外看，一些国家建立了"消防安全经理"、"防火管理者"等消防安全管理人制度，取得了明显成效，值得学习借鉴。比如，新加坡建立了"消防安全经理"制度，新加坡消防法规定，对于建筑面积大于 5000 平方米或超过 1000 人的公共建筑和工业建筑，要求必须配备消防安全经理。消防安全经理必须通过民防学院专业培训，并取得合格证书。目前新加坡有消防安全经理 4600 多人，承担着重点单位的防火安全管理工作。日本实行了"防火管理者"制度，日本消防法规定，单位要从产权所有者或具有经营管理权的人员中，按照规定的条件选拔"防火管理者"，并赋予其制定防火措施、灭火预案、检查消防设备、培训义务消防队伍、保持疏散通道畅通、加强火源管理、定期报告工作等义务。日本现有防火管理者72 万余人，是一支庞大的专业消防管理队伍。

《中华人民共和国消防法》第十七条规定，将发生火灾可能性较大以及发生火灾可能造成重大的人身伤亡或者财产损失的单位确定为消防安全重点单位，消防安全重点单位应当确定消防安全管理人，组织实施本单位的消防安全管理工作。近年来，公安部在火灾高危单位和高层公共建筑推行专职"消防安全经理人"制度，负责本单位、本建筑消防安全管理，定期开展防火检查巡查，组织实施消防宣传教育培训，制定灭火和应急疏散预案并定期组织演练，取得明显效果。这也是今后我国消防安全管理人制度的发展方向。

消防安全管理人，是指对单位消防安全责任人负责，具体组织和实施单位消防安全管理工作的人员，一般应取得相应的消防职业资格或具备一定的消防安全职业素养。对于未确定消防安全管理人的一般单位，消防安全管理工作由消防安全责任人负责组织实施。

根据《机关、团体、企业、事业单位消防安全管理规定》（公安部令第 61 号）等规定，消防安全管理人应履行下列职责：一是拟订年度消防工作计划，组织实施日常消防安全管理工作；二是组织制订消防安全制度和保障消防安全的操作规程并检查督促其落实；三是拟订消防安全工作的资金投入和组织保障方案；四是组织实施防火检查和火灾隐患整改工作；五是组织实施对本单位消防设施、灭火器材和消防安全标志的维护保养，确保其完好有效，确保疏散通道和安全出口畅通；六是组织管理专职消防队、志愿消防队、微型消防站；七是在员工中组织开展消防知识、技能的宣传教育和培训，组织灭火和应急疏散预案的实施和演练；八是定期向消防安全责任人报告消防安全情况，及时报告涉及消防安全的重大问题；九是单位消防安全责任人委托的其他消防安全管理工作。

## 五　消防安全责任追究基本原则

**第五条　坚持权责一致、依法履职、失职追责。对不履行或不按规定履行消防安全职责的单位和个人，依法依规追究责任。**

【条文主旨】本条明确了消防工作责任追究的基本原则，这是国家层面首次作出的重要规定，也是社会主义法治理念要求和行政法基本原则在消防工作中的具体体现。

【条文解读】

（一）坚持权责一致、依法履职、失职追责。

2012年12月4日，习近平总书记在首都各界纪念现行宪法公布施行三十周年大会讲话中指出，健全权力运行制约和监督体系，有权必有责，用权受监督，失职要问责，违法要追究，保证人民赋予的权力始终用来为人民谋利益。习近平总书记强调，坚持有责必问、问责必严，把监督检查、目标考核、责任追究有机结合起来，形成法规制度执行强大推动力，问责既要对事、也要对人，要问到具体人头上。有权必有责、权责要对等、用权受监督、失职要追责，已成为全面依法治国、建设法治社会的必然要求。

**权责一致**　就是指行政权力和法律责任的统一，即消防安全管理人员拥有的权力和其承担的责任应当对等，不能只拥有权力而不履行责任，也不能只要求管理者承担责任而不予以授权。

《中共中央　国务院关于推进安全生产领域改革发展的意见》（中发〔2016〕32号）明确，要依法依规制定各有关部门安全生产权力和责任清单，尽职照单免责、失职照单问责。政府、部门及其工作人员按照法律法规规定的形式、内容、程序和要求履行了消防工作职责的，依法依规免除相应责任。各地可以根据本地区实际，明确消防工作权力、责任清单和免责情形，促进依法履职、主动履职。对于消防违法违规行为和火灾隐患，只要消防等有关部门依法履行监督执法程序，因单位自身不整改而造成火灾事故的，相关职能部门人员就不应承担监管责任。

**依法履职**　就是指消防工作参与者要严格按照法律法规和本单位制度规定的形式、内容、程序和要求等，承担其消防安全义务，履行其消防安全职责。

**失职追责**　就是指要建立健全严格、完备的消防安全责任追究制度，对不履行或不按规定履行职责的单位和个人，应严格问责追责，切实做到"一厂出事故、万厂受教育，一地有隐患、全国受警示"。

总的来说，"权责一致、依法履职、失职追责"就是要求各级领导和各岗位工作人员，依照法律法规和本单位的规章制度，主动、积极、认真、全面行使消防工作职权，履行消防工作职责。对不履行或不按规定履行消防工作职权和职责的，应承担相应的责任。

**（二）对不履行或不按规定履行消防安全职责的单位和个人，依法依规追究责任。**

习近平总书记多次就安全生产责任追究提出明确要求，要严格事故调查，严肃责任追究；要审时度势、宽严有度，解决失之于软、失之于宽的问题；对责任单位和责任人要打到疼处、痛处，让他们真正痛定思痛、痛改前非，有效防止悲剧重演。

从实践看，当前发生火灾事故的原因多种多样，但大多数情况是因为不落实消防安全责任，不履行消防法律法规规定的消防安全职责造成的。鉴于火灾事故对人民群众生命财产造成的严重损失，对不履行或不按规定履行消防安全职责的单位和个人，必须依法依规追究相应责任，发挥警诫和教育作用。

依照有关法律法规，有关责任人应承担的责任包括行政责任、民事责任、刑事责任等。

# 第二章 地方各级人民政府
## 消防工作职责

　　本章是省、市、县、乡镇政府及其负责人具体消防工作职责的细化规定。习近平总书记在十八届二中全会第二次全体会议上指出，转变政府职能是深化行政体制改革的核心，实质上要解决的是政府应该做什么、不应该做什么。从实践看，处理好政府与政府之间的关系、实现政府间纵向职责的科学合理配置，也是转变政府职能的重要一环。政府职能在纵向上的配置，呈现出从宏观到微观递减趋势。上级政府侧重于宏观管理，下级政府侧重于社会管理和公共服务等具体职责。各级政府既有共同的职责，也有不同的分工。为此，《实施办法》在本章首次对不同层级政府的消防工作职责作出了具体规定，既规定了各级政府的共同职责，又分别对省、市、县、乡镇等各级政府的不同职责作了规定。

## 六 县级以上地方政府消防工作共同职责

**第六条** 县级以上地方各级人民政府应当落实消防工作责任制，履行下列职责：

（一）贯彻执行国家法律法规和方针政策，以及上级党委、政府关于消防工作的部署要求，全面负责本地区消防工作，每年召开消防工作会议，研究部署本地区消防工作重大事项。每年向上级人民政府专题报告本地区消防工作情况。健全由政府主要负责人或分管负责人牵头的消防工作协调机制，推动落实消防工作责任。

（二）将消防工作纳入经济社会发展总体规划，将包括消防安全布局、消防站、消防供水、消防通信、消防车通道、消防装备等内容的消防规划纳入城乡规划，并负责组织实施，确保消防工作与经济社会发展相适应。

（三）督促所属部门和下级人民政府落实消防安全责任制，在农业收获季节、森林和草原防火期间、重大节假日和重要活动期间以及火灾多发季节，组织开展消防安全检查。推动消防科学研究和技术创新，推广使用先进消防和应急救援技术、设备。组织开展经常性的消防宣传工作。大力发展消防公益事业。采取政府购买公共服务等方式，推进消防教育培训、技术服务和物防、技防等工作。

（四）建立常态化火灾隐患排查整治机制，组织实施重大火灾隐患和区域性火灾隐患整治工作。实行重大火灾隐患挂牌督办制度。对报请挂牌督办的重大火灾隐患和停产停业整改报告，在 7 个工作日内作出同意或不同意的决定，并组织有关部门督促隐患单位采取措施予以整改。

（五）依法建立公安消防队和政府专职消防队。明确政府专职消防队公益属性，采取招聘、购买服务等方式招录政府专职消防队员，建设营房，配齐装备；按规定落实其工资、保险和相关福利待遇。

（六）组织领导火灾扑救和应急救援工作。组织制定灭火救援应急预案，定期组织开展演练；建立灭火救援社会联动和应急反应处置机制，落实人员、装备、经费和灭火药剂等保障，根据需要调集灭火救援所需工程机械和特殊装备。

（七）法律、法规、规章规定的其他消防工作职责。

【条文主旨】本条首次规定了县级以上地方各级人民政府消防工作的共同职责，包括七个方面具体内容。

【条文解读】做好消防工作，是法律赋予政府的重要职责，是政府落实以人民为中心的发展思想、对人民生命安全高度负责的具体体现。县级以上地方各级人民政府应充分认识落实消防安全责任制的重要性和必要性，以对党和人民高度负责的态度，切实加强对消防工作的组织领导，把消防工作作为政府一项重要的行政管理工作，贯彻好行政首长负责制和"一岗双责"制度，履行好具体工作职责，使各项工作措施得到有效落实，确保消防工作与经济社会发展相适应，为决胜全面建成小康社会、实现人民对美好生活的向往创造更加良好的消防安全环境。

**（一）贯彻执行国家法律法规和方针政策，以及上级党委、政府关于消防工作的部署要求，全面负责本地区消防工作，每年召开消防工作会议，研究部署本地区消防工作重大事项。每年向上级人民政府专题报告本地区消防工作情况。健全由政府主要负责人或分管负责人牵头的消防工作协调机制，推动落实消防工作责任。**

1. 贯彻执行国家法律法规和方针政策，以及上级党委、政府关于消防工作的部署要求，全面负责本地区消防工作。

全面负责本地区消防工作，是指县级以上地方各级人民政府要认真贯彻国家法律法规和方针政策，以及上级党委、政府关于消防工作的部署要求，将消防工作作为政府社会管理和公共服务的重要内容，统筹抓好落实。

县级以上地方各级人民政府既要负责组织领导、消防规划、经费投入等宏观管理工作，又要负责消防检查、隐患整治、灭火救援等具体实施工作，既要加强消防队站、消防力量、消防装备等"硬实力"建设，又要提升消防立法、消防宣传、消防科技等"软实力"水平。

2. 每年召开消防工作会议，研究部署本地区消防工作重大事项。

县级以上地方各级人民政府应建立并落实消防工作会议制度，定期召开消防工作会议，研究部署消防工作重大事项。

每年年初，县级以上地方各级人民政府主要负责人或分管负责人应组织下级政府、本级政府有关部门负责人，召开年度消防工作会议，总结上年度消防工作情况，表扬消防工作先进集体和先进个人，通报本行政区域火灾形势，在分析评估消防安全形势的基础上，明确年度工作目标，提出工作意见，并由本级政府负责人与下级政府、本级政府有关部门负责人签订年度消防工作责任书，向各级、各部门下达具体工作任务。

3. 每年向上级人民政府专题报告本地区消防工作情况。

消防工作专题报告制度是政府消防工作的一项重要制度。2007 年起，各省级人民政府按照国务院办公厅的要求，每年向国务院专题报告本地区消防工作情况。市、县级人民政府也逐级建立了消防工作报告制度。

消防工作地方性很强，许多工作如消防规划编制、公共消防设施建设、消防装备器材配备、消防队伍建设发展、消防业务经费保障以及重特大火灾事故的扑救等，都必须在地方政府组织领导下进行。通过消防工作专题报告制度，把下级政府履行消防工作职责情况纳入上级政府督查和指导范围，有利于督促推动下级政府切实承担起消防工作职责。同时，有利于地方各级政府准确了解掌握本地区消防工作开展情况和消防安全形势，及时协调解决重大消防安全问题，加强对下级政府、本级政府有关部门履行消防工作职责情况的监督和指导，推进消防工作与经济建设、社会发展相适应。

县级以上地方各级人民政府应在年度消防安全形势分析评估和工作总结的基础上，重点向上级政府报告本地区火灾形势、本年度消防工作任务完成情况、消防工作存在的主要问题和薄弱环节、解决突出问题的工作思路和举措、下一年度的主要工作打算等。

4. 健全由政府主要负责人或分管负责人牵头的消防工作协调机制，推动落实消防工作责任。

《实施办法》首次规定消防工作协调机制可由政府主要负责人牵头，目的是提升消防安全委员会等协调机制的规格，形成各部门齐抓共管的合力，共同推动消防工作。

建立消防工作协调机制是通过成立消防安全委员会、消防工作联席会议、防火安全委员会等形式，由政府负责人召集相关部门负责人，充分发挥部门职能作用，形成政府工作合力，及时研究消防工作重大事项、协调解决重大问题。目前，全国省、市、县三级政府均已建立消防工作协调机制，取得了较好效果。

鉴于消防工作的很多重大问题，比如消防安全布局的调整、重大火灾隐患和区域性火灾隐患的整改、影响较大单位的关停、重大事故的抢险救援等，涉及政府多个部门，事关社会多方群体，仅靠单一部门难以解决，需要本级政府主要负责人出面，召集相关部门统筹协调解决。而目前一些地方消防工作协调机制负责人一般由政府分管负责人担任，只负责一个或几个方面的工作，协调难度大。为此，《实施办法》明确消防工作协调机制可由政府主要负责人牵头。这里的主要负责人指政府正职，或由正职委托的常务副职，各地可根据工作实际确定。

县级以上地方各级人民政府应按照《实施办法》要求，结合当地实际，成立由政府主要负责人或分管负责人牵头，发展改革、财政、教育、民政、人力资源和社会保障、住房和城乡建设、文化、卫生计生、交通运输、工商行政管理、质量技术监督、安全生产监督管理等行业监管部门和具有行政管理或公共服务职能的部门负责人组成的消防安全委员会。

县级以上地方各级人民政府应发文明确本级消防安全委员会的机构组成、议事规则、各成员单位职责等事项。消防安全委员会应成立办公机构，根据工作需要抽调专人集中办公，实行"实体化"运作。消防安全委员会主要履行下列职责：一是及时传达上级消防工作指示和要求，研究贯彻落实意见和措施。二是每季度召集成员单位召开会议，总结工作，部署任务，协调解决问题。三是定期分析研判火灾形势，掌握本地消防工作动态，开展重要问题的调查研究，向本级政府提出意见和建议。四是对下级政府、成员单位消防工作情况进行督导检查。五是在重要节日、重大活动期间，组织成员单位开展消防安全检查。六是在本级政府统一领导下，协调成员单位参与火灾事故调查处理工作。

我国幅员辽阔，各地情况千差万别，县级以上地方各级人民政府在履行好共同职责的基础上，应充分考虑本地区实际，认真分析研判消防安全形势，坚持问题导向，采取针对性措施，着力补齐短板，全力提升公共消防安全水平。从全国情况看，仍处在火灾易发、多发期，消防安全形势依然比较严峻，有诸多影响消防安全的突出问题：

第一，高风险的城市与低设防的农村并存，这是当前最突出的矛盾。随着我国城市建设快速推进，城镇化率从2000年的36%上升到2016年的57%，人、财、物向城市高度集中，给公共消防安全带来一系列问题，发生重特大火灾的风险很高。习近平总书记在中央城市工作会议上提到的十大"城市病"中，不少都与消防安全有关。一是高层建筑越来越多。全国有高层建筑近 62 万幢，其中百米以上高层 6512 幢，数量居世界首位。据《参考消息》报道，我国连续第九年成为世界上拥有 200 米及以上新建摩天大楼数量最多的国家，在 2016 年全球竣工的 128 幢摩天大楼中，我国占 84 幢。二是地下建筑蓬勃发展。全国有 25 个城市建有地铁，交通运营里程 3049 公里，日均客流量高达 3500 多万人次，安全风险较大。另外，各地改建用于地下经营的人防工程面积达 2466 万平方米，还有的城市地下空间改为出租房，室内狭小、人员密集、通风不畅，未设消防设施。三是大型综合体日趋增多。近年来，集购物、休闲、娱乐、餐饮等众多业态为一体的城市大型综合体大量涌现，目前全国大型综合体逾万个，特别是超过 10 万平方米的超大综合体已突破 1000 个。这些大型综合体是广大群众平时休闲娱乐的重要场所，规模大，结构复杂，火灾和其他灾害事故发生时，容易造成群死群伤。四是"城中村"隐患突出。据不完全统计，全国"城中村"多达 10 余万个，大部分缺乏消防规划，没有消防车通道、消防水源，建筑防火间距严重不足。这些建筑、场所和区域功能复杂、体量庞大、危险源多、火灾诱因多，加之人流物流集中，用火用电量大，火灾荷载大，日常防控难度大，一旦发生火灾，人员疏散和灭火救援困难，极易造成群死群伤和重大损失。

我国农村消防安全保障条件相对滞后，火灾始终居高不下。一方面，数量众多的小企业、小作坊隐患突出，违章操作现象较为普遍，极易发生火灾；另一方面，农村消防基础设施"欠账"较多，2.4 万个乡镇还没有专业消防力量，许多小火因扑救不及时酿成大灾。据统计，全国50%以上的亡人火灾发生在农村和居民家庭，一次致多人死亡的"三合一"场所火灾也大多集中在乡镇或城乡接合部。

第二，繁重的工作任务与消防警力不足矛盾突出。公安消防部门承担防火、灭火和应急救援任务，但全国公安消防队伍目前仅有17万人，再加上17万人的专职消防队员，远远满足不了任务需要。一是消防监督警力严重不足。全国5人以下消防大队占84.2%，全国消防监督人员仅有2.5万余人。二是灭火救援力量严重不足。全国消防队员总数占全国人口0.25‰，远低于发达国家1‰—1.5‰的水平，也低于发展中国家0.5‰的水平。目前公安消防部门年均接出警总量突破110万起，有些省份比如上海、江苏、浙江、广东等地大部分消防中队年均接警出动1700多起，平均每天4—5次之多，消防队员常年超负荷运转。

第三，城乡公共消防设施总体上滞后于经济社会发展。从国务院对省级人民政府消防工作考核情况看，多数城市消防规划没有与城市总体规划同步衔接，有些虽有消防规划但难以执行。全国目前消防站欠账率34%，布局不合理、中心城区建站难的问题突出。市政消火栓欠账率为30%，现有的也维护保养不到位、完好率不高。一些县城特别是中西部不少城镇没有消防规划，公共消防设施基本处于"空白"，安全状况堪忧。大部分农村缺少消防水源、通道和设施，发生火灾往往火烧连营。

各级党委政府要牢固树立科学发展、安全发展理念，坚决守住"发展决不能以牺牲人的生命为代价"的红线，进一步加强领导、落实责任、明确要求，建立健全与现代化大生产和社会主义市场经济体制相适应的消防监管体系，切实加强源头治理、系统治理，下最大决心解决突出问题，全面提高社会抗御火灾整体能力。

**（二）将消防工作纳入经济社会发展总体规划，将包括消防安全布局、消防站、消防供水、消防通信、消防车通道、消防装备等内容的消防规划纳入城乡规划，并负责组织实施，确保消防工作与经济社会发展相适应。**

1. 将消防工作纳入经济社会发展总体规划。

消防工作是国民经济和社会发展的重要组成部分，县级以上地方各级人民政府应将其纳入经济社会发展总体规划，明确一个阶段内消防工作应达到的目标以及要采取的措施。

近年来，我国的消防工作虽然取得了很大发展，但总的看与国家经济社会发展不相适应的问题仍很突出。为此，"十二五"期间，国务院出台了《关于加强和改进消防工作的意见》（国发〔2011〕46号）、《消防工作考核办法》（国办发〔2013〕16号）等一系列文件，明确要求将消防工作纳入国民经济和社会发展计划。

经济社会发展总体规划是指国家对国民经济和社会发展各项内容所进行的分阶段的具体安排，一般规划期为五年，也称为五年规划。各地政府在制定本地区国民经济和社会发展规划时，一是应专门纳入消防工作内容，提出未来五年消防工作的目标、要求。二是应在国民经济和社会发展规划体系中，制定专门的消防事业发展规划和年度实施计划，明确本地区消防工作发展的具体目标、工作任务和保障措施，保障消防工作与经济社会发展相适应。

2. 将包括消防安全布局、消防站、消防供水、消防通信、消防车通道、消防装备等内容的消防规划纳入城乡规划，负责组织实施消防规划，确保消防工作与经济社会发展相适应。

（1）城乡规划。这是对一定时期内城乡发展目标、发展规模、土地利用、空间布局以及各项建设的综合部署和实施措施。《中华人民共和国城乡规划法》第四条规定，制定和实施城乡规划，应符合区域防灾减灾和公共安全的需要。这其中也包括消防安全的需要。

（2）消防规划。这是以抗御火灾和处置特种灾害事故为目标，协调和综合部署城乡消防安全布局、公共消防设施和消防装备建设的一项专业规划，是城乡规划中综合防灾方面的重要组成部分。《中华人民共和国消防法》第八条规定，地方各级人民政府应将包括消防安全布局、消防站、消防供水、消防通信、消防车通道、消防装备等内容的消防规划纳入城乡规划，并负责组织实施。

（3）消防规划现状。近年来，我国消防规划编制和实施取得了明显成效。截至 2016 年底，全国县级以上城市全部编制了消防规划，3668 个全国重点镇的消防规划编制率为 94.4%，16840 个其他乡镇消防规划或者消防专篇编制率为 82.6%，为提升城乡抗御火灾能力、改善消防安全状况提供了保障。

但总体上看，消防规划仍滞后于经济社会发展，编制质量不高，规划指导性和操作性不强，执行不到位。特别是消防站建设"欠账"与"空心化"等问题亟待解决，直辖市应建消防站 612 个、实有 494 个、"欠账" 20%，地级城市应建消防站 4351 个、实有 3127 个、"欠账" 29%，县级城市应建消防站 1116 个、实有 788 个、"欠账" 30%。消防站布点不合理，很多消防站搬迁到城市边缘，城区无法满足消防力量 5 分钟到场处置要求。市政消火栓存在不同程度的"欠账"，消防装备的配置也不科学、不合理。

（4）消防规划的编制。城市人民政府负责组织编制城市消防规划，县级人民政府负责组织编制政府所在地城关镇的消防规划，乡（镇）人民政府负责组织编制其他建制镇、乡和村庄的消防规划，各级政府根据城乡发展和行政区域调整等实际情况，及时组织修编消防规划，满足消防安全需要。

根据《中华人民共和国消防法》《中华人民共和国城乡规划法》《村庄和集镇规划建设管理条例》《城市规划编制办法》等法律、法规和规章的规定，各地政府应组织发展改革、住房和城乡建设、城乡规划管理、财政、国土资源、公安消防、市政、通信等部门按照各自职能，参加消防规划编制工作。编制工作由具有规划编制资质的规划设计单位承担。

消防规划的编制应坚持统筹兼顾、科学合理的原则，遵循消防工作的客观发展规律，贯彻以人为本的理念，从统筹城乡经济社会发展的实际情况出发，按照城乡发展总体目标和相应的消防安全要求，充分结合城乡形态特点，优化、整合城乡公共消防基础设施资源，学习借鉴国内外先进经验，全面体现规划的先进性、前瞻性、针对性、适应性、可操作性和创造性。

编制消防规划应全面收集有关基础资料，制定消防规划纲要，确定消防规划中的重大问题，经负责组织编制消防规划的人民政府审查同意后作为编制依据。

编制消防规划应向社会公示，广泛征求意见。报送审批前，应依法公告，采取论证会、听证会等方式征求专家和公众的意见，并在报送审批材料中附意见采纳情况及理由。

消防规划的成果应包括规划文本、规划图集，以及文本说明、现状综合报告、基础资料等附件，并以书面和电子文件两种形式表达。

（5）消防规划的实施。县级以上地方各级人民政府是消防规划的实施主体，应组织发展改革、住房和城乡建设、城乡规划管理、财政、国土资源、公安消防、市政、通信等部门按照各自职能，具体负责消防规划的实施以及公共消防设施、消防装备的建设、维护和管理工作，保证公共消防设施与城镇、乡村建设同步发展，与公共基础设施统一设计、统一建设、统一验收，确保完好有效。

消防规划的实施离不开各级地方财政保障，县级以上地方各级人民政府应将公共消防设施和消防装备的建设、维护、管理经费纳入本级财政预算予以保障，并在城市维护费中列出专项资金用于公共消防设施的建设、维护和管理。灭火救援用水和消防通信费用应列入地方财政专项资金支出。公共消防设施和装备建设经费不足的，县级以上地方各级人民政府可以按照有关规定设立公共消防设施公益基金，吸纳社会自愿捐赠资金投入，同时鼓励社会企业参与公共消防设施建设。

（6）消防规划的监督检查。县级以上地方各级人民政府应定期组织对有关部门和相关单位编制、实施消防规划的情况，以及公共消防设施建设、维护和管理情况进行监督检查。根据《国务院关于加强城乡规划监督管理的通知》（国发〔2002〕13号）和《建设部、监察部关于开展城乡规划效能监察的通知》（建规〔2005〕161号）要求，一是国务院和省人民政府的城乡规划督察员应依法对消防规划的编制、实施情况进行督察，对违反消防规划的重大项目行使否决权，责令有关部门查处、纠正违反消防规划的建设行为。二是县级以上地方人民政府监察部门应会同有关部门对消防规划的实施情况开展效能监察，依法查处违反法定程序调整、修编消防规划和违反消防规划的开发、建设行为。三是县级以上地方各级人民政府城乡规划主管部门责令改正违反消防规划以及不落实公共消防设施建设、维护、管理责任的行为，并依法追究有关人员的行政责任。四是对城乡消防安全布局不符合消防安全要求的，县级以上地方各级人民政府和有关部门应及时进行调整、完善。五是对于公共消防设施、消防装备不足或者不适应实际需要的，有关部门应及时向本级人民政府提出增建、改建、配置或者进行技术改造的建议和报告，接到报告的人民政府应根据本地区消防规划并结合实际情况组织有关部门进行增建、改建、配置或者进行技术改造。

（三）督促所属部门和下级人民政府落实消防安全责任制，在农业收获季节、森林和草原防火期间、重大节假日和重要活动期间以及火灾多发季节，组织开展消防安全检查。推动消防科学研究和技术创新，推广使用先进消防和应急救援技术、设备。组织开展经常性的消防宣传工作。大力发展消防公益事业。采取政府购买公共服务等方式，推进消防教育培训、技术服务和物防、技防等工作。

1. 督促所属部门和下级人民政府落实消防安全责任制。

县级以上地方各级人民政府应对照政府职权，采取下列措施，督促本级政府所属部门和下级人民政府履行消防工作职责：一是制定规范性文件，明确下级政府、本级政府各有关部门的消防工作职责。二是本级政府负责人每年与下级政府、本级政府各有关部门负责人签订年度消防工作责任书。三是建立科学的政府、部门和领导干部消防工作政绩考核评价机制，通过年度考评、专项考核、政务督查等方式，督促落实消防安全责任。四是对消防工作落实不到位的下级政府、本级政府各有关部门，及时进行督办、组织约谈，督促采取有效措施加以改进。五是对发生火灾事故的，及时组织调查处理，依法依规追究下级政府、本级政府有关部门及有关人员的责任。

2. 在农业收获季节、森林和草原防火期间、重大节假日和重要活动期间以及火灾多发季节，组织开展消防安全检查。

（1）农业收获季节消防工作。农业收获季节，庄稼上场、粮食入仓、秸秆堆垛，必须确保农民辛辛苦苦获得的丰收果实不受火灾损毁。我国各地的农业收获季节具体时间不尽相同，县级以上地方各级人民政府要针对本地实际，抓好农业收获季节的防火工作，保证丰产丰收。

具体工作措施如下：一是重点抓好农村场院及粮库等储粮单位的火源和电源管理，合理布局柴草堆垛；二是组织有关部门对粮食储存场所的用火、用电设施进行全面检查；三是加强流动火源的管理，机动车辆进入场院、储粮区域必须带阻火器，严禁在储粮区吸烟用火、乱拉乱接临时电线；四是对秸秆焚烧等不良习惯要积极引导和制止，防止造成大面积火灾。

（2）森林、草原防火工作。森林、草原是国家宝贵的自然资源，是构成人类生存环境的基本要素。森林、草原的火灾是造成资源损毁的一大灾害，在短时期内使大面积的植被遭到破坏，造成极为严重的财产损失和人身伤亡。做好森林、草原的消防工作，是保护森林、草原资源，促进森林、草原发展，保护自然生态平衡的重要措施，也是推进绿色发展、实现人与自然和谐共生现代化的重要内容。

"森林、草原防火期"是指一年内最容易发生森林、草原火灾的季节，通常把一年内降水量少、空气干燥、风大的季节定为森林、草原防火期。由于地理位置不同、气候差异，各地的森林、草原防火期开始和结束的时间也不相同。县级以上地方各级人民政府应根据本地区的自然条件和火灾发生规律，确定本地区森林、草原防火期，规定防火期内相应的防火措施，禁止野外用火，严格控制其他火源。因特殊情况需要用火的，必须经县级以上地方各级人民政府或其授权的机关批准，并按照有关规定采取严密的防范措施。

（3）重要时间节点消防工作。在节假日期间组织开展消防安全检查，是保障节日消防安全的一项重要措施。目前，我国国民享受的节假日主要包括元旦、春节、清明节、劳动节、端午节、中秋节、国庆节等，节假日期间人流、物流集中，群众聚会、外出活动频繁，旅游风景区、名胜古迹人员密集，引发火灾的因素明显增多，历来也是火灾多发期。节假日期间已成为消防安全的重点时段。

加强重要活动期间的消防工作、确保火灾形势稳定，关系活动顺利举行，关系社会和谐稳定，关系党和国家形象。近年来，我国国家整体实力不断加强，国际地位与日俱增，相继主办或承办了一系列国际性、全国性的政治、经济、文化、体育等大型会议或活动。这些重要活动的规格高、人数多、影响大，必须要有良好的消防安全保障。

有针对性地加强冬春季节、夏季等火灾多发季节的防火工作，是我国消防工作的一项重要经验和做法。从历年来我国火灾的特点来看，冬春季节风干物燥，夏季气温高，用火、用电、用油、用气大量增加，都是火灾多发期和重特大火灾的高发期。

县级以上地方各级人民政府应针对重大节假日、重要活动、火灾多发季节特点，采取有效的火灾防控措施：一是通过下发文件、召开会议，动员部署有关部门、行业和社会单位落实消防安全责任，加强消防安全管理。二是采取单位自查、行业检查、公安机关消防机构监督检查和部门联合检查等形式，开展消防安全检查，及时消除火灾隐患。三是广泛发动新闻媒体，开展丰富多彩、形式多样的消防宣传教育活动，宣传普及火灾防范、扑救初起火灾、安全疏散和自救逃生知识。在春节、清明节等传统节日期间，针对燃放烟花爆竹、扫墓烧香、焚纸祭祀等易引发火灾的风俗习惯，开展针对性的安全用火宣传教育。

3. 推动消防科学研究和技术创新，推广使用先进消防和应急救援技术、设备。

科学技术是第一生产力。推动消防科学研究和技术创新，是提升火灾防控能力和灭火救援能力的重要保障。

当前，我国高层建筑数量急剧增加，建筑高度持续攀升，超长隧道、超大交通枢纽、大型装配式钢结构建筑大量出现，煤化工、光伏、风电等新兴能源产业发展方兴未艾，各类新材料、新技术、新工艺广泛使用，石油化工行业发展迅猛、大型项目激增、工艺装置复杂，既对火灾防控技术手段提出了新挑战，也对灭火救援技术装备提出了新要求。但从现状看，我国消防科技水平滞后于经济社会发展，消防科研经费仍显匮乏，消防科研项目不多，针对性研究不深，科技成果转化率较低，投入实际应用偏少。消防安全对于科技创新与先进成果应用的需求越来越迫切，亟须开展有针对性的科学研究，运用现代科技手段，破解消防工作的重大难题，提升火灾防控和灭火救援水平。

县级以上地方各级人民政府要针对消防工作现实需要，积极整合社会资源，加大经费投入力度，支持消防科技创新和消防科技成果转化运用：一是将"智慧消防"纳入"智慧城市"建设，同步规划，同步实施，广泛运用移动互联网、物联网、大数据、云计算、人工智能等新技术，提升城市火灾预警能力。二是组织科技等部门扶持消防科技项目、申报科技计划，集中力量开展消防科技攻关。三是鼓励研发适用于超高层民用建筑、城市综合体、交通隧道、城市综合管廊、仓储物流园区和精细化工园区火灾防范实用新技术，推动消防科研成果转化运用。四是立足火灾防控，推广应用远程监控、热成像、电弧监测、智慧用电等先进技术。五是根据灭火救援需要，更新配备高端主战消防装备、新型个人防护装备、特种灾害事故处置装备、消防员训练技术装备，提升灭火应急处置能力。

4. 组织开展经常性的消防宣传工作。

意识是第一位的技能。只有加强消防宣传工作，提升全民消防安全意识和法制观念，掌握自防自救技能，消防工作才能掌握主动权，才能从根本上预防和减少火灾事故发生。为此，《中华人民共和国消防法》明确规定，各级人民政府应组织开展经常性的消防宣传教育，提高公民的消防安全意识。

从近年的火灾事故看，有 80% 以上是人为因素造成的，而在亡人中有 80% 是不掌握逃生技能造成的。国家统计局在全国范围内开展的国民消防安全素质调查显示，接受调查的城乡居民中，有 80% 以上的人没有接受过消防知识教育，46% 的人缺乏火场逃生常识，35% 的人不会扑救家庭初起火灾，12% 的人不知道火警电话；近 50% 的学生有过玩火的经历，49% 的学生未在学校接受过消防安全知识学习或消防演习。

2009 年 1 月 31 日福建福州长乐拉丁酒吧火灾，造成 15 人死亡、22 人受伤，刚起火时很多人无动于衷，不到 1 分钟形成轰燃，多数顾客因错失逃生时机而丧命。2017 年 8 月 11 日新疆石河子友好医院火灾，一些群众没有在第一时间逃生，最终造成 9 人死亡、5 人受伤。2017 年 9 月 25 日浙江玉环重大亡人火灾中，起火建筑一层房间设有直通室外的第二出口，但房间里的 2 人未及时逃生、不幸遇难。2017 年 12 月 10 日河北邯郸较大亡人火灾，遇难群众不熟悉疏散逃生路线，结果酿成惨剧。这方面也有意识较高成功逃生的例子，2017 年 12 月 1 日天津河西泰禾金尊府重大火灾中，有 2 人在房间内用被褥堵住门缝、打开外窗而成功获救。

县级以上地方各级人民政府应将消防宣传置于基础性、

先导性的地位，组织开展经常性的消防宣传工作：一是将其纳入社会治安综合治理、创建平安地区、精神文明建设、普法教育、科普宣教和公民素质教育范畴，统筹部署实施。二是制定指导性、操作性强的消防宣传工作计划，明确总体目标、主要任务、保障措施、工作要求。三是深化消防安全宣传"七进"（进机关、进学校、进社区、进企业、进农村、进家庭、进网站）工作，策划开展形式多样、内容丰富的主题宣传活动，组织社会各界广泛参与，在全社会营造浓厚氛围。四是组织相关部门、社会单位和有关团体按照职能，各负其责，组织开展消防宣传工作，营造人人关注消防、人人参与消防的良好氛围，提高全社会消防安全意识和自防自救能力。

5. 大力发展消防公益事业。

公益事业发展水平是衡量一个国家文明进步程度的重要标志。近年来，许多单位和个人不计报酬、无私奉献，积极投身消防公益活动，为我国消防事业发展做出了突出贡献。积极表彰鼓励热心消防公益事业的单位和个人，对于鼓励引导消防公益事业健康发展，推进消防工作社会化具有重要意义。2012年6月25日，经中共中央批准，全国评比达标表彰工作协调小组同意设立"全国119消防奖"，每两年一次，面向社会表彰为消防工作做出重要贡献的集体和个人。2012年以来，已举行三届表彰活动，累计表彰111个先进集体和131名先进个人，浙江、广东、山东、重庆等地也设立相应奖项。通过表彰，引导热心和支持公益事业的广大群众投身消防工作，促进了消防工作社会化进程和社会文明进步。

消防公益事业主要体现在社会民间力量参加灭火救援、消防志愿服务、消防宣传教育、消防法律援助、消防慈善捐赠及消防文化艺术活动等方面。地方各级人民政府和有关部门要大力弘扬、积极引导热心消防、服务社会的公益精神，按照《中华人民共和国消防法》第七条"国家鼓励、支持社会力量开展消防公益活动；对在消防工作中有突出贡献的单位和个人，应按照国家有关规定给予表彰和奖励"的规定，积极引导和扶持消防公益事业的发展，建立常态化表彰激励制度，引导支持社会力量广泛参与消防公益事业，广泛宣传消防公益事业的重大意义、先进典型，充分调动企事业单位、社会组织和个人参与消防公益事业的积极性，努力形成热心消防公益事业的良好风尚。鼓励民办消防队伍发展，就近承接地域性的灭火救援任务，并为民办消防队伍人员提供技能培训和人身意外伤害保险等保障。大力倡导志愿消防服务，积极引导消防志愿者参与消防宣传培训、查改身边火灾隐患等活动，并为消防志愿服务人员提供必要的技能培训和相关支持。建立地方性消防公益基金，鼓励社会单位和个人捐赠消防事业，并对捐赠的社会单位和个人支持落实相应的税收减免政策。支持开展消防公益宣传、消防文化艺术创作，鼓励创作贴近社会、贴近群众、贴近生活的消防题材作品。

6. 采取政府购买公共服务等方式，推进消防教育培训、技术服务和物防、技防等工作。

（1）政府购买公共服务。政府购买公共服务是指将原来由政府或有关部门直接提供的、为社会公共服务的事项交给有资质的社会组织或市场机构来完成，并根据社会组织或市场机构提供服务的数量和质量，按照一定的标准进行评估后支付服务费用，即"政府承担、定项委托、合同管理、评估兑现"，是一种新型的政府提供公共服务方式。

《国务院办公厅关于政府向社会力量购买服务的指导意见》（国办发〔2013〕96号）明确，在公共服务领域更多利用社会力量，加大政府购买服务力度。《中共中央办公厅国务院办公厅关于加快构建现代公共文化服务体系的意见》（中办发〔2015〕2号）要求，建立健全政府向社会力量购买公共文化服务机制，将政府购买公共文化服务资金纳入财政预算。

（2）政府购买公共消防服务。近年来，一些地方政府立足实际，采取购买公共消防服务的方式，积极推进火灾隐患排查、消防教育培训、技术服务和物防、技防等工作，取得了良好的社会效果，积累了一定经验。但客观来看，当前公共消防服务质量不高、覆盖面不广，尤其是城乡发展不平衡的问题比较突出，难以满足社会需求。县级以上地方各级人民政府应结合当地经济社会发展状况和人民群众的实际需求，不断创新和完善公共消防服务供给模式。

政府购买公共消防服务的主要内容包括：一是委托消防技术服务机构开展火灾隐患排查。二是委托安全评估机构、高等院校、科研机构开展区域消防安全风险评估。三是委托规划设计单位编修消防规划。四是委托社会消防培训机构开展社会化消防宣传教育和消防培训。五是委托社会力量运营城市消防远程监控系统，提高火灾预警能力。六是依法可以委托的其他公共消防服务。

（四）建立常态化火灾隐患排查整治机制，组织实施重大火灾隐患和区域性火灾隐患整治工作。实行重大火灾隐患挂牌督办制度。对报请挂牌督办的重大火灾隐患和停产停业整改报告，在 7 个工作日内作出同意或不同意的决定，并组织有关部门督促隐患单位采取措施予以整改。

火灾隐患的动态性、复杂性，决定了火灾隐患排查整治是一项长期的系统工程，不可能毕其功于一役。《实施办法》在总结近年来火灾隐患排查整治经验的基础上，就建立常态化火灾隐患排查整治机制、重大火灾隐患整治工作等作出了硬性规定，提出了明确要求，为强化火灾隐患排查整治提供了政策支持。

1. 建立常态化火灾隐患排查整治机制。

今天的隐患就是明天的事故。火灾隐患是动态的，安全是相对的，不安全是绝对的，以前好不等于现在好，现在好不等于将来好，不是经过几次检查或仅依靠公安机关消防机构就可以全部消除的。县级以上地方各级人民政府应通过定期开展消防安全形势分析研判，找准影响和制约火灾形势稳定的"靶心"，组织各级、各部门，发动社会单位开展经常性的消防安全检查，及时排查消除火灾隐患。这是减少火灾事故、稳定火灾形势最直接、最有效的手段。

常态化火灾隐患排查整治机制包括以下几方面内容：一是建立消防安全形势定期分析研判制度，切实找准本地区突出问题和容易发生大火的场所。二是根据分析研判情况，定期部署火灾隐患专项治理行动，由政府牵头制定方案，明确目标任务和工作措施，组织开展火灾隐患排查整治。近年来，全国先后组织开展了高层建筑、劳动密集型企业、文物古建筑、社会福利机构、电气火灾等一系列消防安全专项治理。三是加强日常性消防检查，建立和落实综合督查、专项督查、暗查暗访以及火灾隐患挂账销号、挂牌督办等工作制度。四是督促隐患整改到位。定期听取汇报，研究分析形势，落实隐患整改资金、人员等各项保障，统筹、协调、解决重点难点问题，确保隐患按时整改到位。五是总结排查整治经验。各级政府、部门要不断总结完善消防安全专项行动等工作经验，既要通过隐患集中整治解决突出问题，更要坚持标本兼治，从治标中提炼治本之策，对工作中暴露出的一些普遍性、倾向性问题，及时修订完善有关法规标准，将一些行之有效的经验上升为制度规定，固化为消防安全管理长效机制。

2. 组织实施重大火灾隐患和区域性火灾隐患整治工作。

重大火灾隐患是指违反消防法律法规，可能导致火灾发生或火灾危害增大，并由此可能造成重特大火灾事故和严重社会影响的各类潜在不安全因素。重大火灾隐患应根据强制性国家标准《重大火灾隐患判定方法》（GB 35181—2017），采用直接判定或者综合判定的方法进行确定。据统计，2017 年以来全国排查发现重大火灾隐患单位 5971 家，其中公共建筑 4267 处、居民住宅建筑 1341 处，都是危及城乡消防安全的"定时炸弹"。

区域性火灾隐患主要是指城乡消防安全布局、公共消防设施不符合消防安全要求，或者集中连片的火灾隐患突出区域等。县级以上地方各级人民政府可以根据本地实际，确定区域性火灾隐患。当前，区域性火灾隐患主要集中在"城中村"

和城乡接合部，这些区域无消防车通道、无消防水源、建筑防火间距严重不足，加上人员高度密集，"三合一""多合一"以及小商店、小餐饮、小住宿等小场所遍布，诱发火灾因素多，据不完全统计，全国的"城中村"多达10余万个。

近年来，各地政府在重大火灾隐患和区域性火灾隐患整治上探索出了一套行之有效的做法和措施，如上海市各级政府以清单列出隐患情况、责任单位、整改进度，通过目标管理、项目推进、倒排时间等措施，督促各级各部门按期保质落实整改。重庆市各级政府根据隐患的风险分类制定整治方案，明确整治时间节点，对未按要求进行整治的，依法予以查封、关停、重罚。广东省各级政府从2009年起挂牌督办197个火灾隐患重点镇街、813个重点地区，逐级签订隐患整改责任状，结合本地实际制定具体整治方案和进度表，严格整治标准，强化整治措施，加强舆论监督，严格督导检查，落实评估验收。

重大火灾隐患和区域性火灾隐患类型复杂、涉及面广、整改成本高、难度大，严重危及公共消防安全，必须在地方各级人民政府的统一领导下，充分运用法律、行政、经济、宣传、技术等手段，发动各行业部门的力量，实行综合治理。

（1）单位是整改重大火灾隐患的责任主体。根据《中华人民共和国消防法》、《机关、团体、企业、事业单位消防安全管理规定》（公安部令第61号）和经国务院同意的公安部、监察部、国家安全生产监督管理局联合印发的《关于进一步落实消防工作责任制的若干意见》（公发〔2004〕4号，以下简称《意见》），单位应当及时确定整改重大火灾隐患的措施、期限，落实整改资金，并在隐患消除之前落实保障消防安全的防范措施；对不能确保消防安全，随时可能引发火灾或者一旦发生火灾将严重危及人身安全的危险单位，应当自行停产停业。单位对于涉及城市规划布局或者其他自身确无能力整改的重大火灾隐患，应当提出解决方案，及时报告上级主管部门或者当地人民政府。对公安消防部门责令限期改正的重大火灾隐患，单位应当在规定的期限内改正并写出整改复函，报送公安消防部门；不能在规定时间整改的，应当及时向公安消防部门提出延期整改的申请，说明理由和整改期间保证消防安全的措施。

（2）政府组织领导重大火灾隐患整改工作。《中华人民共和国消防法》第五十五条规定："公安消防部门在消防监督检查中发现城乡消防安全布局、公共消防设施不符合消防安全要求，或者发现本地区存在影响公共安全的重大火灾隐患的，应当由公安机关书面报告本级人民政府。接到报告的人民政府应当及时核实情况，组织或者责成有关部门、单位采取措施，予以整改。"《国务院关于特大安全事故行政责任追究的规定》规定，市（地、州）、县（市、区）人民政府应当组织有关部门对特大安全事故隐患进行查处；发现特大安全事故隐患的，责令立即排除；特大安全事故隐患排除前或者排除过程中无法保证安全的，责令暂时停产、停业或者停止使用。为防止地方政府对公安消防部门报请决定停产停业的事项久拖不决或者议而不决，强化地方政府对涉及公共消防安全问题的决策力和执行力，《意见》明确规定了地方政府的两项工作职责：一是对公安机关报请对重大火灾隐患挂牌督办、停产停业整改的报告，应在7日内作出决定；二是应作出是否批准停业的明确决定。

（3）行业、系统主管部门督导重大火灾隐患整改。行业、系统主管部门应当定期组织开展消防安全检查，对发现的火灾隐患特别是重大火灾隐患，要采取有效措施督促有关单位及时整改，并加强对火灾隐患整改工作的指导。对单位整改重大火灾隐患确有实际困难的，要在职责范围内，采取资金、政策扶持等措施，协调有关方面帮助单位解决实际困难，确保火灾隐患及时整改销案。对在本行业、系统职权范围内难以整改的重大火灾隐患，要及时提出整改方案和措施，向上级行业、系统主管部门和当地人民政府报告，并通报当地公安消防部门。

（4）重大火灾隐患整治是公安消防部门的执法重点。公安消防部门对已立案的重大火灾隐患，要制作法律文书通知有关单位或者个人采取措施，限期消除隐患，依法进行处罚；应当督促隐患单位落实整改责任、整改方案和整改期间的安全防范措施，并积极给予技术指导；应当对重大火灾隐患整改情况及时进行复查，逾期未整改的，应当依法进行处罚；对确有正当理由不能在规定期限内整改，单位在整改期限届满前提出书面延期申请的，应当对申请进行审查；重大火灾隐患整改验收合格后，应当进行销案；责令单位停产停业，对经济和社会生活影响较大的，公安消防部门提出意见，由公安机关报请当地人民政府依法决定；应当根据实际需要，将重大火灾隐患判定情况抄送当地人民检察院、人民法院、相关行政执法部门、有关行业、系统主管部门和上一级地方公安消防部门。存在重大火灾隐患的单位及其责任人逾期不履行停产停业、停止施工、停止使用等消防行政处罚决定的，由作出决定的公安消防部门依法强制执行。

3. 实行重大火灾隐患挂牌督办制度。对报请挂牌督办的重大火灾隐患和停产停业整改报告，在 7 个工作日内作出同意或不同意的决定，并组织有关部门督促隐患单位采取措施予以整改。

《中华人民共和国消防法》第五十五条规定："公安机关消防机构在消防监督检查中发现城乡消防安全布局、公共消防设施不符合消防安全要求，或者发现本地区存在影响公共安全的重大火灾隐患的，应由公安机关书面报告本级人民政府。接到报告的人民政府应及时核实情况，组织或者责成有关部门、单位采取措施，予以整改。"《国务院关于加强和改进消防工作的意见》（国发〔2011〕46 号）规定，要严格落实重大火灾隐患立案销案、专家论证、挂牌督办和公告制度。上述法律和规范性文件为建立重大火灾隐患挂牌督办制度提供了依据。

（1）实行重大火灾隐患挂牌督办制度。对历史遗留问题多、整改难度大、整改周期长、涉及面广的重大火灾隐患，由县级以上地方各级人民政府挂牌督办，限期整改。重大火灾隐患挂牌督办按照以下程序实施：一是公安机关将拟挂牌的重大火灾隐患情况书面报告本级政府。二是政府接报后应 7 个工作日内作出明确批复，印发文件确定本级政府挂牌的重大火灾隐患，逐一明确整改的责任、措施、期限。三是各地政府批复后，应通过新闻媒体向社会公告挂牌重大火灾隐患单位信息，接受社会监督。四是整改期间，本级政府和督办部门应定期核查重大火灾隐患整改情况，协调解决整改问题，督促加快整改进度。五是挂牌重大火灾隐患整改完毕，经公安机关消防机构复查合格后，由公安机关书面报请本级政府进行摘牌，政府接报后应及时批复，并向社会进行公告。

（2）对报请挂牌督办的重大火灾隐患和停产停业整改报告，在7个工作日内作出同意或不同意的决定，组织有关部门督促隐患单位采取措施予以整改。这是确保重大火灾隐患及时整改、停产停业有效执行的一项重要规定。当前，有的地方政府对公安机关报请挂牌督办重大火灾隐患和停产停业整改事项迟迟不作出明确决定，致使火灾隐患长期得不到整改、隐患单位带病运行，甚至养患成灾。为此，《实施办法》要求政府应接到报告后7个工作日内作出明确决定。

2000年12月25日，河南省洛阳市东都商厦因违章电焊发生火灾，造成309人死亡、7人受伤。起火的东都商厦是河南省政府通报的40处重大火灾隐患之一，洛阳市主管副市长宗廷轩在市公安局"停业整改"报告上批示"请按有关规定办"，调查组认定其批示含糊不清，对东都商厦重大火灾隐患整改重视不够、督促整改不力，负有重要领导责任，给予党内严重警告、行政降级处分。

**（五）依法建立公安消防队和政府专职消防队。明确政府专职消防队公益属性，采取招聘、购买服务等方式招录政府专职消防队员，建设营房，配齐装备；按规定落实其工资、保险和相关福利待遇。**

1. 依法建立公安消防队和政府专职消防队。

公安消防队是公安机关领导下的从事防火、灭火和应急救援工作的专业队伍，是我国消防力量的主体。政府专职消防队是地方各级人民政府根据经济社会发展需要，投资建设、管理、使用、维护和保障的消防队伍，是我国消防力量的重要补充。

当前，我国总体上仍处于火灾易发、多发期，特别是随着工业化、信息化、城镇化、市场化深入发展，城镇面积、人口容量、社会财富迅速扩大，消防力量严重不足的问题日益突出，成为制约消防事业发展、影响公共消防安全水平提升的"瓶颈"问题之一。我国现有17万公安消防队员、17万专职消防队员，消防队员总数占全国人口0.25‰，远低于发达国家1‰—1.5‰的比例，也低于发展中国家0.5‰的比例。目前，广大农村地区的专业灭火救援力量基本上处于空白状态，全国3.4万多个乡镇69万多个行政村对灭火救援力量的现实需求，都只能通过多种形式消防队伍来解决。因此，在现役警力不可能大规模增长的情况下，大力发展多种形式消防队伍是符合现阶段国情，解决消防警力不足的必由之路，是一项长期的战略任务。

《中华人民共和国消防法》第三十六条规定，地方人民政府应按照国家规定建立公安消防队、专职消防队，并按照国家标准配备消防装备，承担火灾扑救工作。这里所说的"国家规定""国家标准"，是指法律、法规以及国务院公安部门颁发的部门规章、规范性文件所规定的消防站建设、消防装备有关标准和要求，主要是指《中华人民共和国消防法》《中华人民共和国城乡规划法》《城市消防站建设标准》（建标152—2017）《关于加强城镇公共消防设施和基层消防组织建设的指导意见》（公通字〔2015〕24 号）等。

根据上述规定，地方各级人民政府应将消防站建设纳入消防规划，做好筹措资金、征地建设等工作，认真抓好人员招录和消防车辆、器材装备的配备，加强公安消防队和政府专职消防队建设，不断增强火灾扑救和应急救援能力，更好地保卫国家和人民群众生命财产安全。

2. 明确政府专职消防队公益属性。

《实施办法》首次在国家层面明确了政府专职消防队的公益属性。

公益即公共利益，与私人利益相对应，是指有关社会公众的福祉和利益。公益属性就是说某活动或者组织，它的目的是实现社会公共利益和国家长远利益、面向社会提供公益产品和公共服务。

政府专职消防队承担着火灾扑救、应急救援等任务，履行着公共安全服务职能，是现阶段我国消防力量体系的重要组成部分，也是构建社会消防治理体系、提高社会消防治理能力的重要内容。从政府专职消防队职责任务看，其面向社会提供消防安全公共服务，保障了社会公共利益和国家长远利益，具有明显的公益属性。

《中共中央、国务院关于分类推进事业单位改革的指导意见》（中发〔2011〕5 号）明确指出，对从事公益服务的，继续将其保留在事业单位序列，强化其公益属性。各地应立足事业编制管理属于地方事权的实际，将政府专职消防队核定为公益一类事业单位，有条件的地方要将管理人员、专业骨干核定为事业编制，强化专职消防队员的职业归属感和待遇保障，进一步稳定队伍，推动专职消防队伍长远建设发展。

3. 采取招聘、购买服务等方式招录政府专职消防队员，建设营房，配齐装备；按规定落实其工资、保险和相关福利待遇。

（1）政府专职消防队现状。公安部、国家发展改革委、财政部、民政部、人力资源和社会保障部联合出台的《关于深化多种形式消防队伍建设发展的指导意见》（公通字〔2010〕37号）明确，公安消防队数量未达到国家《城市消防站建设标准》（建标152—2017）规定的城市应建立政府专职消防队。目前，全国已建立城市政府专职消防队3234支、人员7.5万人，乡镇政府专职消防队9160支、队员9万人，成为公安消防队伍的补充力量，为保障公共消防安全发挥了重要作用。

（2）政府专职消防队建设存在的主要问题。在政府专职消防队建设过程中，暴露出人员招录、营房建设、装备配备、队伍管理、工资待遇、经费保障等方面存在的问题，影响和制约了队伍发展：一是不少政府专职消防队人员少，灭火救援力量不足，难以保障正常执勤备战。二是很多专职消防队建设标准低，营房陈旧、面积小，消防车露天停放，生活和训练设施严重不足。三是相当数量的专职消防队仅有消防车等基本装备，且常年没有更新，队员仅有简单的个人防护装备，影响了战斗力和队员自身安全。四是多数专职消防队员工资偏低，与其承担的高危险灭火救援任务极不适应，人员流失严重。五是有的地方在福利待遇、社会保险、表彰奖励、伤残抚恤、党团关系等方面尚未健全机制，影响队员积极性。

（3）加强政府专职消防队建设。地方各级人民政府应将政府专职消防队建设纳入本地区国民经济和社会发展规划，明确建设目标任务，认真组织实施。公安、发展改革、民政、财政、人力资源和社会保障、交通运输等部门和工会组织应按照各自职能，制定促进和支持政府专职消防队建设的政策，共同促进发展。

地方各级人民政府在统筹政府专职消防队发展过程中应把握几个重点环节：

一是明确建队范围。公安消防站数量未达到《城市消防站建设标准》（建标152—2017）规定的城市和县人民政府所在地镇；建成区面积超过五平方公里或者居住人口五万人以上的乡镇；易燃易爆危险品生产、经营单位和劳动密集型企业密集的乡镇；全国和省级重点镇、历史文化名镇；省级及以上的经济技术开发区、旅游度假区、高新技术开发区，国家级风景名胜区应建立政府专职消防队。

二是严格建设标准。城市和县城的政府专职消防队，其规划选址、建筑标准和消防车辆、器材、消防人员防护装备标准等应按照《城市消防站建设标准》（建标152—2017）中相应需求类别标准执行，可以采取招聘、购买服务、地方事业编制等方式招录专职消防队员。乡镇人民政府、城市街道办事处组建的政府专职消防队，应结合本地实际和灭火救援需求合理确定建设标准，也可由两个以上乡镇或单位联合建立。

三是确定劳动关系。在将政府专职消防队核定为事业单位，将管理人员、专业骨干核定为事业编制的基础上，按照《中华人民共和国劳动法》《中华人民共和国劳动合同法》等法律，依法与专职消防队员签订劳动合同，明确劳动合同期限、工作内容、工作地点、工作时间、休息休假、劳动保护、劳动报酬、社会保险、劳动纪律等内容。

四是落实经费保障。地方各级人民政府应将政府专职消防队的营房建设、消防装备建设纳入基础设施建设投资计划和财政预算，将政府专职消防队的人员工资福利及业务经费纳入同级财政预算予以保障。确保专职消防队员的工资水平与当地经济社会发展水平和其承担的高危险性职业相适应，与其职业等级、绩效等相挂钩。专职消防队员应按规定参加基本养老、基本医疗、工伤、失业等社会保险，缴纳各项社会保险费用，并享受相应待遇。

五是落实伤残抚恤待遇。地方各级人民政府应当组织专职消防员参加岗前、在岗、离岗、应急职业健康检查，并为其建立职业健康档案记录。专职消防员在业务训练、灭火战斗或应急救援等活动中因工受伤、致残或死亡的，应按照《工伤保险条例》的规定进行工伤认定、劳动能力鉴定，落实各项工伤待遇。符合革命烈士申报条件的，由公安机关消防机构会同民政部门报请省级人民政府批准。

六是建立表彰激励机制。负责多种形式消防队伍管理的部门应当建立健全监管、考核、奖惩工作机制，对在防火、灭火、抢险救援中工作突出的集体和个人，及时报请当地人民政府按照国家和地方的有关规定，予以表彰奖励，并纳入各级公安消防部门、人力资源和社会保障部门及工会组织的表彰奖励范围。要加强专职消防队伍党团组织建设，加强思想政治教育，积极发展优秀专职消防员入党入团。要积极探索志愿服务经历与就业、入学和奖学金等机会挂钩机制，对达到一定服务年限的消防员发放志愿服务荣誉证明，提高其社会地位。

地方各级人民政府应当按照公安部、交通运输部和国家税务总局《关于规范和加强多种形式消防队伍消防车辆管理的通知》（公消〔2011〕203号），对多种形式消防队伍配备的符合国家要求的消防车予以免收车辆购置税，免收灭火救援往返通行费等优惠政策。

**（六）组织领导火灾扑救和应急救援工作。组织制定灭火救援应急预案，定期组织开展演练；建立灭火救援社会联动和应急反应处置机制，落实人员、装备、经费和灭火药剂等保障，根据需要调集灭火救援所需工程机械和特殊装备。**

1. 组织领导火灾扑救和应急救援工作。

（1）工作现状。消防队伍承担应急救援职能是国际通行做法。近年来，在各地政府的统一领导下，公安消防队伍按照《中华人民共和国消防法》《国务院办公厅关于加强基层应急队伍建设的意见》（国办发〔2009〕59号）等法律和政策要求，全面加强综合性应急救援队伍建设，积极承担火灾扑救和以抢救人员生命为主的综合性应急救援工作。目前，全国省、市、县三级政府均依托公安消防队伍成立综合性应急救援队伍，配备抢险救援车辆2万台、装备器材300万件（套），实现了国家、省、市、县四级调度指挥系统互联互通。

公安消防队伍充分发挥布点、训练、装备优势，在历次重特大灾害事故处置中发挥了重要作用。尤其是在四川汶川、青海玉树、四川芦山地震等特大灾害事故处置中，以不足总救援力量10%的警力搜救出30%以上的生还者。在天津港"8·

12"特别重大火灾爆炸事故中，天津港公安局消防支队和天津市公安消防总队共向现场调派了 3 个大队、6 个中队、36 辆消防车、200 人参与灭火救援。在当地政府统一指挥下，消防人员不怕牺牲、坚守一线、英勇奋战。在遇难 165 人、失踪 8 人中，消防人员分别为 99 人、5 人。

2006 年至 2017 年公安消防队伍接警出动年均增幅 11.1%，2017 年达到 117 万起，除火灾扑救外的各类灾害事故救援和群众遇险救助出动已占 70% 以上。目前，公安消防队伍已成为日常灾害事故应急救援唯一的专业力量。遇有灾害事故，人民群众最先想到的是公安消防队伍，党委、政府最先调动的是公安消防队伍，各类灾害现场最先到达的也是公安消防队伍。

（2）法规政策依据。《中华人民共和国突发事件应对法》第八条规定，县级以上地方各级人民政府设立由本级人民政府主要负责人、相关部门负责人、驻当地中国人民解放军和中国人民武装警察部队有关负责人组成的突发事件应急指挥机构，统一领导、协调本级人民政府各有关部门和下级人民政府开展突发事件应对工作；根据实际需要，设立相关类别突发事件应急指挥机构，组织、协调、指挥突发事件应对工作。《中华人民共和国消防法》规定，公安消防队、专职消防队参加火灾以外的其他重大灾害事故的应急救援工作，由县级以上人民政府统一领导。

2016 年 7 月 28 日，习近平总书记在河北唐山考察调研时强调，要落实责任、完善体系、整合资源、统筹力量，全面提高国家防灾减灾救灾能力；10 月 11 日，习近平总书记主持召开中央全面深化改革领导小组第 28 次会议，审议通过了《关于推进防灾减灾救灾体制机制改革的意见》。习近平总书记的系列重要指示，充分体现了我们党"以人为本、心系百姓"的执政理念，彰显了把人民群众放在心中最高位置的鲜明立场，为新形势下我国抢险救灾工作提供了根本遵循，指明了实践路径。

2008 年，新修订的《中华人民共和国消防法》对公安消防部队职能进行了重新定位，从原有的"参加其他灾害或者事故的抢险救援工作"转变为"承担重大灾害事故和其他以抢救人员生命为主的应急救援工作"，赋予了公安消防部队灭火与应急救援的"双重职能"。2009 年 10 月，国务院办公厅印发了《关于加强基层应急队伍建设的意见》（国办发〔2009〕59 号），要求各县级人民政府要以公安消防队伍及其他优势专业应急救援队伍为依托，建立或确定"一专多能"的综合性应急救援队伍，通过三年左右的努力基本建成，并明确了县级综合性应急救援队伍的任务职能。2010 年 6 月，国务院在《关于进一步加强防震减灾工作的意见》（国发〔2010〕18 号）中又提出，要加强以公安消防队伍及其他优势专业应急救援队伍为依托的综合应急救援队伍建设。

（3）工作要求。根据法律规定和实践经验，同时考虑到火灾扑救和应急救援工作参与力量多，调动社会资源广，有的甚至需要跨地区进行大规模救援，《实施办法》规定政府负责组织领导火灾扑救和应急救援工作。一是组织针对辖区灾害事故特点制定应急预案，建立应急反应和处置机制，定期组织开展演练。二是统一调配和安排各类应急救援力量，将其纳入指挥体系，应急救援力量总指挥应作为现场总指挥部成员。三是及时组织人员、调集所需物资进行火灾扑救和应急救援，做好善后处置等工作，提供强有力的保障。

2. 组织制定灭火救援应急预案，定期组织开展演练。

火灾和各类灾害事故往往具有突发性，为了能在最短时间内最大限度地减少人员伤亡和财产损失，就必须快速反应，利用一切社会资源协调一致行动，及时采取有效措施进行处置。因此，平时就必须制定完善的应急预案，明确相关力量在灭火救援中的责任，组织开展实战演练，切实掌握灭火救援的主动权。

县级以上地方各级人民政府应根据有关法律、法规、规章、上级人民政府及其有关部门的应急预案以及本地区的实际情况，制定相应的灭火救援应急预案。应急预案应针对灾害事故的性质、特点和可能造成的社会危害，具体规定灭火救援的组织指挥体系与职责、灾害事故预防与预警机制、处置程序、应急保障措施以及灾后恢复与重建措施等内容，并根据实际需要适时修订。

灭火救援应急预案的演练原则上每年至少组织一次。各级政府应根据预案，组织相关部门、社会单位和群众参与，及时调集相应的物资装备，确保熟练掌握灭火救援的组织指挥、处置方法、现场防护、善后处置等各项要求。

3. 建立灭火救援社会联动和应急反应处置机制，落实人员、装备、经费和灭火药剂等保障，根据需要调集灭火救援所需工程机械和特殊装备。

这既是各级政府平时建立应急反应和处置机制的一项重要

内容，更是灾害发生时政府应急组织能力和协调能力的基本要求和检验标准。

当前，灾害事故的多样性、复杂性、多变性对应急处置提出了越来越高的要求，单靠某一方面力量明显不足，各地政府应发挥统筹协调作用，坚持平战结合，抓好三个方面工作：一是平时应加大公共消防设施的投入，加大公安消防队、政府专职消防队等力量的灭火救援装备、物资配备和更新力度。二是做好应急救援社会化保障体系建设，依托政府应急储备、社会联勤保障单位，明确大型救援机械等应急装备物资调用、运输、补偿机制，完善与民航、铁路、公路等部门的力量快速投送机制，定期开展实战演练。三是灾害事故发生时，政府应整合资源、发挥优势，做好人员、经费、装备物资和灭火药剂等保障工作，调用社会可用的一切资源参加处置。

地方各级人民政府应重点针对重大石油化工火灾扑救、化学事故处置、建筑物坍塌事故救援中的破拆清障、筑堤导流、转运物资等需求，做好所需工程机械和特殊装备的调集、保障工作。在天津港"8·12"特别重大火灾爆炸事故中，天津市委、市政府总指挥部动员救援处置人员 1.6 万多人，动用大量工程机械和 2000 多台装备、车辆。公安部先后调集河北、北京、辽宁、山东、山西、江苏、湖北、上海等 8 省市公安消防队的化工抢险、核生化侦检等专业人员和特殊装备参与救援处置。

一般来说，工程机械主要包括具有较强机动性的轮式装载机、轮式推土机、大功率履带式挖掘机、牵引式平板运输车、能够在较小空间内作业的多功能滑移救援机械等。特殊装备主要包括救援直升机、重型无人机以及生命探测、切割破拆等装备。

## 七　省级政府消防工作其他职责

第七条　省、自治区、直辖市人民政府除履行第六条规定的职责外，还应当履行下列职责：

（一）定期召开政府常务会议、办公会议，研究部署消防工作。

（二）针对本地区消防安全特点和实际情况，及时提请同级人大及其常委会制定、修订地方性法规，组织制定、修订政府规章、规范性文件。

（三）将消防安全的总体要求纳入城市总体规划，并严格审核。

（四）加大消防投入，保障消防事业发展所需经费。

【条文主旨】本条规定了省、自治区、直辖市人民政府消防工作宏观管理方面的四项职责。

【条文解读】

（一）定期召开政府常务会议、办公会议，研究部署消防工作。

本项主要有两个方面要求，一是省级人民政府应每年至少召开一次常务会议，分析问题，研判形势，部署重点任务，统筹推进工作。二是遇有重大消防安全事项，及时召开办公会议，予以研究解决。

《中华人民共和国地方各级人民代表大会和地方各级人民政府组织法》规定，县级以上地方各级人民政府会议分为全体会议和常务会议；政府工作中的重大问题，须经政府常务会议或者全体会议讨论决定。消防工作是政府工作的组成部分，事关公共安全和社会稳定，应纳入省级人民政府常务会议、办公会议的重要议事内容。

（二）针对本地区消防安全特点和实际情况，及时提请同级人大及其常委会制定、修订地方性法规，组织制定、修订政府规章、规范性文件。

习近平总书记在庆祝全国人民代表大会成立六十周年大会的讲话上指出，要加强重要领域立法，确保国家发展、重大改革于法有据，把发展改革决策同立法决策更好结合起来；要坚持问题导向，提高立法的针对性、及时性、系统性、可操作性，发挥立法引领和推动作用。加强消防立法是贯彻落实"全面依法治国"方略的具体体现，是推进依法治火、做好消防工作的重要保障。

目前，我国基本形成了以《中华人民共和国消防法》为基本法律，以地方性法规、部门规章和政府规章相配套的消防法律法规体系，但与现实需求还存在较大差距。考虑到各地经济社会发展情况差异较大，消防工作情况各不相同，《实施办法》规定有立法权限的地方各级人民政府应针对本地区消防安全特点和实际情况，及时提请同级人大及其常委会制定、修订地方性法规，组织制定、修订政府规章、规范性文件、地方标准，有利于增强消防立法的针对性、可操作性、创新性、实效性，强化依法治火，解决现实矛盾。

各地政府应进一步加强地方消防立法工作，从地方性法规、政府规章、规范性文件、地方标准等方面完善消防法规体系：一是各省（区、市）和有立法权限的地方，应围绕辖区特点和实际，及时制修订消防条例，统领本地区消防工作。二是针对条例中的关键事项，重点在消防安全责任制、公共消防设施建设、社会消防组织、农村消防工作等方面，制定政府规章予以进一步细化。例如在消防安全责任制方面，目前已有北京、天津、重庆、河南、湖北等 13 个省（自治区、直辖市）和杭州、郑州、武汉等 5 个地级市制定了政府规章。三是结合辖区消防安全形势和火灾特点，出台人员密集场所、易燃易爆场所、"三合一"场所、群租房、老旧住宅、少数民族村寨和文物古建筑火灾防控等方面的规范性文件，强化社会面消防安全管控。四是在建设工程防火设计、建筑消防设施配备、技防手段推广运用、高风险场所消防改造、灭火救援装备配备等方面，因地制宜出台地方标准，提出高于国家标准的消防安全要求。五是及时组织开展执法检查和立法评估工作，推动法律法规落实。同时，广泛听取各方意见，根据形势需要，做好地方性法规、政府规章、规范性文件、地方标准的修订工作。六是加强法律法规的宣贯培训，采取多种形式广泛开展宣传和普及活动，切实提高人民群众遵守消防法律法规的自觉性和主动性。

**（三）将消防安全的总体要求纳入城市总体规划，并严格审核。**

《中华人民共和国城乡规划法》第十四条规定，省、自治区人民政府所在地的城市以及国务院确定的城市的总体规划，由省、自治区人民政府审查同意后，报国务院审批；其他城市的总体规划，由城市人民政府报省、自治区人民政府审批。这是法律赋予省级人民政府的职责，为此，本项明确省级人民政府在审核城市总体规划时，应加强消防安全总体要求的审核，对没有消防安全总体要求的城市总体规划，不得审批同意。

城市总体规划是对一定时期内城市发展目标、发展规模、土地利用、空间布局以及各项建设的综合部署和实施措施。《中华人民共和国城乡规划法》第四条规定，制定和实施城乡规划应符合区域防灾减灾和公共安全的需要，基础设施和公共服务设施用地以及防灾减灾等内容应作为城市总体规划、镇总体规划的强制性内容。这其中也包括消防安全要求。

近年来，因城市总体规划不科学、落实不到位的原因，形成了很多"大城市病"，特别是在消防安全方面隐患突出、火灾风险巨大。比如，高层建筑的问题，目前，全国共有高层建筑近62万栋，其中百米以上高层6512栋，数量居世界首位。这些建筑一般设在城市中心区，而这些区域往往用地局促、交通拥挤且人财物集中，在消防安全保障条件上存在很多先天不利因素。高层建筑的快速增长，给城市火灾防控造成持续压力。高层建筑能否实现合理、适度、有序发展，取决于当地政府的管控决心和力度。省级人民政府作为负责审批城市总体规划的主体，应严格把关，督促下级政府根据城市发展定位，在充分考虑城市消防安全需要的基础上，科学合理制修订城市总体规划，对高层建筑建设等重点环节予以适度"降温、减速"。

**（四）加大消防投入，保障消防事业发展所需经费。**

1. 政策依据。

《中华人民共和国预算法》第六条规定，一般公共预算是对以税收为主体的财政收入，安排用于保障和改善民生、推动经济社会发展、维护国家安全、维持国家机构正常运转等方面的收支预算。第二十七条规定，一般公共预算支出按照其功能分类，包括一般公共服务支出，外交、公共安全、国防支出，农业、环境保护支出，教育、科技、文化、卫生、体育支出，社会保障及就业支出和其他支出。财政部《地方消防经费管理办法》（财防〔2016〕336号）第五条规定，省级财政部门应当会同省级武警消防部队，结合本地区经济社会发展水平和财力状况，制定基本支出保障标准；结合本地区实际情况，按照国家标准，制定本地区项目建设规划及年度实施计划，按照现行财政管理体制，纳入相应的经费渠道予以保障。第六条规定，中央和省级应当对困难地区消防队站的基础设施、消防装备和业务建设予以支持；国务院组织的跨地区调动警力参加执行灭火、抢险救灾及重大消防安全保卫任务等所耗费用，由中央财政相应安排；地方政府组织的跨地区调动警力参加执行灭火、抢险救灾及重大消防安全保卫任务等所耗费用，由省级或者受援地（地、州、盟）财政相应安排。根据前述法律和规范性文件，消防投入应纳入各级政府经费渠道予以保障。

2. 现状和要求。

近年来，从中央到地方不断加大对消防事业发展的经费投入力度。2013年至2016年，中央和地方投入消防经费2376亿元，年均增幅达12.2%。但是随着经济社会的快速发展，在城镇化进程加快、城镇规模不断扩大的同时，城乡公共消防设施建设、消防装备配备、多种形式消防队伍发展不平衡、不适应的问题仍然存在，有的地方消防经费投入偏低，没有与经济增长保持同步，导致城乡消防设施建设滞后等问题突出。

各级人民政府应进一步加大消防投入，足额保障消防站、消防供水、消防通信等公共消防设施和消防装备建设，以加快公共消防设施建设、完善消防供水体系、合理布局消防队站、提升消防装备科技含量，为城乡经济社会发展提供可靠的消防安全保障。

## 八　市、县级政府消防工作其他职责

第八条　市、县级人民政府除履行第六条规定的职责外，还应当履行下列职责：

（一）定期召开政府常务会议、办公会议，研究部署消防工作。

（二）科学编制和严格落实城乡消防规划，预留消防队站、训练设施等建设用地。加强消防水源建设，按照规定建设市政消防供水设施，制定市政消防水源管理办法，明确建设、管理维护部门和单位。

（三）在本级政府预算中安排必要的资金，保障消防站、消防供水、消防通信等公共消防设施和消防装备建设，促进消防事业发展。

（四）将消防公共服务事项纳入政府民生工程或为民办实事工程；在社会福利机构、幼儿园、托儿所、居民家庭、小旅馆、群租房以及住宿与生产、储存、经营合用的场所推广安装简易喷淋装置、独立式感烟火灾探测报警器。

（五）定期分析评估本地区消防安全形势，组织开展火灾隐患排查整治工作；对重大火灾隐患，应当组织有关部门制定整改措施，督促限期消除。

（六）加强消防宣传教育培训，有计划地建设公益性消防科普教育基地，开展消防科普教育活动。

> **（七）按照立法权限，针对本地区消防安全特点和实际情况，及时提请同级人大及其常委会制定、修订地方性法规，组织制定、修订地方政府规章、规范性文件。**

【条文主旨】本条规定了市、县级人民政府消防工作具体执行方面的七项职责，其中第一、三、七项职责与省级人民政府职责相同。

【条文解读】

**（一）科学编制和严格落实城乡消防规划，预留消防队站、训练设施等建设用地。加强消防水源建设，按照规定建设市政消防供水设施，制定市政消防水源管理办法，明确建设、管理维护部门和单位。**

本项重点就科学编制实施消防规划、加强消防水源建设等对市、县两级人民政府提出了明确要求。总的来说，市、县两级人民政府应科学编修消防规划，预留消防队站、训练设施等建设用地，加强消防规划实施。对照消防规划建设消防水源，制定市政消防水源管理办法，明确市政消防供水设施管理维护的主体，落实建设、管理、维护责任，足额保障维护经费，确保完整好用。

1. 科学编制和严格落实城乡消防规划，预留消防队站、训练设施等建设用地。

《实施办法》第六条第（二）项中，已对县级以上地方各级人民政府编制和实施消防规划的工作职责进行了详细阐述。市、县级人民政府应当重点围绕消防队站、训练设施等基础设施建设，推进消防规划实施工作。

在预留消防队站、训练设施等建设用地方面，一是在消防规划中明确用地位置、范围和用地控制界线。二是在控制性详细规划中明确具体用地位置和面积，划定用地界线，规定控制指标和要求、地理坐标。三是在修建性详细规划中明确用地界线、用地配置原则或者方案，地理坐标和相应的界址地形图。四是严格执行规划，对预留的建设用地，未经法律程序并经当地规划部门和公安机关消防机构同意，不得变更。

2. 加强消防水源建设，按照规定建设市政消防供水设施，制定市政消防水源管理办法，明确建设、管理维护部门和单位。

消防水源指市政消防供水设施、天然水源或消防水池。其中，市政消防供水设施是最可靠的消防水源，也是城乡基础设施建设的重要内容。数量、水量、水压符合灭火需求的市政消防供水设施，能够保证消防力量到达火场后及时扑救火灾。

在实践中，市政消防供水设施建设任务虽纳入城市总体规划和消防规划内容，要求与市政道路建设同步实施，但建设项目审批后，一些地方未将市政消防供水设施与道路同步建设、同步验收，导致市政消防供水设施滞后于城市发展。据统计，全国市政消火栓"欠账"率达30%。

同时，一些地方市政消防供水设施的监管主体不明确、维护管理不落实，导致部分市政消防供水设施年久失修、无法使用。目前，全国市政消火栓完好率仅87.9%。一旦出现火情，无法满足火场用水需求，容易造成小火酿成大灾的严重后果。

2013 年深圳光明新区农批市场发生重大亡人火灾，周边 64 个市政消火栓有 30 个水压不足；2014 年云南省迪庆藏族自治州香格里拉县独克宗古城火灾、2015 年黑龙江省哈尔滨市北方南勋陶瓷市场火灾，均因市政消火栓无水或出水困难，致使火灾范围扩大，造成严重后果。

《中华人民共和国消防法》对消防供水、消防通信、消防车通道等公共消防设施的维护、管理、使用作出了原则性规定，《消防给水及消火栓系统技术规范》（GB 50974—2014）对市政消火栓的选型、设置位置、保护半径、供水压力等技术要求作出了具体规定。但是，相关法律法规和技术标准均未明确市政消防供水设施的建设、管理、维护职责。为弥补这一空白，近年来不少地方制定了市政消防供水设施管理办法、规定等政府规章或规范性文件，从制度层面明确建设、维护、管理部门和单位，取得了较好成效。

市、县级人民政府在加强消防水源建设上应做到：一是通过地方性法规、政府规章、规范性文件等形式，制定当地市政消防水源管理办法，确定市政消防供水设施建设、管理、维护单位，明确相关职能。二是组织相关部门严格对照消防规划，落实建设经费，加快建设进度，实现市政消防供水设施补足旧账、不欠新账，满足灭火救援需要。三是落实专项经费，用于市政消防供水设施的检测、评估、养护、加固，确保完整好用。四是将市政消防供水设施运行情况纳入城市物联网消防远程监控系统，实时掌握市政消火栓水压、供水管道阀门启闭状态等信息，提高维护管理工作的科技水平和工作效能，提升公共消防安全保障水平。

（二）将消防公共服务事项纳入政府民生工程或为民办实事工程；在社会福利机构、幼儿园、托儿所、居民家庭、小旅馆、群租房以及住宿与生产、储存、经营合用的场所推广安装简易喷淋装置、独立式感烟火灾探测报警器，在及早预警火灾事故方面发挥了重要作用。

1. 将消防公共服务事项纳入政府民生工程或为民办实事工程。

消防安全事关人民群众生命财产安全。做好消防工作，既是民生，也是实事。《实施办法》在实践基础上，首次规定各地政府应将消防公共服务事项纳入政府民生工程或为民办实事工程，持续做好保障和改善民生工作，满足群众对美好生活的需求。

近年来，贵州、广西等地各级政府将农村消防工作、乡镇消防应急救援队伍建设纳入年度党委、政府"十件民生实事"，下达"任务清单""督办清单"加以推进。重庆市各级政府将老旧居民建筑消防设施改造纳入民生实事项目，采取财政全额投入的方式，累计改造8800幢建筑。

市、县级人民政府在工作过程中应做到：一是全面发动，广泛征集。开展广泛宣传，发动群众积极参与，提出意见建议。在征求意见基础上，结合本地区消防安全形势和突出问题，围绕宣传教育培训、技防手段运用、突出隐患整改、消防组织建设等重点，优选内容，提请党委、人大、政府研究确定项目。二是统一部署，明确责任。及时召开会议，制定下发政府民生工程或为民办实事工程实施方案，明确建设内容和时限要求，确定政府分管领导、牵头部门和责任单位，为民办实事工程的全面实施提供强有力的组织保障。三是筹措资金，加大投入。通过向上争取、财政支持、整合项目、平台融资、自行筹措等方式，筹集工程建设资金，切实加大资金投入。在资金预算和拨付方面，财政优先安排、优先调度，确保各项资金按时、足额拨付到位。四是分工协作，科学推进。政府分管领导、牵头部门和责任单位对照职责分工，实施挂图作战，强化工作协调，及时解决难题。加大政务督查、日常检查力度，推进优质高效完成工程，早日惠及百姓。

2. 在社会福利机构、幼儿园、托儿所、居民家庭、小旅馆、群租房以及住宿与生产、储存、经营合用的场所推广安装简易喷淋装置、独立式感烟火灾探测报警器。

近年来，社会福利机构、幼儿园、托儿所、居民家庭、小旅馆、群租房以及住宿与生产、储存、经营合用场所的"小火亡人"现象突出，给人民群众生命财产安全造成严重危害。这些场所的火灾中，大多数遇难人员由于发现火情迟缓、初起火灾没有及时控制、错失疏散逃生最佳时间，吸入有毒烟气而中毒死亡。

根据国外经验，20 世纪 70 年代以来，美国和部分欧洲国家通过宣传引导和强制立法，在新建和既有建筑积极推广应用独立式感烟火灾探测报警器，及时探测火灾并发出警报，提醒现场人员迅速报警并疏散逃生，有效减少了场所的火灾伤亡。

2015 年，公安部会同民政部、住房城乡和建设部、中国保监会、全国老龄办、中国残联印发《关于积极推动发挥独立式感烟火灾探测报警器火灾防控作用的指导意见》（公消〔2015〕289 号）提出，除已明确要求设置火灾自动报警设施的建筑外，养老院、福利院、残疾人服务机构、特困人员供养服务机构、幼儿园等老年人、残疾人和儿童建筑，居家养老、"空巢老人"、分散养老特困人员等人群住宅，社区综合服务设施等社区居民活动场所，位于棚户区、城乡接合部、传统文化村落和三级及以下耐火等级的老旧居民住宅，宿舍、出租屋、农家乐、小旅馆、地下居住空间等亡人火灾多发的场所宜推广安装独立感烟报警器；鼓励在其他居民住宅内安装使用独立感烟报警器。目前，全国已推广安装700万个独立式感烟火灾探测报警器。

近年来，各地在火灾隐患整治过程中，针对除应安装自动喷水灭火系统的建筑以外的场所，因地制宜探索推广了"快速喷头＋管道＋自来水管"的简易喷淋装置。一旦场所起火，简易喷淋装置快速动作，有效控制、扑灭初起火灾，取得了较好效果，遏制了"小火亡人"现象。

《实施办法》将实践经验上升为规定，市、县级人民政府应根据本地实际，将推广安装简易喷淋装置、独立式感烟火灾探测报警器等有效做法纳入政府民生工程或为民办实事工程，纳入棚户区改造和养老、助残等项目，加大财政投入，落实专项资金，通过政府购买服务、引导社会公益力量参与等形式，为群众免费安装、维护。同时，采取群众喜闻乐见的方式，广泛宣传简易喷淋装置、独立式感烟火灾探测报警器在减少火灾伤亡方面的作用，提高社会认知度和安装积极性。

**（三）定期分析评估本地区消防安全形势，组织开展火灾隐患排查整治工作；对重大火灾隐患，应当组织有关部门制定整改措施，督促限期消除。**

1. 定期分析评估本地区消防安全形势，组织开展火灾隐患排查整治工作。

本项规定市、县级人民政府应通过定期开展消防安全形势分析评估，切实找准影响本地区火灾形势稳定的突出问题，部署开展针对性的排查整治，严防重特大群死群伤火灾事故发生。

习近平总书记指出，要增强同风险赛跑的意识，努力跑在风险前面。为认真贯彻习近平总书记系列重要指示精神，进一步强化风险意识，各地应积极开展消防安全形势分析评估，摸清本地区消防安全状况，出台针对性的政策措施，提升火灾防控的前瞻性、预见性，降低火灾风险，增强社会抗御火灾能力。同时，考虑到消防安全形势分析评估覆盖领域广、涉及部门多，《实施办法》规定由市、县级人民政府组织开展消防安全形势分析评估。

近年来，一些地方政府在消防安全形势分析评估上作了积极探索，收到了很好的效果。上海市政府梳理评估八类高风险对象，市委、市政府主要领导专门听取汇报，市政府出台意见，投入 6.7 亿元经费解决影响消防安全的突出问题。北京市政府在分析评估的基础上，出台一揽子解决方案，计划新建、改造 91 个消防站、1.6 万个市政消火栓，为全市 60 岁以上户籍老年人家庭安装独立感烟报警装置。山东省政府根据分析评估结果，积极推广"智慧消防安全服务云平台""智慧式用电安全隐患监管服务系统""消防远程监控系统"，每个市至少建立一个公共消防安全教育体验中心。

市、县级人民政府在开展分析评估、组织火灾隐患排查整治工作中，应抓好八个方面的工作：一是每年组织相关部门，抽调专家、骨干成立专班，制定方案，确定调研对象和内容、评估方向和任务，列出时间表和路线图，结合实际开展分析评估。二是通过实地调研、座谈走访、抽样调查、专题研讨等方法，掌握第一手资料，认真分析研判，切实把本地区突出问题和容易发生大火的场所找准。三是专门听取分析评估情况汇报，从强化火灾风险防控、加强消防基础设施建设、完善应急救援体系等方面研究提出对策措施，并组织实施。四是根据分析评估确定的排查整治重点，部署开展排查整治行动，通过召开会议、制定方案等形式，明确目标任务、整治对象、具体措施、期限进度、工作要求。五是组织相关部门、基层力量参与排查整治，开展"网格化"排查，对排查发现的隐患逐一登记，挂单记账。六是综合采取法律、行政、经济等手段，强力督促隐患整改，并及时采取政策、资金扶持等措施，协调有关方面解决隐患整改难题，确保对账销号，及时组织开展考评验收。七是建立完善集中检查、综合督查、专项督查、暗查暗访等工作机制，做好群众监督、舆论监督，形成工作合力。八是制定实施有利于消防安全的发展政策和产业规划，合理调整消防安全布局，加强公共消防设施建设，从源头上预防和减少火灾隐患。

2. 对重大火灾隐患，应当组织有关部门制定整改措施，督促限期消除。

督促整改重大火灾隐患是市、县级政府的一项职责，也是确保消防安全的重要举措。具体来说，应抓好六个方面工作：一是召集相关部门、隐患单位负责人及有关专家，对隐患现状、整改措施进行研究，督促指导隐患单位制定整改方案，明确整改责任、整改措施、整改资金、整改期限。二是及时约谈属地政府和行业主管部门，督促落实属地管理和行业督办责任。三是在整治过程中，组织相关专家对重大火灾隐患整改情况进行阶段性检查、指导，提供技术支持。四是将隐患整改情况纳入政务督查、日常检查的重要内容，紧盯不放，务求实效。五是结合政府、部门职责，采取政策、资金扶持等措施，帮助隐患单位解决实际难题，推动重大火灾隐患整改。六是对整改不及时、不到位、不彻底的，综合采取法律、行政、经济等手段惩戒，纳入社会信用信息系统，强力督促整改。

**（四）加强消防宣传教育培训，有计划地建设公益性消防科普教育基地，开展消防科普教育活动。**

1. 加强消防宣传教育培训。

《实施办法》第六条第（三）项中，已对地方各级人民政府加强消防宣传的工作职责进行了详细阐述。开展消防教育培训是对消防宣传工作的延伸。

各级政府每年组织下级政府、所属部门负责人、村（居）委会负责人开展消防安全管理培训，并将消防知识纳入领导干部、公务员培训内容。督促有关部门根据《实施办法》第三章规定的部门消防工作职责，结合本行业、本系统特点，组织开展形式多样的消防宣传教育培训。督促实施职业资格许可和认定的部门，将消防安全内容纳入相关行业执业人员继续教育和从业人员岗位培训。

2. 有计划地建设公益性消防科普教育基地，开展消防科普教育活动。

消防科普教育活动是指利用消防科普教育基地等平台，发挥基地专业化、规模化、大众化以及针对性、体验性、互动性、趣味性强的特点，吸引广大群众主动上门参观体验，面向公众宣传普及消防知识、进行消防安全教育、提高消防安全素质的行为。

各地政府开展消防科普教育活动，应建立固定阵地，具体来说：一是在每个市、县建立一个公益性消防科普教育基地；二是在有条件的社区、村建立消防体验室；三是通过开放每个消防站，广泛开展消防体验活动。

2004年起，公安部消防局、中国科协科普部、中国消防协会联合部署开展了"消防科普教育基地"命名活动。截至2016年，全国已有各类消防科普教育基地546个。此外，全国6280个消防站也是消防科普教育活动的重要阵地。

市、县级人民政府在推进公益性消防科普教育基地、消防体验室建设和消防站开放上，应把握以下几点：一是突出可持续性，实事求是设定建设目标、建设规模、推进速度，统筹推进。二是突出实用性，规划、建设过程要充分考虑主要功能、群众实际需求和民风民俗等情况。三是突出综合性，要根据受众需求，综合消防、人防、地震等多种功能，便于资源整合，合理高效利用。四是突出经常性，规范日常管理，落实专人管理，确保有序运行。

## 九 乡镇政府、街道办事处消防工作职责

第九条 乡镇人民政府消防工作职责：

（一）建立消防安全组织，明确专人负责消防工作，制定消防安全制度，落实消防安全措施。

（二）安排必要的资金，用于公共消防设施建设和业务经费支出。

（三）将消防安全内容纳入镇总体规划、乡规划，并严格组织实施。

（四）根据当地经济发展和消防工作的需要建立专职消防队、志愿消防队，承担火灾扑救、应急救援等职能，并开展消防宣传、防火巡查、隐患查改。

（五）因地制宜落实消防安全"网格化"管理的措施和要求，加强消防宣传和应急疏散演练。

（六）部署消防安全整治，组织开展消防安全检查，督促整改火灾隐患。

（七）指导村（居）民委员会开展群众性的消防工作，确定消防安全管理人，制定防火安全公约，根据需要建立志愿消防队或微型消防站，开展防火安全检查、消防宣传教育和应急疏散演练，提高城乡消防安全水平。

街道办事处应当履行前款第（一）、（四）、（五）、（六）、（七）项职责，并保障消防工作经费。

**【条文主旨】** 本条规定了乡镇人民政府实施消防安全群防群治等七项职责，根据街道办事处职能规定了五项职责，不仅事关乡镇（街道）消防安全形势持续平稳，而且事关乡村振兴战略顺利实施。

**【条文解读】**

**（一）建立消防安全组织，明确专人负责消防工作，制定消防安全制度，落实消防安全措施。**

本项是乡镇人民政府、街道办事处开展消防工作的组织和制度保障。

1. 建立消防安全组织，明确专人负责消防工作。

建立乡镇（街道）消防安全组织，既是解决当前农村（社区）消防安全低设防问题的客观需要，也有法律政策依据。目前，乡镇（街道）是火灾防控最关键、最前沿的一级。乡镇（街道）以下广泛分布着大量的中小企业，有许多企业还属于火灾高风险行业，这些企业规模小、消防安全基础差，极容易发生火灾事故，但是乡镇（街道）普遍缺乏消防专门监管力量，甚至存在空白、盲区。尤其是一些乡镇、街道消防检查不落实、执法难度大，甚至还有深层次矛盾，基层消防安全长期"无人抓、无人管"。《中华人民共和国消防法》规定，各级人民政府应加强消防组织建设。《公安部、中央编办、国家发展改革委、民政部、财政部、住房城乡建设部关于加强城镇公共消防设施和基层消防组织建设的指导意见》（公通字〔2015〕24号）规定，各地乡镇人民政府和街道办事处要建立消防安全组织，明确专人负责消防工作，因地制宜探索消防安全监管模式，依法履行消防工作管理职责。

（1）成立消防安全委员会。在乡镇（街道）党委、政府统一领导下，乡镇（街道）成立消防安全委员会，由乡镇（街道）主要领导负责，综治办、安监办、公安派出所、民政所、工商所等部门负责人作为成员，组织领导消防工作。

消防安全委员会主要职责：一是在党委、政府领导下，执行消防法律法规和政策文件，研究、部署、协调、落实消防工作。二是定期召开联席会议，加强成员单位之间的沟通协调，保持信息畅通。三是掌握辖区消防安全形势、火灾情况、火灾隐患分布，研究具体对策、措施。四是根据上级部署和辖区火灾形势，开展消防专项整治、消防检查，部署专职消防队、志愿消防队、微型消防站建设。五是审核、确定需要联合执法、抄送相关部门的火灾隐患单位，组织成员单位实施联合执法。六是与有关所（队）、村（社区）签订年度消防安全目标管理责任书，组织消防工作检查考评。七是完成乡镇（街道）党委、政府交办的其他消防工作任务。

（2）成立消防安全管理组织。乡镇人民政府、街道办事处应建立消防安全管理组织，配备专职人员，作为消防安全委员会的日常办事机构，具体负责实施消防工作。

消防安全管理组织主要有三种形式：一是独立设置消防安全管理组织；二是依托其他部门力量设置管理组织；三是依托乡镇（街道）政府专职消防队设置管理组织。有条件的地方将消防安全管理组织、专职人员纳入行政或事业编制。

消防安全管理组织主要职责：一是贯彻执行消防工作方针政策、法律法规，履行乡镇（街道）消防安全管理职能。二是制订消防工作计划，分解目标任务，组织检查督导考核，督促乡镇（街道）消防安全委员会成员单位、有关所（队）、村（社区）抓好落实。三是建立健全消防工作台账，及时收集和上报各类消防工作信息，定期分析消防安全形势，提供消防工作综合信息和决策依据。四是组织开展消防专项整治和消防检查，实施"户籍化"管理。落办上级督办指令，核查上报火灾隐患，牵头消防安全抄告和联合执法，督促整改火灾隐患。五是对村（社区）消防安全管理员、专职消防队、志愿消防队、微型消防站工作实施指导。六是利用乡镇（街道）各类宣传设施，广泛宣传消防常识，指导社区建立消防体验室，适时组织形式多样的宣传培训和演练活动。七是积极参与辖区消防规划制修订、公共消防基础设施和多种形式消防队伍建设。八是配合消防机构、公安派出所火灾事故调查，积极参与火灾事故善后处理。

2. 制定消防安全制度，落实消防安全措施。

一是工作例会制度。包括每月召开工作例会，每季度召开消防安全形势分析会，每年召开总结会。遇临时性任务，应召开会议研究，提出工作举措。会议主题明确、重点突出。认真做好会议记录，严格落实会议决定。

二是消防检查制度。定期组织人员对辖区单位、个体工商户、出租房、家庭式作坊等单位（场所）开展消防检查。按时核查、督改基层检查发现或村（社区）上报未整改的火灾隐患。如实填写消防检查记录，建立有关工作台账。

三是隐患移送制度。对拒不整改的火灾隐患，由乡镇（街道）消防安全委员会办理隐患移送处理，由有关职能部门依法查处。移送前收集被抄告火灾隐患单位基本情况、火灾隐患现状、历次检查督改情况，严格按照工作时限办理，及时移交对应行业、系统主管部门。办理隐患移送后，应继续督促单位整改火灾隐患。

四是联合执法制度。对拒不整改的火灾隐患，由乡镇（街道）消防安全委员会牵头组织实施联合执法。办理联合执法，应提前汇总拟联合执法的内容，经审批后书面通知参与部门，召开会议进行通报，明确分工，形成会议纪要。参与联合执法的单位应依法、理性、文明实施。联合执法由乡镇（街道）消防安全委员会牵头组织实施。

五是宣传培训制度。每年"11·9"消防日、重大节日等消防宣传重点时期，组织开展形式多样的宣传活动，营造消防安全氛围。指导单位（场所）建立健全消防宣传制度，做好内部消防宣传。指导村（社区）制定防火安全公约。设置固定消防宣传阵地，突出消防宣传对象、场所、内容的针对性和实效性。每年组织开展一次由乡镇（街道）有关人员参加的消防演练，每年组织一次村（社区）消防安全管理员消防工作业务培训。

**（二）安排必要的资金，用于公共消防设施建设和业务经费支出。**

乡镇财政是地方财政的基层单位。既按照上级财政部门核定的财政收支，统筹安排、使用和管理预算内、预算外资金，又能根据乡镇实际情况自行筹集资金，推进各项经济建设事业发展。

乡镇建设消防安全管理组织和政府专职消防队、维护管理公共消防设施和开展消防宣传、日常管理等消防工作所需经费，除了依靠上级政府财政支出，也有一部分需要乡镇自筹资金、安排解决。

乡镇（街道）应安排必要资金，重点加强消防水源、消防通道和消防通信等公共消防设施建设。村（社区）应根据需要增配室外消火栓，设置消防器材存放点或消防器材箱。微型消防站、治安巡防队应配备小型多功能消防车或设有高压细水雾装置的电动巡逻车、摩托车，配置灭火器、水枪、水带等灭火器材。充分利用城市街道、居民小区、社会单位视频监控系统，将消防安全纳入实时监控范畴。

**（三）将消防安全内容纳入镇总体规划、乡规划，并严格组织实施。**

《中华人民共和国城乡规划法》规定，乡、镇人民政府负责组织编制乡规划、镇规划、村庄规划，报上一级人民政府审批，并负责组织实施。

消防安全内容作为总体规划的重要组成部分，乡、镇人民政府应依法将其纳入总体规划，并报上一级人民政府审批。

上一级人民政府对没有消防安全内容的镇总体规划、乡规划，不得审批同意。同时，应加大对镇总体规划、乡规划实施的监督检查、效能监察，督促落实到位。

**（四）根据当地经济发展和消防工作的需要建立专职消防队、志愿消防队，承担火灾扑救、应急救援等职能，并开展消防宣传、防火巡查、隐患查改。**

建立专职消防队、志愿消防队开展火灾扑救、应急救援工作，是乡镇人民政府、街道办事处的法定职责，是推进平安乡村建设的重要内容，更是实施乡村振兴战略的重要保障。乡镇

（街道）应坚持一队多能、一专多用，充分发挥专职消防队、志愿消防队"点多面广"的作用，积极开展消防宣传、防火巡查、隐患查改等群防群治工作。

1. 乡镇专职消防队。

《中华人民共和国消防法》第三十六条规定，乡镇人民政府应根据当地经济发展和消防工作的需要，建立专职消防队、志愿消防队，承担火灾扑救工作。公安部、国家发展改革委、财政部、住房和城乡建设部等有关部门出台了《关于深化多种形式消防队伍建设发展的指导意见》（公通字〔2010〕37号）明确要求，"建成区面积超过五平方公里或居住人口五万人以上的乡镇；易燃易爆危险品生产、经营单位和劳动密集型企业密集的乡镇；全国和省级重点镇、历史文化名镇"要建立专职消防队。乡镇专职消防队应按照《乡镇消防队标准》（GA 998—2012）要求，合理规划建设，招收足够数量的专职消防员，按要求配备消防车辆装备，开展必要的训练演练、满足农村火灾防控需要。

2. 志愿消防队。

志愿消防队，是指自愿、无偿从事灭火救援的志愿服务组织，包括兼职消防队、义务消防队以及由乡镇政府、社会单位、村民委员会、居民委员会和热心消防公益事业群众建立的从事灭火救援等自防自救工作的各类消防组织。20世纪80年代中后期，各地、各领域的志愿服务事业快速发展，民间志愿消防队伍数量剧增，在扑救乡镇、农村火灾中发挥了重要作用。

从国外经验来看，志愿消防队伍是消防专业力量的重要补充力量。西方发达国家在发展志愿消防力量方面起步较早、制度完善，志愿消防队伍规模大、战斗力强，是社会消防力量的发展方向。如德国规定 10 万人以上的城市设专业消防队，不足 10 万人的城市设志愿消防队，一些大城市中除专业队伍外，志愿队伍也很发达，柏林市共有志愿消防站 62 个、志愿人员 1500 余人，汉堡市共有志愿消防站 87 个、志愿人员 2500 余人，全国共有志愿消防队 2.3 万个、志愿人员 130 万人；志愿消防队有固定人员、站点、装备和责任区，由政府提供站点设施和装备并发放出动补贴，具有投资少、布点多、出动快等特点。日本的志愿消防力量叫消防团，有固定的消防站和消防车辆、手抬泵等，队员平时从事自己的职业，接到报警后到场灭火，全国约有 96 万名志愿消防队员。

《消防法》第三十六条规定"乡镇人民政府应当根据当地经济发展和消防工作的需要，建立专职消防队、志愿消防队，承担火灾扑救工作。"第四十一条规定"机关、团体、企业、事业等单位以及村民委员会、居民委员会根据需要，建立志愿消防队等多种形式的消防组织，开展群众性自防自救工作"。公安部等七部委《关于深化多种形式消防队伍建设发展的指导意见》中明确，除建有公安消防队、专职消防队以外的其余乡镇、街道办事处以及城市社区、行政村，要结合本地实际和灭火救援需求，因地制宜地建设保安消防合一的治安联防消防队、志愿消防队或者消防执勤点，提高自防自救能力。因此，地方各级人民政府应积极协调整合社会资源，将志愿消防队伍纳入消防事业总体发展规划，明确有关部门推动和支持志愿消防队伍发展的任务分工。公安消防部门要按照"四有"

标准（有场所、有经费补贴、有装备、有战斗力），制订志愿消防队建设管理制度和发展计划，加强业务指导，建立公安消防队、专职消防队与志愿消防队的统一调度机制，推动志愿消防队伍的建设和发展。

3. 充分发挥专职消防队、志愿消防队作用。

乡镇（街道）专职消防队、志愿消防队（微型消防站）的队长、队员应在确保完成火灾扑救、应急救援任务的前提下，结合辖区道路、水源、社会单位熟悉，重点做好消防宣传、防火巡查、隐患查改等工作。

具体职责为：一是掌握辖区道路、水源、消防安全重点区域等基本情况，督促和指导辖区单位落实消防安全责任制。二是定期进行消防检查，督促有关单位和个人及时消除火灾隐患。三是开展消防法律法规、消防常识宣传，提高群众消防安全意识。四是每季度向消防安全委员会、消防安全管理组织报告火灾情况和工作情况。五是完成消防安全委员会、消防安全管理组织、公安机关消防机构、公安派出所部署的其他消防工作。

**（五）因地制宜落实消防安全"网格化"管理的措施和要求，加强消防宣传和应急疏散演练。**

1. 消防安全"网格化"管理定义。

消防安全"网格化"管理是指按照属地管理、专群结合、群防群治的原则，依托社会治安综合治理等网格资源，依靠基层政府和社会组织力量，综合运用信息化等手段，在城市街道办事处以社区为单元，在乡镇人民政府以村屯为单元，划分若干消防安全管理网格，对网格内的单位、场所、村（居）民楼院、村组实施消防安全动态管理，实现城镇社区、村庄消防工作有人抓、有人管，切实构建"全覆盖、无盲区"的消防管理网络。

中央综治委、公安部、民政部、国家工商总局、国家安监总局联合下发《关于街道乡镇推行消防安全网格化管理的指导意见》（国发〔2011〕46号），明确了开展消防安全"网格化"管理的具体内容和工作要求。《国务院关于加强和改进消防工作的意见》（国发〔2011〕46号）要求，乡镇人民政府和街道办事处要建立消防安全组织，明确专人负责消防工作，推行消防安全"网格化"管理，加强消防安全基础建设，全面提升农村和社区消防工作水平。

2. 消防安全"网格化"管理责任。

乡镇人民政府、街道办事处主要负责人是消防安全"网格化"管理的第一责任人，分管负责人为主要责任人。乡镇人民政府、街道办事处消防安全委员会统一领导消防安全"网格化"管理，由消防安全管理组织负责具体组织实施，发动乡镇（街道）各方面力量参与。民政所应将村（居）民委员会建设、社区建设和减灾救灾等工作与消防工作有机结合，督促基层政权组织做好消防管理工作；安监办应结合工矿商贸企业安全生产监督检查，发现火灾隐患不能当场整改的，要督促整改，并及时通报公安机关。

村（居）民委员会主任是本网格消防工作第一责任人，对本网格消防安全管理全面负责。村（居）民委员会以综治管理员、流动人口协管员、社工等力量为工作主体，确定消防专兼职管理人员，具体负责本级消防安全"网格化"管理日常工作。

居民楼院（小区）、村组应当建立由楼院长、村组负责人牵头的群众性消防安全组织，在居民群众中确定消防管理员和消防宣传员，实行"多户联防、区域联防"，开展自我检查、自我宣传、自我管理。

网格中的机关、团体、企业、事业单位应当全面落实消防安全主体责任，开展消防安全"四个能力"（检查消除火灾隐患能力、扑救初起火灾能力、组织人员疏散逃生能力和消防宣传教育能力）建设达标创建活动。

沿街门店、家庭式作坊等小场所、小单位应当结合实际开展防火检查巡查和消防教育培训，确保员工达到"一懂三会"（懂本单位火灾危险性，会报火警、会扑救初起火灾、会火场逃生自救）要求。

3. 消防安全"网格化"管理任务。

一是整合消防管理资源。坚持群防群治原则，充分整合利用基层社会管理资源，努力实现专业力量与社会力量、专门工作与群众路线有机结合，推行巡防消防一体化和"保消合一"模式，加强治安巡防队员、保安人员的消防业务培训，配备必要的消防装备器材，提高防火检查、消防宣传和组织扑救初起火灾的能力。

二是组织开展常态检查。乡镇（街道）每季度组织综治办、安监办、公安派出所、民政所、工商所等部门开展针对性的消防安全检查。督促指导村（居）民委员会每月对居民楼院（小区）、村组和沿街门店、家庭式作坊等小单位、小场所开展排查。居民楼院（小区）、村组每周进行防火自查。巡防队员、物业管理人员、保安、社会单位管理人员结合岗位职责，开展日常巡查检查。

三是抓好消防宣传教育。乡镇（街道）在火灾多发季节、农业收获季节、重大节假日和民俗活动期间，开展有针对性的消防宣传教育，广泛普及防火灭火和逃生自救常识。在社区、村屯、居民楼院、单位、场所设置消防宣传橱窗（标牌），开展经常性的消防安全提示。指导有条件的社区、村屯依托社区服务中心、农村文化室，建设消防体验室，定期组织居民群众参加体验活动。

乡镇（街道）应充分运用党委、政府统一推广的综治"网格化"管理平台、基层社会管理服务系统、平安建设信息系统等信息化手段，提高消防安全"网格化"管理的效能。

**（六）部署消防安全整治，组织开展消防安全检查，督促整改火灾隐患。**

建立落实消防安全检查和火灾隐患治理制度，是乡镇（街道）消防工作的重要职责。乡镇（街道）处于隐患排查治理的第一线，最熟悉情况，最掌握问题，最有主动权。一是要深入分析辖区火灾特点，按照上级部署要求，适时组织开展消防安全排查治理，整治解决影响消防安全的突出问题。二是要在农业收获季节、重大节假日和重要活动期间以及火灾多发季节，组织开展针对性消防安全检查，落实火灾防范措施。三是要由乡镇（街道）牵头，每月组织各行业系统开展一次消防安全检查，督促所属单位履行消防安全职责，加强自身安全管理。四是要落实常态化防火巡查制度，针对辖区村（居）民住宅和单位场所，进门入户开展经常性防火检查和宣传提示，督促加强火灾防范。五是对检查发现的火灾隐患，能立即整改的要责令立即整改，不能立即整改的要下发书面通知督促整改，逾期不改的抄告辖区公安派出所或消防机构依法查处。

**（七）指导村（居）民委员会开展群众性的消防工作，确定消防安全管理人，制定防火安全公约，根据需要建立志愿消防队或微型消防站，开展防火安全检查、消防宣传教育和应急疏散演练，提高城乡消防安全水平。**

1. 指导村（居）民委员会开展群众性的消防工作。

根据《中华人民共和国村民委员会组织法》《中华人民共和国城市居民委员会组织法》规定，村民委员会和居民委员会是村民、居民自我管理、自我教育、自我服务的基层群众性自治组织。乡镇人民政府、城市街道办事处是最基层的人民政府，与村民委员会、居民委员会的关系不是上级与下级之间的领导关系，而是基层人民政府与基层群众性自治组织之间的指导、支持和帮助关系。基于这种关系，《中华人民共和国消防法》第三十二条规定，乡镇人民政府、城市街道办事处应指导、支持和帮助村民委员会、居民委员会开展群众性的消防工作。

乡镇人民政府、城市街道办事处应当从政策、法律、业务工作角度对村民委员会、居民委员会开展消防工作提出指导意见，支持和帮助村民委员会、居民委员会建立健全消防工作组织和工作制度，加强城镇社区和村庄公共消防基础设施建设，发展志愿消防队、微型消防站，开展消防宣传教育培训，协调落实消防业务工作经费，帮助村（居）民委员会解决工作中遇到的问题和困难。

2. 指导村（居）民委员会确定消防安全管理人。

村民委员会、居民委员会是我国消防工作的最基层组织。为确保基层群众性消防工作有效开展，村民委员会、居民委员会应确定消防安全管理人，组织广大居民、村民开展防火安全检查、消防宣传教育和应急疏散演练等群众性消防工作，这既是落实消防安全责任制的具体要求，也是提高群众自防自救能力、增强全民消防安全素质的有效途径。

消防安全管理人由村民委员会、居民委员会负责人担任。主要职责是组织制定防火安全公约，建立消防安全多户联防制度，组建志愿消防队、微型消防站，开展消防宣传教育，组织消防安全检查、巡查，及时消除火灾隐患，提高群众自防自救能力。

3. 指导村（居）民委员会制定防火安全公约。

防火安全公约是人民群众基于共同利益和愿望，规定共同遵守的消防安全行为规范，是村民、居民在消防工作中进行自我管理、自我教育、自我约束的一种有效方式。

防火安全公约一般由村民委员会、居民委员会组织群众酝酿讨论，并在村民、居民会议研究通过形成，由村民委员会、居民委员会监督执行。

防火安全公约的内容不得与宪法、法律、法规和国家政策相抵触。一般包括：遵守消防法律法规，掌握防火灭火基本知识，管好生活用火，安全使用电器，教育儿童不要玩火等。

4. 指导村（居）民委员会根据需要建立志愿消防队或微型消防站，开展防火安全检查、消防宣传教育和应急疏散演练，提高城乡消防安全水平。

乡镇人民政府、城市街道办事处应加强对村（居）民委员会消防工作的指导，对基层开展工作给予必要的人员、经费、物资等支持，督促落实消防安全措施，建立健全消防队伍，开展群众性消防工作。重点把握以下几个方面：一是指导村（居）民委员会根据需要建立志愿消防队、微型消防站（详见第四章第十五条内容），实行防火巡查、灭火救援、消防宣传"三队合一"的工作模式，实现火灾"救早、救小、救初起"。二是积极改善社区消防安全环境，指导村（居）民委员会在抓好消防安全社区创建活动的基础上，从畅通消防通道、规范电气及危险品管理、配齐消防设施器材等环节入手，加强居民住宅和"九小场所"防火安全检查。根据形势及时发布消防安全提示，明确工作重点与工作方法，指导开展群众性消防宣传教育。三是指导开展应急疏散演练，指导村（居）民委员会制定应急疏散演练方案，每年由村（居）民委员会主任牵头，分级、分批组织消防专兼职管理人员、楼院长、小场所负责人、村（社区）群众等开展消防演练，提升自防自救能力。

## 十　地方政府派出机关消防工作职责

> **第十条**　开发区管理机构、工业园区管理机构等地方人民政府的派出机关，负责管理区域内的消防工作，按照本办法履行同级别人民政府的消防工作职责。

【条文主旨】本条规定了地方人民政府派出机关的消防工作职责。

【条文解读】近年来，全国各地由地方人民政府建立的各级各类开发区、工业园区等发展较快、量大面广，但一些地方片面追求招商引资效益，忽视消防工作，相当一部分开发区、工业园区没有消防规划、消防安全布局不合理、消防水源欠账、消防队站点不足，招商引资项目未审先建、违规投入使用的现象突出，日常消防安全监管不到位，单位主体责任不落实，已成为火灾隐患集中区和火灾事故多发区。

《实施办法》规定开发区管理机构、工业园区管理机构等地方人民政府的派出机关必须高度重视消防安全，履行好同级别人民政府的消防工作职责，切实保证本辖区的消防安全。

## 十一　地方政府领导干部消防工作职责

第十一条　地方各级人民政府主要负责人应当组织实施消防法律法规、方针政策和上级部署要求，定期研究部署消防工作，协调解决本行政区域内的重大消防安全问题。

地方各级人民政府分管消防安全的负责人应当协助主要负责人，综合协调本行政区域内的消防工作，督促检查各有关部门、下级政府落实消防工作的情况。班子其他成员要定期研究部署分管领域的消防工作，组织工作督查，推动分管领域火灾隐患排查整治。

【条文主旨】本条首次规定了地方各级人民政府主要负责人、分管负责人和班子其他成员的消防工作职责。

【条文解读】

（一）地方各级人民政府主要负责人应当组织实施消防法律法规、方针政策和上级部署要求，定期研究部署消防工作，协调解决本行政区域内的重大消防安全问题。

地方各级人民政府主要负责人作为本级政府的行政首长，对其所领导的行政区域包含消防工作在内的政治、经济、文化等事务负总责。

《实施办法》明确政府主要负责人主要承担三个方面的消防工作职责：一是组织实施消防法律法规、方针政策和上级部署要求。"上级部署要求"主要指上级党委、政府关于消防工作的决策部署，也包括上级公安机关或消防机构的工作要求。二是定期研究部署消防工作。组织召开政府常务会议、办公会议，研究部署阶段性消防工作；可以担任同级消防安全委员会等消防工作协调机构的负责人，定期主持召开或委托分管负责人主持召开协调机构会议；按照应急预案规定，组织领导火灾等事故抢险救援和善后处置工作。三是协调解决本行政区域内的重大消防安全问题。定期听取辖区消防安全形势分析评估情况汇报，出台具体措施，解决重大火灾隐患和区域性火灾隐患整改、消防经费投入、消防基础设施建设等重大问题。

**（二）地方各级人民政府分管消防安全的负责人应当协助主要负责人，综合协调本行政区域内的消防工作，督促检查各有关部门、下级政府落实消防工作的情况。**

地方各级人民政府分管负责人应当协助主要负责人综合协调本行政区域内的消防工作，督促检查各有关部门、下级政府落实消防工作的情况。

《实施办法》明确政府分管负责人承担两个方面的消防工作职责：一是综合协调本行政区域内的消防工作。协助主要负责人贯彻落实消防法律法规，组织制订、落实年度消防工作计划，统筹安排、组织推进消防工作，协调解决重大问题。二是督促检查各有关部门、下级政府落实消防工作的情况。组织开展消防安全综合性检查督查，督促指导政府相关部门和下级政府落实消防安全决策部署。

**（三）班子其他成员要定期研究部署分管领域的消防工作，组织工作督查，推动分管领域火灾隐患排查整治。**

地方各级人民政府班子其他成员应当在主要负责人领导下

抓好分管领域的消防工作。

《实施办法》明确政府班子其他成员承担两个方面的消防工作职责：一是定期研究部署分管领域的消防工作。及时研究部署分管行业、领域消防工作，督促分管部门抓好消防法律、法规、规章和有关决策部署的贯彻落实。二是组织工作督查，推动分管领域火灾隐患排查整治。督促分管部门履行职责，加强消防工作；组织分管行业、领域开展消防安全检查督查，开展行业消防安全标准化建设、火灾隐患排查整治等重点工作；分管行业、领域发生火灾事故时，按照应急预案及时赶赴现场，组织事故救援和善后处置工作。

# 第三章　县级以上人民政府工作部门消防安全职责

习近平总书记对建立健全"党政同责、一岗双责、齐抓共管"安全生产责任体系提出了明确要求，强调行业主管部门要落实"管行业必须管安全、管业务必须管安全、管生产经营必须管安全"，按照"谁主管、谁负责""谁审批、谁负责"原则，健全本行业领域安全生产责任体系。但从现状看，一些行业部门消防安全管理职责不够明确、履职不够到位。为此，本章将县级以上人民政府工作部门消防工作职责区分为三种情形：一是根据国务院"三定"规定和相关部门职责，明确了各行业部门的共同职责；二是对具有行政审批职能的公安、教育、民政等13个部门，要求依法严格审批涉及消防安全的法定事项；三是对于具有行政管理或公共服务职能的发展改革、科技、工业和信息化等25个部门，要求结合各自职责为消防工作提供支持和保障。

## 十二　行业部门消防安全共同职责

第十二条　县级以上人民政府工作部门应当按照谁主管、谁负责的原则，在各自职责范围内履行下列职责：

（一）根据本行业、本系统业务工作特点，在行业安全生产法规政策、规划计划和应急预案中纳入消防安全内容，提高消防安全管理水平。

（二）依法督促本行业、本系统相关单位落实消防安全责任制，建立消防安全管理制度，确定专（兼）职消防安全管理人员，落实消防工作经费；开展针对性消防安全检查治理，消除火灾隐患；加强消防宣传教育培训，每年组织应急演练，提高行业从业人员消防安全意识。

（三）法律、法规和规章规定的其他消防安全职责。

【条文主旨】本条规定了县级以上人民政府工作部门的消防工作共同职责。

【条文解读】"谁主管、谁负责"是指政府工作部门对本行业、本系统的消防工作，承担行业管理责任。本条根据"谁主管、谁负责"原则，针对行业消防监管边界不清、部门责任划分不合理等问题，厘清公安机关综合监管责任与其他部门行业消防管理责任的边界，明确了各部门的行业消防管理共同职责，实现了职责法定化。

近年来，由于部门消防工作职责不明晰、消防安全源头管控难度大，产生大量"先天性"火灾隐患，屡屡引发大火。如外保温材料，已成为影响建筑消防安全的重要因素之一。我国在建筑节能综合改造初期，约 30 亿平方米使用了易燃可燃保温材料，这些材料火灾危险性极高，遇到明火迅速蔓延，形成大面积立体燃烧，产生大量剧毒气体。央视新址大火、上海胶州路公寓大火、沈阳皇朝万鑫大厦大火，都与建筑外墙使用易燃可燃保温材料有直接关系。如电动自行车，近年来引发火灾问题非常突出。2015 年 6 月 25 日，河南郑州一居民楼发生电动自行车火灾，造成 15 人死亡。2017 年 9 月 25 日，浙江台州玉环县一出租屋因电动自行车室内充电引发火灾，造成 11 人死亡。电动自行车的监管涉及多个领域，无证生产、制假售假、非法拼装等现象泛滥，埋下很多风险隐患。如电气安全，涉及多个职能部门，假冒伪劣电气产品较多，建设工程施工现场电气设施、产品质量缺乏监管。近年来，我国电气火灾起数占火灾总量的 30% 以上，日本人均用电量是我国 8 倍，电气火灾只占 3%，欧美发达国家大多在 3% 至 4% 之间。如危险化学品，已成为火灾爆炸事故集中多发的高危领域，危险化学品监管实行分段管理，信息沟通还不够顺畅，尚未形成有效的联合监管机制。

为此，各行业系统主管部门应针对本行业、本领域特点，在各自职责范围内履行好消防安全职责，承担起消防安全管理责任，解决涉及本行业、本领域的消防安全突出问题。

**（一）根据本行业、本系统业务工作特点，在行业安全生产法规政策、规划计划和应急预案中纳入消防安全内容，提高消防安全管理水平。**

1. 在法规政策、规划计划中纳入消防安全内容。

县级以上地方政府工作部门作为国家行政管理的执行机

关，通过制定政策法规、产业规划、指导意见等方式，实施行政管理，调控行业良性、健康、安全发展。

为强化落实政府工作部门行业消防管理责任，《实施办法》明确各工作部门应从安全发展的角度，在制定本行业安全生产法规政策和发展规划、计划时，根据本行业的消防安全特点，从宏观层面将消防安全事项纳入其中，引导、督促行业内各单位落实消防安全管理事项，实施消防安全标准化管理，提升行业消防安全水平。

2. 在应急预案中纳入消防安全内容。

《中华人民共和国突发事件应对法》规定，县级以上地方各级人民政府有关部门应根据有关法律、法规、规章、上级人民政府及其有关部门的应急预案以及本地区的实际情况，制定相应的突发事件应急预案。

为此，各部门应根据本行业、本系统的潜在火灾风险，将消防应急处置事项纳入本行业、本系统应急预案内容，提升应急处置能力。

**（二）依法督促本行业、本系统相关单位落实消防安全责任制，建立消防安全管理制度，确定专（兼）职消防安全管理人员，落实消防工作经费；开展针对性消防安全检查治理，消除火灾隐患；加强消防宣传教育培训，每年组织应急演练，提高行业从业人员消防安全意识。**

本项明确了行业、系统监管部门对本行业、系统消防工作负有相应的领导和监督管理责任。

《企业事业单位内部治安保卫条例》（国务院令第 421 号）第三条规定，对行业、系统有监管职责的县级以上地方各级人民政府有关部门指导、检查本行政区域内的本行业、本系统的单位内部治安保卫工作，及时解决单位内部治安保卫工作中的突出问题。第八条规定，单位内部的消防安全管理是治安保卫的重要内容。

《实施办法》在征求各部门意见的基础上，对部门的行业系统消防安全管理职责进行了归纳明确：一是督促本行业、本系统相关单位落实消防安全责任制。检查单位是否逐级落实消防安全责任制和岗位消防安全责任制，是否明确逐级和岗位消防安全职责，是否确定各级、各岗位的消防安全责任人，是否明确专（兼）职消防安全管理人员。二是督促单位依法建立消防安全管理制度。单位消防安全管理制度主要包括：消防安全教育、培训，防火巡查、检查，安全疏散设施管理，消防（控制室）值班，消防设施、器材维护管理，火灾隐患整改，用火、用电安全管理，易燃易爆危险物品和场所防火防爆，专职和义务消防队的组织管理，灭火和应急疏散预案演练，燃气和电气设备的检查和管理（包括防雷、防静电），消防工作考评和奖惩等内容。三是督促单位落实消防工作经费，用于消防安全设施设备的购置、从业人员的消防安全培训、消防安全评估、设施设备检测、维护、保养等，从而保证消防工作正常开展。四是定期组织开展针对性的行业系统消防安全检查，研判行业消防安全形势，对存在的普遍性和突出性问题开展综合治理，督促单位整改火灾隐患。五是组织开展经常性消防教育培训，将消防常识、逃生技能、岗位职责等纳入本行业、系统业务培训内容，提升本行业从业人员尤其是领导干部的消防安全意识。六是结合行业系统火灾风险，督促单位每年至少开展一次消防应急救援演练，提升应急处置能力。同时，根据实际情况和形势变化，适时修订完善应急预案，使其更加贴近实战需要。

开展行业系统消防安全标准化管理，是落实消防安全责任制、提高行业系统消防工作水平的重要途径。《中共中央 国务院关于安全生产领域改革发展的意见》（中发〔2016〕32号）要求，大力推进企业安全生产标准化建设，实现安全管理、操作行为、设备设施和作业环境的标准化。近年来，公安部联合相关主管部门制定了一系列行业系统消防安全标准化管理的规范性文件，如教育部、公安部联合印发了《关于加强中小学幼儿园消防安全管理工作的意见》（教督〔2015〕4号），民政部、公安部联合印发了《社会福利机构消防安全管理十项规定》（民函〔2015〕280号），国家文物局、公安部联合印发了《文物建筑消防安全管理十项规定》（文物督发〔2015〕11号），国家卫生计生委、公安部、国家中医药管理局联合印发了《医疗机构消防安全管理九项规定》（国卫办发〔2015〕86号）等。这一做法调动了相关主管部门主动履行职责的积极性，符合消防安全管理的基本规律，代表了现代消防管理的发展方向，是先进管理思想与我国传统管理方法、单位具体实际的有机结合，推动了行业系统消防安全状况的根本好转。相关主管部门应结合本行业、本系统消防工作特点，会同公安机关共同研究制定消防安全标准化管理制度，督促行业、系统内部抓好落实，提升消防工作的规范化、科学化、系统化和法制化水平。

## 十三 具有行政审批职责的部门消防安全职责

**第十三条** 具有行政审批职能的部门，对审批事项中涉及消防安全的法定条件要依法严格审批，凡不符合法定条件的，不得核发相关许可证照或批准开办。对已经依法取得批准的单位，不再具备消防安全条件的应当依法予以处理。

（一）公安机关负责对消防工作实施监督管理，指导、督促机关、团体、企业、事业等单位履行消防工作职责。依法实施建设工程消防设计审核、消防验收，开展消防监督检查，组织针对性消防安全专项治理，实施消防行政处罚。组织和指挥火灾现场扑救，承担或参加重大灾害事故和其他以抢救人员生命为主的应急救援工作。依法组织或参与火灾事故调查处理工作，办理失火罪和消防责任事故罪案件。组织开展消防宣传教育培训和应急疏散演练。

（二）教育部门负责学校、幼儿园管理中的行业消防安全。指导学校消防安全教育宣传工作，将消防安全教育纳入学校安全教育活动统筹安排。

（三）民政部门负责社会福利、特困人员供养、救助管理、未成年人保护、婚姻、殡葬、救灾物资储备、烈士纪念、军休军供、优抚医院、光荣院、养老机构等民政服务机构审批或管理中的行业消防安全。

（四）人力资源社会保障部门负责职业培训机构、技工院校审批或管理中的行业消防安全。做好政府专职消防队员、企业专职消防队员依法参加工伤保险工作。将消防法律法规和消防知识纳入公务员培训、职业培训内容。

（五）城乡规划管理部门依据城乡规划配合制定消防设施布局专项规划，依据规划预留消防站规划用地，并负责监督实施。

（六）住房城乡建设部门负责依法督促建设工程责任单位加强对房屋建筑和市政基础设施工程建设的安全管理，在组织制定工程建设规范以及推广新技术、新材料、新工艺时，应充分考虑消防安全因素，满足有关消防安全性能及要求。

（七）交通运输部门负责在客运车站、港口、码头及交通工具管理中依法督促有关单位落实消防安全主体责任和有关消防工作制度。

（八）文化部门负责文化娱乐场所审批或管理中的行业消防安全工作，指导、监督公共图书馆、文化馆（站）、剧院等文化单位履行消防安全职责。

（九）卫生计生部门负责医疗卫生机构、计划生育技术服务机构审批或管理中的行业消防安全。

（十）工商行政管理部门负责依法对流通领域消防产品质量实施监督管理，查处流通领域消防产品质量违法行为。

（十一）质量技术监督部门负责依法督促特种设备生产单位加强特种设备生产过程中的消防安全管理，在组织制定特种设备产品及使用标准时，应充分考虑消防安全因素，满足有关消防安全性能及要求，积极推广消防新技术在特种设备产品中的应用。按照职责分工对消防产品质量实施监督管理，依法查处消防产品质量违法行为。做好消防安全相关标准制修订工作，负责消防相关产品质量认证监督管理工作。

（十二）新闻出版广电部门负责指导新闻出版广播影视机构消防安全管理，协助监督管理印刷业、网络视听节目服务机构消防安全。督促新闻媒体发布针对性消防安全提示，面向社会开展消防宣传教育。

（十三）安全生产监督管理部门要严格依法实施有关行政审批，凡不符合法定条件的，不得核发有关安全生产许可。

【条文主旨】本条规定了负有行政审批职能的行业管理部门的消防工作职责，这是首次逐一明确相关部门的消防工作具体职责。

【条文解读】本条对主要行业部门的消防工作职责进行了逐一梳理明确。行业管理的范围限于本行业，管理对象包括本行业的单位和个人。行业管理有法规要求的，依法实施管理；行业管理无法规要求的，依照"三定"规定实施管理。

**（一）具有行政审批职能的部门，对审批事项中涉及消防安全的法定条件要依法严格审批，凡不符合法定条件的，不得核发相关许可证照或批准开办。对已经依法取得批准的单位，不再具备消防安全条件的应当依法予以处理。**

1. 具有行政审批职能的部门，对审批事项中涉及消防安全的法定条件要依法严格审批，凡不符合法定条件的，不得核发相关许可证照或批准开办。

《中华人民共和国行政许可法》第四条规定，实施行政许可应当依照法定的权限、范围、条件和程序。《国务院关于特大安全事故行政责任追究的规定》（国务院令第 302 号）第十一条规定，依法对涉及安全生产事项负责行政审批的政府部门或者机构，必须严格依照法律、法规和规章规定的安全条件和程序进行审查；不符合法律、法规和规章规定的安全条件的，不得批准。

负有行政审批职能的部门应严格按照法律、法规的规定和消防技术标准规定的消防安全条件，依法负责对相关许可证照或开办事项中包含消防安全的内容进行严格把关，保障单位（场所）具备相应的消防安全条件，从源头上减少火灾隐患，预防火灾事故发生。

依据相关法律法规，城乡规划管理部门核发建设用地规划许可证和建设工程规划许可证、住房和城乡建设部门核发施工许可证、房地产管理部门核发商品房预售许可证、国土资源等部门核发不动产权属证书、安全生产监督管理部门核发安全生产许可证、教育部门核准设立学校及有关教育机构、卫生计生部门核准设立医疗卫生机构和计划生育技术服务机构、民政部门核准设立社会福利机构、文化和体育部门核准设立有关场所及设施、旅游部门进行旅游饭店和景区分级评定等，均涉及消防安全要求。有关部门应依法将消防安全作为审查条件，严格进行行政审批，凡不符合法定条件的，不得核发相关许可证照或批准开办。

2. 对已经依法取得批准的单位，不再具备消防安全条件的应当依法予以处理。

《中华人民共和国行政许可法》第六十八条规定，行政机关在监督检查时，发现直接关系公共安全、人身健康、生命财产安全的重要设备、设施存在安全隐患的，应当责令停止建造、安装和使用，并责令设计、建造、安装和使用单位立即改正。第六十九规定，对不符合法定条件的申请人准予行政许可的，作出行政许可决定的行政机关或者其上级行政机关，根据利害关系人的请求或者依据职权，可以撤销行政许可。《国务院关于特大安全事故行政责任追究的规定》（国务院令第302号）第十二条规定，对依照本规定第十一条第一款的规定取得批准的单位和个人，负责行政审批的政府部门或者机构必须对其实施严格监督检查；发现其不再具备安全条件的，必须立即撤销原批准。

根据上述法律政策，《实施办法》规定对已经依法取得批准的单位，不再具备消防安全条件的应依法处理。在处理方式上，应按照法律法规要求，责令停止建造、安装和使用，并责令设计、建造、安装和使用单位立即改正，或者撤销原审批决定。

（二）公安机关负责对消防工作实施监督管理，指导、督促机关、团体、企业、事业等单位履行消防工作职责。依法实施建设工程消防设计审核、消防验收，开展消防监督检查，组织针对性消防安全专项治理，实施消防行政处罚。组织和指挥火灾现场扑救，承担或参加重大灾害事故和其他以抢救人员生命为主的应急救援工作。依法组织或参与火灾事故调查处理工作，办理失火罪和消防责任事故罪案件。组织开展消防宣传教育培训和应急疏散演练。

1. 依法对消防工作实施监督管理，指导、督促机关、团体、企业、事业等单位履行消防工作职责。

《中华人民共和国消防法》第四条规定，国务院公安部门对全国的消防工作实施监督管理；县级以上地方人民政府公安机关对本行政区域内的消防工作实施监督管理，并由本级人民政府公安机关消防机构负责实施。这从法律上明确了各级公安机关的消防监督管理职责。《国务院办公厅关于印发公安部主要职责内设机构和人员编制规定的通知》（国办发〔2008〕59号）规定，公安部主要职责之一是组织实施消防工作、依法进行消防监督。

公安机关消防机构开展消防监督检查的主要形式包括：一是对单位履行法定消防安全职责情况的监督抽查；二是对公众聚集场所在投入使用、营业前的消防安全检查；三是对举报投诉的消防安全违法行为的核查；四是对大型群众性活动举办前的消防安全检查。

2. 依法实施建设工程消防设计审核、消防验收，开展消防监督检查，组织针对性消防安全专项治理，实施消防行政处罚。

《中华人民共和国消防法》第十一条规定，国务院公安部门规定的大型人员密集场所和其他特殊建设工程，建设单位应当将消防设计文件报送公安机关消防机构审核。第十三条规定，按照国家工程建设消防技术标准需要进行消防设计的建设工程竣工，依照规定进行消防验收、备案。

公安机关作为专业监督部门，应依法实施消防监督管理：一是对大型人员密集场所和其他特殊建设工程是否符合消防法律法规和国家工程建设消防技术标准要求进行审核、验收，这是法律赋予的行政许可事项。二是对不属于大型人员密集场所和其他特殊建设工程依法实施消防设计备案抽查、竣工验收消防备案抽查，也是公安机关应履行的监督管理职责，目的是便于及时纠正不合格消防设计和施工。三是《消防监督检查规定》（公安部令第120号）规定了消防监督检查的具体形式，既有公众聚集场所投入使用、营业前消防安全检查这一行政许可项目，也有对单位履行消防工作职责情况的监督检查、举报投诉核查、大型群众性活动举办前检查等消防监督检查形式。四是紧盯人员密集场所、易燃易爆场所、"三合一"场所、群租房、老旧住宅、少数民族村寨和文物古建筑等"靶心"，提请政府部署开展针对性专项治理，集中整治解决突出问题。五是为保障公安机关依法实施监督检查，《中华人民共和国消防法》第七十条还规定公安机关有实施相应行政处罚的权力。

3. 负责组织和指挥火灾现场扑救，承担或参加重大灾害事故和其他以抢救人员生命为主的应急救援工作。

《中华人民共和国消防法》第三十七条规定，公安消防队、专职消防队按照国家规定承担重大灾害事故和其他以抢救人员生命为主的应急救援工作。第四十五条规定，公安机关消防机构统一组织和指挥火灾现场扑救。

《实施办法》依法明确公安机关对火灾现场扑救实施统一组织和指挥，确保统一行动、步调一致。同时，考虑到公安消防力量具有承担应急救援工作的体制、力量、装备等优势，公安机关在政府统一领导下承担或参加重大灾害事故和其他以抢救人员生命为主的应急救援工作，这既是法定要求，也是实践需要。2006 年以来，全国公安消防部门接警出动年均增幅11.1%，2017 年达到 117 万起，其中扑救火灾 27 万起、应急救援 90 万起。

4. 依法组织或参与火灾事故调查处理工作，办理失火罪和消防责任事故罪案件。

《实施办法》规定公安机关依法组织或参与火灾事故调查处理工作，这是国家赋予公安机关的一项重要职责。

（1）组织或参与火灾事故调查处理工作。《中华人民共和国消防法》第五十一条规定，公安机关消防机构负责调查火灾原因、统计火灾损失。《生产安全事故报告和调查处理条例》明确，各级政府可以授权或者委托有关部门组织事故调查组进行调查。《火灾事故调查规定》（公安部令第 121 号）第三条规定：火灾事故调查的任务是：调查火灾原因、统计火灾损失、依法对火灾事故作出处理，总结火灾教训。《实施办法》在此基础上，明确公安机关依法组织或参与火灾事故调查处理工作，特别是赋予公安机关牵头组织的职责，这实际上是对现有火灾事故调查处理方式的进一步明确和补充完善。对火灾事故，公安机关应在负责火灾事故调查处理的人民政府授权、委托范围内，依法组织基层政府、部门、监察机关以及工会，必要时邀请人民检察院参加，成立事故调查组开展调查工作，并对火灾事故责任单位、负有责任的行业管理部门、有关责任人提出处理意见。

为此，公安机关应在政府的统一组织或委托下，按照相关法律法规要求，查明火灾事故发生的经过、原因、人员伤亡情况及造成的损失，认定火灾性质和事故责任，总结火灾教训，提出防范措施，形成事故调查报告，对火灾事故责任部门、责任单位、责任人提出处理建议，这既符合现行法律法规精神，又便于各级人民政府及时、准确、有效组织火灾调查处理工作。

关于开展火灾事故调查处理工作，《实施办法》第二十八条条文解读进行了详细阐述。

（2）办理失火罪和消防责任事故罪案件。依法办理失火罪和消防责任事故罪案件，是公安机关重要的刑事司法职责。对达到立案追诉标准的火灾，公安机关要牵头组织研究，协调消防、刑侦、治安、法制等有关警种，加大案件办理力度，提高办案效能，以严格的追责倒逼消防工作责任落实，达到"刑罚一人、震慑一群、教育一片"的效果。

失火罪：《中华人民共和国刑法》第一百一十五条规定，由于行为人的过失引起火灾，危害公共安全，造成严重后果的行为，构成失火罪。

失火罪立案追诉标准：根据《最高人民检察院公安部关于公安机关管辖的刑事案件立案追诉标准的规定（一）》，造成死亡一人以上，或者重伤三人以上的；造成公共财产或者他人财产直接经济损失五十万元以上的；造成十户以上家庭的房屋以及其他基本生活资料烧毁的等其他造成严重后果的情形，应当予以立案追诉。

消防责任事故罪：《中华人民共和国刑法》第一百三十九条规定，违反消防管理法规，经公安机关消防机构通知改正采取措施而拒绝执行，造成严重后果的行为，构成消防责任事故罪。根据最高人民法院、最高人民检察院关于办理危害生产安全刑事案件适用法律若干问题的解释（法释〔2015〕22号）第六条：实施刑法第一百三十九条消防责任事故罪规定的行为，因而发生安全事故，具有下列情形之一的，应当认定为"造成严重后果"，对相关责任人员，处三年以下有期徒刑或拘役：（一）造成死亡一人以上，或者重伤三人以上的；（二）造成直接经济损失一百万元以上的；（三）其他造成严重后果或重大安全事故的情形。按照公安机关刑事案件管辖分工规定，公安机关消防机构负责侦办失火案和消防责任事故案，对发现涉嫌重大责任事故罪、危险物品肇事罪以及生产、销售伪劣产品罪、中介机构提供虚假证明等违法犯罪的，依法由公安机关有管辖权的部门处理。对案情复杂，涉嫌多个刑事犯罪罪名的火灾，公安机关各相关警种要联合办案，深挖起火原因、致灾因素背后存在的问题，促进源头治患。

5. 组织开展消防宣传教育培训和应急疏散演练。

（1）消防宣传教育培训。《中华人民共和国消防法》第六条规定，公安机关及其消防机构应当加强消防法律、法规的宣传，并督促、指导、协助有关单位做好消防宣传教育工作。在政府统一领导下，组织相关单位开展消防宣传教育培训工作，是公安机关的法定职责。

公安机关应分析研判消防安全形势，准确把握本地群众消防安全素质的基本情况，找准薄弱环节，有针对性地制定宣传教育规划、计划和实施方案，提请政府组织实施，督促行业部门和社会单位具体抓好落实。在重点防火时期、重要活动、重大节日等时间节点，公安机关应围绕消防宣传"七进"（进机关、进学校、进社区、进企业、进农村、进家庭、进网站），策划开展形式多样、内容丰富的主题宣传活动，组织社会各界广泛参与，在全社会营造浓厚的宣传氛围。

公安机关组织开展教育培训应重点抓好以下几个方面：一是掌握本地区消防安全教育培训工作情况，向本级人民政府及相关部门提出工作建议。二是协调有关部门指导和监督社会消防安全教育培训工作。三是配合教育、人力资源和社会保障部门对消防安全专业培训机构实施监督管理。四是定期对社区居民委员会、村民委员会的负责人和专（兼）职消防队、志愿消防队的负责人开展消防安全培训。

（2）应急疏散演练。《中华人民共和国突发事件应对法》第二十九条规定，县级人民政府及其有关部门、乡级人民政府、街道办事处、居民委员会、村民委员会、企业事业单位应当组织开展应急知识的宣传普及活动和必要的应急演练。

考虑到公安机关作为政府开展消防工作的专业部门,《实施办法》明确公安机关应发挥政府应急救援的专业骨干力量作用,组织开展应急疏散演练,旨在提高本地区应急救援的合成应急、协同应急能力。

公安机关应当指导机关、团体、企业、事业单位落实消防教育培训措施,科学制定应急疏散演练预案,并定期组织演习演练,使群众熟练掌握安全疏散和火灾初期处置的基本常识、基本技能,熟悉各类设施和器材装备的使用,能够快速反应、科学处置。

公安机关应当把应急疏散演练开展情况作为监督检查的重要内容,进行实地抽查、检查,检验单位应急处置和组织安全疏散实战能力。

**(三) 教育部门负责学校、幼儿园管理中的行业消防安全。指导学校消防安全教育宣传工作,将消防安全教育纳入学校安全教育活动统筹安排。**

1. 负责学校、幼儿园管理中的行业消防安全。

《国务院办公厅关于印发教育部主要职责内设机构和人员编制规定的通知》(国办发〔2008〕57 号)明确教育部主要职责包括:拟订全国教育事业发展规划,会同有关部门制订各级各类学校的设置标准,实施高等教育教学、普通高中教育、幼儿教育和特殊教育的宏观管理工作,具体承担高等学校安全监督和中小学校的安全管理。《国务院安全生产委员会成员单位安全生产工作职责分工》(安委〔2015〕5 号)规定,教育部负责教育系统的安全监督管理,指导地方加强各类学校(含幼儿园)的安全监督管理工作,督促各类学校(含幼儿园）制定安全管理制度和突发事件应急预案，落实安全防范措施。

近年来，教育部门积极履行行业消防安全监管职责，2015年联合公安部印发了《关于加强中小学幼儿园消防安全管理工作的意见》（教督〔2015〕4号），督促各级教育主管部门和中小学幼儿园层层落实消防安全责任。

《实施办法》结合近年来的消防工作实践经验，明确教育部门作为学校、幼儿园行业管理部门，应将消防安全纳入部门安全监督和安全管理的内容，负责学校、幼儿园管理中的行业消防安全。

教育行政部门应当依法履行对学校、幼儿园消防安全工作的管理职责，检查、指导和监督学校、幼儿园按照《关于加强中小学幼儿园消防安全管理工作的意见》（教督〔2015〕4号），做好下列消防安全工作：一是建立并落实逐级消防安全责任制，明确各级、各岗位的消防安全职责。二是学校消防安全责任人或消防安全管理人员每月至少组织开展一次校园防火检查，并在开学、放假和重要节庆等活动期间开展有针对性的防火检查，对发现的消防安全问题，应及时整改。三是学校每日组织开展防火巡查，加强夜间巡查，并明确巡查人员、部位。四是按照国家、行业标准配置消防设施、器材，规范设置消防安全标志、标识，并依照规定进行维护保养和检测，确保完好有效。五是每年至少对教职员工开展一次全员消防安全培训，教职员工新上岗、转岗前应经过岗前消防安全培训。六是制定本单位灭火和应急疏散预案，明确每班次、各岗位人员及其报警、疏散、扑救初起火灾的职责，并每半年至少演练一次。

2. 指导学校消防安全教育宣传工作，将消防安全教育纳入学校安全教育活动统筹安排。

（1）法律政策依据。《中华人民共和国消防法》第六条规定，教育、人力资源行政主管部门和学校、有关职业培训机构应当将消防知识纳入教育、教学、培训的内容。2007年，国务院办公厅转发教育部《中小学公共安全教育指导纲要》（国办发〔2007〕9号），要求学校与公安消防等部门建立密切联系，聘请有关人员担任校外辅导员，根据学生特点系统协调承担公共安全教育的内容，制订应急疏散预案和组织疏散演习活动。教育部门不仅应将消防安全纳入义务教育、素质教育、学历教育等内容，而且应当抓好消防知识进学校、进课堂、进课本工作，督促各级各类学校做好消防安全宣传教育，并纳入学校安全教育活动统筹安排。2015年8月6日，中央网信办、公安部、教育部、民政部、农业部、文化部、国家卫生计生委、国家新闻出版广电总局、国家安全监管总局联合下发的《关于推进消防安全宣传教育进机关进学校进社区进企业进农村进家庭进网站工作的指导意见》（公消〔2015〕191号），进一步明确了教育部门关于消防安全宣传教育进学校的具体职责和要求。

（2）现状分析。近年来，各级教育部门对学校、幼儿园消防安全宣传教育工作高度重视，在督促学校落实消防安全主体责任，特别是暑期消防安全教育行动和消防"进军训、进教材、进课堂"等一系列活动的推广普及等方面作了大量卓有成效的工作，有力提升了广大师生的消防安全意识。但从近五年全国火灾情况看，一是未成年人火灾死亡的比例偏高。全国共有 1536 名未成年人在火灾中死亡，占亡人总数的 18.2%，仅 2016 年就有 301 人，占亡人总数的 19%。二是小孩玩火造成火灾的比例偏高。全国因小孩玩火引发的火灾 2.6 万起，导致 265 人死亡、96 人受伤。2015 年 2 月，广东省惠东县义乌商城因一名 9 岁男孩玩打火机引发火灾，造成 17 人死亡。三是学校电气火灾偏高。2016 年全国学校（含学生宿舍）发生火灾 1418 起，虽然起数、亡人数较往年略有下降，但总量依然较高。从起火原因来看，违反电气安装使用规定和用火不慎等人为因素占比超过 50%，其中电气火灾占比达到四成以上。这些火灾事故情况，反映出青少年、儿童的消防安全教育宣传工作亟待加强。

当前，我国有 2 亿多中小学生和幼儿园儿童，近千万教职员工，还有 4 亿多家长群体。学校、幼儿园是青少年、儿童集中的地方，是学生学习、生活的主要场所，是公民素质教育的主阵地。消防安全是学校安全的重要组成部分，学校教育也是消防教育的一个关键环节。学校既是消防安全的重点保护对象，也是消防宣传的重要阵地。说是保护对象，是因为学校消防安全关系到师生的生命财产安全。说是重要阵地，是因为学校是开展消防安全宣传教育的特殊场所。因此，做好学校的消防安全宣传教育工作，事关孩子一生的平安和亿万家庭的幸福，今天的校园消防安全小小明白人，就是明天的社会消防安全明白人。

（3）工作方式方法。从具体职责来看，各级教育部门要指导学校、幼儿园消防安全宣传教育工作，将消防安全教育纳入学校安全教育统筹安排：一是指导督促学校建立消防安全宣传教育制度，有年度工作计划、实施方案，并严格落实。建立校外消防辅导员制度，邀请公安消防官兵、公安派出所民警定期对学校、幼儿园消防安全宣传教育工作进行指导。二是指导督促中小学、幼儿园将消防知识纳入教学内容，并保证有师资、有教材、有课时、有场地，定期组织应急疏散演练和师生参加消防安全宣传教育社会实践活动，鼓励学校结合当地实际开设消防安全课程。三是指导督促高校、高中将消防知识和技能纳入新生军训课程，开设一堂消防知识课、组织一次疏散逃生演练、进行一次灭火实操、阅读一本消防安全知识读本。四是督促学校、幼儿园在显著位置设置固定消防安全宣传教育栏，有条件的学校、幼儿园设立消防体验室，配备常用消防器材和模拟体验装置。寄宿制学校的宿舍张贴消防安全须知和疏散示意图。学校、幼儿园校报、板报、校园电视、广播、网站定期刊播消防安全常识。五是指导学校每年组织开展"消防安全示范课"教学活动，培养消防授课教师；定期组织消防运动会、消防知识竞赛、消防主题征文比赛、消防漫画大赛、参观消防站等丰富多彩的宣传教育活动，切实培育"校园消防安全明白人"，达到"教育一个孩子、带动一个家庭、影响整个社会"的目的。

**（四）民政部门负责社会福利、特困人员供养、救助管理、未成年人保护、婚姻、殡葬、救灾物资储备、烈士纪念、军休军供、优抚医院、光荣院、养老机构等民政服务机构审批或管理中的行业消防安全。**

《国务院办公厅关于印发民政部主要职责内设机构和人员

编制规定的通知》（国办发〔2008〕62 号）明确民政部主要职责包括：拟订优抚政策、标准和办法，组织和指导拥军优属工作，拟订救灾工作政策，负责组织、协调救灾工作，管理、分配中央救灾款物并监督使用，牵头拟订社会救助规划、政策和标准，健全城乡社会救助体系，拟订社会福利事业发展规划、政策和标准，拟订婚姻管理、殡葬管理和儿童收养的政策。

近年来，社会福利领域尤其是养老场所火灾多发，教训深刻。2013 年 7 月 26 日，黑龙江省绥化海伦市联合敬老院发生火灾，造成 11 人死亡；2013 年 9 月 13 日，四川省广安市广安区仁爱疗养院发生火灾，造成 4 人死亡。尤其是 2015 年 5 月 25 日，河南省平顶山市鲁山县康乐园老年公寓发生特别重大火灾，造成 38 人死亡，6 人受伤。事故发生后，党中央、国务院领导高度重视。习近平总书记作出重要指示，要求各地区和有关部门紧绷安全管理这根弦，采取有力措施，认真排查隐患，防微杜渐，全面落实安全管理措施，坚决防范和遏制各类安全事故发生，确保人民群众生命财产安全。

根据民政部门承担的民政服务机构审批或管理职责，《实施办法》结合近年来的实践经验，规定民政部门应负责有关民政服务机构审批或管理中的行业消防安全，具体做好下列工作：一是指导督促民政服务机构建立并落实逐级消防安全责任制，明确各级、各岗位的消防安全职责，明确消防工作管理部门，配备专（兼）职消防管理人员，建立微型消防站等志愿消防组织。二是针对因卧床吸烟和用火、用电引发火灾多的特点，指导督促民政服务机构制定落实严格的用火、用电管理制度和安全防范措施；三是指导督促民政服务机构落实每日防火巡查和每月防火检查制度，及时整改消除火灾隐患和不安全因素，不断提高单位消防管理水平和自防自救能力。四是指导督促民政服务机构按照国家、行业标准配置消防设施、器材、标识，定期进行维护保养，加强物防、技防措施，在服务对象住宿和主要活动场所安装独立式感烟火灾探测报警器和简易喷淋装置，配备应急照明和灭火器。五是指导督促民政服务机构每半年对全体员工开展一次消防安全培训。六是指导督促民政服务机构，结合单位实际，对特殊服务对象制定专门疏散预案和灭火预案，每半年开展一次针对性强的应急演练，做到一旦出现险情，快速有效疏散逃生。

**（五）人力资源和社会保障部门负责职业培训机构、技工院校审批或管理中的行业消防安全。做好政府专职消防队员、企业专职消防队员依法参加工伤保险工作。将消防法律法规和消防知识纳入公务员培训、职业培训内容。**

《国务院办公厅关于印发人力资源和社会保障部主要职责内设机构和人员编制规定的通知》（国办发〔2008〕68号）明确人力资源社会保障部的主要职责包括：完善职业资格制度，统筹建立面向城乡劳动者的职业培训制度，拟订技工学校及职业培训机构发展规划和管理规则；统筹建立覆盖城乡的社会保障体系，拟订工伤保险政策、规划和标准，完善工伤预防、认定和康复政策；负责行政机关公务员综合管理，拟订城乡劳动者职业培训政策、规划。《国务院安全生产委员会成员单位安全生产工作职责分工》（安委〔2015〕5号）规定，人力资源和社会保障部负责指导技工学校、职业培训机构的安全管理工作，指导技工学校、职业培训机构开展安全知识和技能教育培训，制定突发事件应急预案，落实安全防范措施；拟订工伤保险政策、规划和标准，指导和监督落实参加工伤保险有关政策措施，负责工伤保险法律法规实施情况监督检查工作；将安全生产法律、法规及安全生产知识纳入相关行政机关、事业单位工作人员职业教育、继续教育和培训学习计划并组织实施；会同有关部门制定和实施安全生产领域各类专业技术人才、技能人才规划、培养、继续教育、考核、奖惩等相关政策。

1. 负责职业培训机构、技工院校审批或管理中的行业消防安全。

人力资源社会保障部门作为技工学校及职业培训机构的审批管理部门，应按照"谁主管、谁负责""谁审批、谁负责"的原则，负责其行业消防安全，对技工学校、职业培训机构是否具备消防安全条件依法审查把关，督促指导技工学校、职业培训机构依照消防法律、法规和规章的规定做好各项消防工作。

2. 做好政府专职消防队员、企业专职消防队员依法参加工伤保险工作。

《工伤保险条例》第五条明确，国务院社会保险行政部门负责全国的工伤保险工作，县级以上地方各级人民政府社会保险行政部门负责本行政区域内的工伤保险工作。《中华人民共和国消防法》第四十条规定，专职消防队的队员依法享受社会保险和福利待遇。2010 年，公安部、国家发展和改革委员会、民政部、财政部、人力资源和社会保障部、交通运输部、中华全国总工会联合印发《关于深化多种形式消防队伍建设发展的指导意见》（公通字〔2010〕37 号），明确专职消防队员和消防文员应按规定参加基本养老、基本医疗、工伤、失业等社会保险，依法缴纳各项社会保险费用，并享受相应待遇。

工伤保险作为社会保险的重要组成部分，是政府专职消防队员、企业专职消防队员依法享受的待遇，人力资源和社会保障部门作为社会保险行政部门，应依法落实部门职责，做好政府专职消防队员、企业专职消防队员依法参加工伤保险工作。

3. 将消防法律法规和消防知识纳入公务员培训、职业培训内容。

《中华人民共和国消防法》第六条规定，教育、人力资源行政主管部门和学校、有关职业培训机构应当将消防知识纳入教育、教学、培训的内容。2009 年 6 月 1 日，教育部、民政部、人力资源和社会保障部、住房和城乡建设部、文化部、广电总局、安全监管总局、国家旅游局联合颁布的《社会消防安全教育培训规定》（公安部令第 109 号）第八条规定，人力资源和社会保障部门负责指导和监督机关、企业、事业单位将消防安全知识纳入干部、职工教育、培训内容。

依据相关法律法规，人力资源和社会保障部门作为公务员综合管理部门、职业培训工作主管部门，应依法将消防法律法规和消防知识纳入公务员培训、职业培训内容。

**（六）城乡规划管理部门依据城乡规划配合制定消防设施布局专项规划，依据规划预留消防站规划用地，并负责监督实施。**

《中华人民共和国城乡规划法》第十一条规定，国务院城乡规划主管部门负责全国的城乡规划管理工作，县级以上地方人民政府城乡规划主管部门负责本行政区域内的城乡规划管理工作。第十七条规定，基础设施和公共服务设施用地以及防灾减灾等内容应当作为城市总体规划、镇总体规划的强制性内容。《国务院办公厅关于印发住房和城乡建设部主要职责内设机构和人员编制规定的通知》（国办发〔2008〕74号）明确住房和城乡建设部的主要职责包括：加强城乡规划管理，依法组织编制和实施城乡规划，研究拟订城市建设的政策、规划并指导实施，指导城市市政公用设施建设、安全和应急管理，指导村镇规划编制、农村住房建设和安全及危房改造。《国务院安全生产委员会成员单位安全生产工作职责分工》（安委〔2015〕5号）规定，住房和城乡建设部负责依法组织编制和实施城乡规划，并与安全生产规划、管道发展规划相衔接，加强有关建设项目规划环节的安全把关；指导镇、乡、村庄规划的编制和实施，指导农村住房建设、农村住房安全和危房改造。

结合近年来的实践工作经验，为解决消防队站数量不足和布局不合理的问题，《实施办法》明确要求，城乡规划管理部门要依据规划预留消防站规划用地，并负责监督实施，严禁擅自挪用预留的消防站规划用地，确保消防站数量、布局与消防安全需求相适应。

**（七）住房和城乡建设部门负责依法督促建设工程责任单位加强对房屋建筑和市政基础设施工程建设的安全管理，在组织制定工程建设规范以及推广新技术、新材料、新工艺时，应充分考虑消防安全因素，满足有关消防安全性能及要求。**

1. 依法督促建设工程责任单位加强对房屋建筑和市政基础设施工程建设的安全管理。

《国务院办公厅关于印发住房和城乡建设部主要职责内设

机构和人员编制规定的通知》（国办发〔2008〕74 号）明确
住房和城乡建设部的主要职责包括：承担建筑工程质量安全监
管的责任，指导城市市政公用设施建设、安全和应急管理，指
导村镇规划编制、农村住房建设和安全及危房改造。《国务院
安全生产委员会成员单位安全生产工作职责分工》（安委
〔2015〕5 号）规定，住房和城乡建设部负责依法对全国的建
设工程安全生产实施监督管理，负责拟订建筑安全生产政策、
规章制度并监督执行，依法查处建筑安全生产违法违规行为；
指导农村住房建设、农村住房安全和危房改造，指导城市市政
公用设施建设、安全和应急管理。

　　考虑到住房和城乡建设部门直接监督的建设工程领域主要
是房屋建筑和市政基础设施工程建设，《实施办法》明确住房
城乡建设部门应督促相关责任主体依法落实消防安全要求，依
法查处工程建设领域违法违规行为，在具体执行时，应把握下
列重点环节：

　　（1）依法督促建设、设计、施工、监理等建设市场各方
主体落实消防设计、施工质量责任。《建设工程质量管理条
例》（国务院令第 279 号）第三条规定，建设单位、勘察单
位、设计单位、施工单位、工程监理单位依法对建设工程质量
负责。第四条规定，县级以上人民政府建设行政主管部门和其
他有关部门应当加强对建设工程质量的监督管理。《国务院办
公厅关于印发住房和城乡建设部主要职责内设机构和人员编制
规定的通知》（国办发〔2008〕74 号）明确住房和城乡建设
部的主要职责包括：拟订规范建筑市场各方主体行为的规章制
度并监督执行，监督管理建筑市场、规范市场各方主体行为。

就消防安全而言，住房和城乡建设部门开展工程建设领域安全监管，主要是督促建筑市场各方主体落实消防设计、施工质量责任，确保消防设计、施工符合法律法规和国家工程建设消防技术标准要求。

（2）依法监督管理建设工程施工现场的消防安全。《建设工程安全生产管理条例》（国务院令第 393 号）第四十条规定，国务院建设行政主管部门对全国的建设工程安全生产实施监督管理；县级以上地方人民政府建设行政主管部门对本行政区域内的建设工程安全生产实施监督管理。第四十二条规定，建设行政主管部门在审核发放施工许可证时，应当对建设工程是否有安全施工措施进行审查，对没有安全施工措施的，不得颁发施工许可证。第四十三条规定了履行监督检查职责时有权采取的措施，第七章规定了相应的法律责任。《国务院安全生产委员会成员单位安全生产工作职责分工》（安委〔2015〕5号）规定，住房和城乡建设部负责建筑施工、建筑安装、建筑装饰装修、勘察设计、建设监理等建筑业和房地产开发、物业管理、房屋征收拆迁等房地产业安全生产监督管理工作；负责指导和监督省级建设主管部门负责的建筑施工企业安全生产准入管理，指导建筑施工企业从业人员安全生产教育培训工作。

从建设工程的消防安全看，既包括消防设计、施工质量，也包括施工现场消防安全。住房和城乡建设部门作为建设工程安全监管部门，负责相关证照审批，具有履行监督检查的职权，应依法会同公安机关做好建设工程施工现场的消防安全监督管理，确保建设工程安全。

近年来，我国建设工程施工现场火灾多发，暴露出消防安全管理混乱的突出问题。2017 年发生的 5 起重大火灾事故，3 起与建设工程施工现场有关。北京大兴"11·18"火灾起火部位是地下室冷库安装施工现场，电气线路直接敷设在冷库聚氨酯保温层内，没有任何保护措施；江西南昌"2·25"火灾是停业歌舞厅的拆除施工现场；天津河西"12·1"火灾虽然发生在高层酒店式公寓，但实际是一个装修改造施工现场，现场堆放了大量的可燃建筑垃圾，违规住了 102 名施工作业人员。此外，四川绵竹"12·10"火灾也是仿古建筑施工现场，由于无证焊工违章操作引发。

2. 在组织制定工程建设规范以及推广新技术、新材料、新工艺时，应充分考虑消防安全因素，满足有关消防安全性能及要求

（1）《国务院办公厅关于印发住房和城乡建设部主要职责内设机构和人员编制规定的通知》（国办发〔2008〕74 号）明确住房和城乡建设部承担建立科学规范的工程建设标准体系的责任。《工程建设国家标准管理办法》（建设部令第 24 号）第二条规定，需要在全国范围内统一的工程建设通用的有关安全的技术要求应当制定国家标准。第二十八条规定，国家标准由国务院工程建设行政主管部门审查批准。

住房和城乡建设部门作为工程建设标准的主要管理部门，应依法将消防安全技术要求纳入工程建设规范，认真做好编制、审定和推广，从规范标准建立方面把好建设工程消防安全关口。

（2）国务院建设行政主管部门作为"三新核准"的统一

管理部门，应严格按照《"采用不符合工程建设强制性标准的新技术、新工艺、新材料核准"行政许可实施细则》（建标〔2005〕124号）规定，加强对新技术、新材料、新工艺的审查把关，确保消防安全在内的建设工程安全。

当前，随着推广建筑节能和房屋墙体材料革新，约30亿平方米建筑外墙使用了易燃可燃的外保温材料，其中大部分都是聚氨酯泡沫等有机材料，这些材料保温效果好、价格低廉，但是火灾危险性极高，遇到明火迅速蔓延，形成大面积立体燃烧，产生大量剧毒气体。近年来发生的一些重特大火灾，如央视新址大火、上海胶州路公寓大火、沈阳皇朝万鑫大厦大火，都与建筑使用易燃可燃外墙保温材料有直接关系。

《国务院办公厅关于印发住房和城乡建设部主要职责内设机构和人员编制规定的通知》（国办发〔2008〕74号）明确住房和城乡建设部承担推进建筑节能、城镇减排的责任，会同有关部门拟订建筑节能的政策、规划并监督实施，组织实施重大建筑节能项目，指导房屋墙体材料革新工作。2011年，公安部、住房和城乡建设部联合印发《关于传发建筑外墙保温材料消防安全专项整治工作方案的通知》（公传发〔2011〕595号），明确外墙保温材料封堵不严、防护层脱落或开裂、保温材料裸露的整治由住房和城乡建设主管部门牵头负责。

住房和城乡建设部门在推广建筑节能、指导房屋墙体材料革新中，应依法督促指导相关单位落实主体责任，采用符合消防安全要求的新技术、新材料、新工艺和外墙保温材料，确保消防安全。

（八）交通运输部门负责在客运车站、港口、码头及交通工具管理中依法督促有关单位落实消防安全主体责任和有关消防工作制度。

《中华人民共和国道路运输条例》规定，县级以上地方人民政府交通主管部门负责组织领导本行政区域的道路运输管理工作，对道路运输站（场）进行监督检查。《中华人民共和国港口法》规定，国务院交通主管部门主管全国的港口工作。地方人民政府对本行政区域内港口的管理，按照国务院关于港口管理体制的规定确定。《中华人民共和国内河交通安全管理条例》规定，国务院交通主管部门主管全国内河交通安全管理工作。国家海事管理机构在国务院交通主管部门的领导下，负责全国内河交通安全监督管理工作。

按照《国务院办公厅关于印发交通运输部主要职责内设机构和人员编制规定的通知》（国办发〔2009〕18号）和《中央编办关于交通运输部有关职责和机构编制调整的通知》（中央编办发〔2013〕133号）规定，交通运输部负责管理国家铁路局、中国民用航空局，指导航运、海事、港口公安工作，管理交通直属公安队伍；承担水上交通安全监管责任，负责水上交通管制、船舶及相关水上设施检验、登记和防止污染、水上消防、航海保障、救助打捞、通信导航、船舶与港口设施保安及危险品运输监督管理等工作；拟订公路、水路工程建设相关政策、制度和技术标准并监督实施；组织协调公路、水路有关重点工程建设和工程质量、安全生产监督管理工作，指导交通运输基础设施管理和维护，承担有关重要设施的管理和维护；按规定负责港口规划和岸线使用管理工作。

为此，《实施办法》规定，交通运输部门在对客运车站、港口、码头及交通工具等实施行业管理中，应督促有关经营单位落实消防安全主体责任和有关消防工作制度。

**（九）文化部门负责文化娱乐场所审批或管理中的行业消防安全工作，指导、监督公共图书馆、文化馆（站）、剧院等文化单位履行消防安全职责。**

《娱乐场所管理条例》第三条规定，县级以上人民政府文化主管部门负责对娱乐场所日常经营活动的监督管理。第九条规定，娱乐场所申请从事娱乐场所经营活动，应当向所在地县级人民政府文化主管部门提出申请；中外合资经营、中外合作经营的娱乐场所申请从事娱乐场所经营活动，应当向所在地省、自治区、直辖市人民政府文化主管部门提出申请。《国务院办公厅关于印发文化部主要职责内设机构和人员编制规定的通知》（国办发〔2008〕79号）明确文化部的主要职责为：拟订文化市场发展规划，指导文化市场综合执法工作，负责对文化艺术经营活动进行行业监管，指导对从事演艺活动民办机构的监管工作；指导、管理社会文化事业，指导图书馆、文化馆（站）事业和基层文化建设。《国务院安全生产委员会成员单位安全生产工作职责分工》（安委〔2015〕5号）规定，文化部在职责范围内依法对文化市场安全生产工作实施监督管理；在职责范围内依法对互联网上网服务经营场所、娱乐场所和营业性演出、文化艺术经营活动执行有关安全生产法律法规的情况进行监督检查；指导图书馆、博物馆、文化馆（站）、文物保护单位等文化单位和重大文化活动、基层群众文化活动加强安全管理，落实安全防范措施。

综合相关法律法规和规范性文件要求，《实施办法》规定文化部门作为文化娱乐场所审批和管理职能部门，应按照"谁主管、谁负责"、"谁审批、谁负责"和"管行业必须管安全、管业务必须管安全、管生产经营必须管安全"的要求，落实文化娱乐场所审批或管理中的行业消防安全工作。

同时，文化部门作为负责文化系统所属公共图书馆、文化馆（站）、剧院等文化单位的安全监督管理部门，应监督、指导所属单位依法落实消防安全主体责任、履行相关职责。

**（十）卫生计生部门负责医疗卫生机构、计划生育技术服务机构审批或管理中的行业消防安全。**

《医疗机构管理条例》（国务院令第 149 号）第五条规定，国务院卫生行政部门负责全国医疗机构的监督管理工作，县级以上地方人民政府卫生行政部门负责本行政区域内医疗机构的监督管理工作。《计划生育技术服务管理条例》（国务院令第 309 号）第二十一条规定，设立计划生育技术服务机构，由设区的市级以上地方人民政府计划生育行政部门批准。第二十二条规定，从事计划生育技术服务的医疗、保健机构，由县级以上地方人民政府卫生行政部门审查批准，并向同级计划生育行政部门通报。《国务院安全生产委员会成员单位安全生产工作职责分工》（安委〔2015〕5 号）明确国家卫生计生委的主要职责：负责卫生计生系统安全管理工作；指导医疗卫生机构、计划生育技术服务机构等制定安全管理制度和突发事件应急预案，落实安全防范措施。

综合相关法律法规和规范性文件要求，《实施办法》规定卫生计生部门作为医疗卫生机构、计划生育技术服务机构审批和管理职能部门，应按照"谁主管、谁负责""谁审批、谁负责"和"管行业必须管安全、管业务必须管安全、管生产经营必须管安全"的要求，落实医疗卫生机构、计划生育技术服务机构审批或管理中的行业消防安全工作。

**（十一）工商行政管理部门负责依法对流通领域消防产品质量实施监督管理，查处流通领域消防产品质量违法行为。**

《中华人民共和国消防法》第二十五条规定，产品质量监督部门、工商行政管理部门、公安机关消防机构应当按照各自职责加强对消防产品质量的监督检查。第六十五条规定，违反本法规定，生产、销售不合格的消防产品或者国家明令淘汰的消防产品的，由产品质量监督部门或者工商行政管理部门依照《中华人民共和国产品质量法》的规定从重处罚。《中华人民共和国产品质量法》第七十条规定，产品质量法规定的吊销营业执照的行政处罚由工商行政管理部门决定，罚则中其他有关的行政处罚由产品质量监督部门或者工商行政管理部门按照国务院规定的职权范围决定。《消防产品监督管理规定》（公安部令第 122 号）第四条规定，国家质量监督检验检疫总局、国家工商行政管理总局和公安部按照各自职责对生产、流通和使用领域的消防产品质量实施监督管理。《国务院办公厅关于印发国家质量监督检验检疫总局及国家认证认可监督管理委员会国家标准化管理委员会职能配置内设机构和人员编制规定的通知》（国办发〔2001〕56 号）规定，国家质量监督检验检疫总局和国家工商行政管理总局在质量监督方面的职责分工为：国家工商行政管理总局负责流通领域的商品质量监督管理。

此外，《国务院安全生产委员会成员单位安全生产工作职责分工》（安委〔2015〕5 号）明确工商总局有关安全生产工作职责为：严格依法办理涉及安全生产前置审批事项的工商登记；配合有关部门开展安全生产专项整治，按照职责分工依法查处无照经营等非法违法行为；配合有关部门加强对商品交易市场的安全检查和促进市场主办单位依法加强安全管理。

近年来，公安、工商、质检等部门积极推进消防产品质量整治活动。2013 年 2 月，公安部会同工商总局、质检总局印发了《关于开展消防产品质量专项整治工作的通知》（公通字〔2013〕5 号），部署开展为期 3 年的消防产品生产、销售和使用领域专项整治活动，并将各地开展情况纳入国务院对省级政府消防工作考核，每年组织联合督导检查，推动各地工作开展。整治期间，全国办理消防产品行政处罚案件 9813 起，取得了明显整治成效。

《实施办法》规定工商行政管理部门负责依法对流通领域消防产品质量实施监督管理，查处流通领域消防产品质量违法行为。

同时，工商行政管理部门应参与消防安全专项整治，依法查处无照经营等非法违法行为；配合加强对商品交易市场的消防安全检查，促进市场主办单位依法落实单位主体责任、加强消防安全管理。

（十二）质量技术监督部门负责依法督促特种设备生产单位加强特种设备生产过程中的消防安全管理，在组织制定特种设备产品及使用标准时，应充分考虑消防安全因素，满足有关消防安全性能及要求，积极推广消防新技术在特种设备产品中的应用。按照职责分工对消防产品质量实施监督管理，依法查处消防产品质量违法行为。做好消防安全相关标准制修订工作，负责消防相关产品质量认证监督管理工作。

1. 依法做好特种设备生产的消防安全管理。

《中华人民共和国特种设备安全法》第二条明确，特种设备是指对人身和财产安全有较大危险性的锅炉、压力容器（含气瓶）、压力管道、电梯、起重机械、客运索道、大型游乐设施、场（厂）内专用机动车辆，以及法律、行政法规规定适用本法的其他特种设备；国家对特种设备实行目录管理；特种设备目录由国务院负责特种设备安全监督管理的部门制定，报国务院批准后执行。《特种设备安全监察条例》（国务院令第 373 号）第四条规定，国家质量技术监督局统一负责全国特种设备的质量监督与安全监察工作，地方质量技术监督行政部门负责本行政区域内特种设备的质量监督与安全监察工作。第十条规定，特种设备生产单位应当依照本条例规定以及国务院特种设备安全监督管理部门制订并公布的安全技术规范的要求，进行生产活动。特种设备生产单位对其生产的特种设备的安全性能和能效指标负责，不得生产不符合安全性能要求和能效指标的特种设备，不得生产国家产业政策明令淘汰的特种设备。《国务院办公厅关于印发国家质量监督检验检疫总局及国家认证认可监督管理委员会国家标准化管理委员会职能配置内设机构和人员编制规定的通知》（国办发〔2001〕56号）规定，国家质量监督检验检疫总局承担综合管理特种设备安全监察、监督工作的责任，监督检查特种设备的设计、制造、安装、改造、维修、使用、检验检测和进出口，监督管理特种设备检验检测机构和检验检测人员、作业人员的资质资格。《国务院安全生产委员会成员单位安全生产工作职责分工》（安委〔2015〕5号）明确质检总局职责为：负责对全国特种设备安全实施监督管理，承担综合管理特种设备安全监察、监督工作的责任；管理特种设备的安全监察、监督工作；监督管理特种设备的生产（包括设计、制造、安装、改造、修理）、经营、使用、检验、检测和进出口；监督管理特种设备检验检测机构和检验检测人员、作业人员的资质资格。

根据上述法律法规和规范性文件，质量技术监督部门应将消防安全管理纳入特种设备安全监督管理工作，将消防安全要求纳入制订公布的安全技术规范，积极推广应用消防新技术。

2. 依法负责生产领域的消防产品质量监督管理、依法查处消防产品质量违法行为。

《中华人民共和国消防法》《中华人民共和国产品质量法》《消防产品监督管理规定》（公安部令第122号）《国务院办公厅关于印发国家质量监督检验检疫总局及国家认证认可监督管理委员会国家标准化管理委员会职能配置内设机构和人员编制规定的通知》（国办发〔2001〕56号）等法律法规和规范性文件明确质量技术监督部门负责生产领域的消防产品质量监督管理。

《实施办法》明确质量技术监督部门依法负责生产领域的

消防产品质量监督管理、依法查处消防产品质量违法行为。

近年来，在国家质检总局开展的消防产品国家监督抽查中，抽查平均合格率为95%，达到国务院《质量发展纲要》(2011—2020年) 中规定的产品质量国家监督抽查合格率稳定在90%以上的产品质量发展目标要求。

3. 依法负责消防相关产品质量认证监督管理工作。

《中华人民共和国消防法》第二十四条规定，依法实行强制性产品认证的消防产品，由具有法定资质的认证机构按照国家标准、行业标准的强制性要求认证合格后，方可生产、销售、使用。实行强制性产品认证的消防产品目录，由国务院产品质量监督部门会同国务院公安部门制定并公布；新研制的尚未制定国家标准、行业标准的消防产品，应当按照国务院产品质量监督部门会同国务院公安部门规定的办法，经技术鉴定符合消防安全要求的，方可生产、销售、使用。《中华人民共和国认证认可条例》(国务院令第666号) 第二条规定，本条例所称认证是指由认证机构证明产品、服务、管理体系符合相关技术规范、相关技术规范的强制性要求或者标准的合格评定活动。第四条规定，国家实行统一的认证认可监督管理制度；国家对认证认可工作实行在国务院认证认可监督管理部门统一管理、监督和综合协调下，各有关方面共同实施的工作机制。《强制性产品认证管理规定》(国家质量监督检验检疫总局令第117号) 第三条规定，国家质量监督检验检疫总局 (以下简称国家质检总局) 主管全国强制性产品认证工作；国家认证认可监督管理委员会 (以下简称"国家认监委") 负责全国强制性产品认证工作的组织实施、监督管理和综合协调；地方各级质量技术监督部门和各地出入境检验检疫机构（以下简称"地方质检两局"）按照各自职责，依法负责所辖区域内强制性产品认证活动的监督管理和执法查处工作。第二十九条规定，国家对必须经过认证的产品，统一产品目录，统一技术规范的强制性要求、标准和合格评定程序，统一标志，统一收费标准。统一的产品目录（以下简称"目录"）由国务院认证认可监督管理部门会同国务院有关部门制定、调整，由国务院认证认可监督管理部门发布，并会同有关方面共同实施。《消防产品监督管理规定》（公安部令第122号）第五条规定，消防产品认证机构应当将消防产品强制性认证有关信息报国家认证认可监督管理委员会和公安部消防局。实行强制性产品认证的消防产品目录由国家质量监督检验检疫总局、国家认证认可监督管理委员会会同公安部制定并公布，消防产品认证基本规范、认证规则由国家认证认可监督管理委员会制定并公布。第六条规定，国家认证认可监督管理委员会应当按照《中华人民共和国认证认可条例》的有关规定，经评审并征求公安部消防局意见后，指定从事消防产品强制性产品认证活动的机构以及与认证有关的检查机构、实验室，并向社会公布。《国务院办公厅关于印发国家质量监督检验检疫总局及国家认证认可监督管理委员会国家标准化管理委员会职能配置内设机构和人员编制规定的通知（国办发〔2001〕56号）》明确，国家质量监督检验检疫总局管理国家认证认可监督管理委员会和国家标准化管理委员会。

根据上述法律法规和规范性文件要求，《实施办法》明确质量技术监督部门应依法负责消防相关产品质量认证监督管理工作。

近年来，消防产品市场准入管理工作不断深化：一是公安部会同国家质检总局、认监委分别于 2011 年、2014 年向社会发布公告，分批将具有国家标准、行业标准的消防产品（共计 16 大类 102 种）列入国家强制性产品认证目录，推动消防产品全面实施强制性认证管理。认证检验机构及时制定公布了火灾报警、灭火设备、火灾防护和消防装备产品 4 部认证实施规则及其配套的 20 部认证实施细则。通过市场准入制度的改革，迫使一大批不符合条件的生产企业退出市场。据统计，有近三分之一的防排烟产品生产企业，因不符合市场准入条件已退出市场。二是强化对获证产品的证后监督力度，及时发现持证造假行为，暂停撤销不合格证书，有效把控了消防产品生产源头关。三是公安部会同国家认监委制定了《消防产品技术鉴定工作规范》，向社会公布了技术鉴定机构名单，对新研制的尚未制定国家标准、行业标准的消防产品实施技术鉴定市场准入制度，依法完善了消防新产品入市渠道。四是为防止暂未纳入强制性认证目录的个别消防产品和阻燃产品，因无市场准入管理导致失控漏管，国家认监委等多方论证，确定了对其开展自愿性认证的总体思路，制定了消防产品自愿性认证工作方案，目前正在进行自愿性认证资质申请和试点工作，努力开拓认证新领域。

4. 依法做好消防安全相关标准制修订工作。

《中华人民共和国标准化法》第五条规定，国务院标准化行政主管部门统一管理全国标准化工作，县级以上地方人民政府标准化行政主管部门统一管理本行政区域内的标准化工作。

《国务院办公厅关于印发国家质量监督检验检疫总局及国家认证认可监督管理委员会国家标准化管理委员会职能配置内设机构和人员编制规定的通知》（国办发〔2001〕56号）规定，国家质量监督检验检疫总局管理国家标准化管理委员会（中华人民共和国国家标准化管理局）；国家标准化管理委员会根据国务院授权履行行政管理职能，统一管理全国标准化工作，国家标准化管理委员会组织相关国家标准之间、国家标准与国际标准、行业标准、地方标准之间的衔接审查并统一编号、联合发布。

根据上述规定，质量技术监督部门在制修订消防安全相关标准制时承担着统一立项、审查、编号、发布等具体工作职责。

**（十三）新闻出版广电部门负责指导新闻出版广播影视机构消防安全管理，协助监督管理印刷业、网络视听节目服务机构消防安全。督促新闻媒体发布针对性消防安全提示，面向社会开展消防宣传教育。**

1. 负责指导新闻出版广播影视机构消防安全管理，协助监督管理印刷业、网络视听节目服务机构消防安全。

《国务院办公厅关于印发国家新闻出版广电总局主要职责内设机构和人员编制规定的通知》（国办发〔2013〕76号）明确国家新闻出版广电总局的主要职责为负责拟订新闻出版广播影视宣传的方针政策，把握正确的舆论导向和创作导向；负责监督管理新闻出版广播影视机构；负责印刷业的监督管理；拟订新闻出版广播影视有关安全制度和处置重大突发事件预案并组织实施，指导、协调新闻出版广播影视系统安全保卫工作。《互联网视听节目服务管理规定》（国家广播电影电视总局、中华人民共和国信息产业部令第 56 号）明确，国务院广播电影电视主管部门作为互联网视听节目服务的行业主管部门，负责对互联网视听节目服务实施监督管理，统筹互联网视听节目服务的产业发展、行业管理、内容建设和安全监管。

为此，本项明确了新闻出版广电部门实施行业消防管理的范围。

2. 督促新闻媒体发布针对性消防安全提示，面向社会开展消防宣传教育。

新闻媒体普遍具有覆盖广泛、便捷高效、渗透有力等特点，做好消防安全工作离不开广大新闻媒体的积极配合，各类新闻媒体是开展消防宣传、提高全民消防安全素质的重要平台。

《实施办法》明确作为广播、电视、报刊、互联网站等新闻媒体的行业主管部门，新闻出版广电部门应督促新闻媒体单位定期发布针对性消防安全提示，面向社会开展消防宣传教育。一是把消防法律法规和防火、灭火、逃生自救常识作为消防宣传教育的重点，在群众关注度高的版面、时段、栏目进行宣传，普及消防安全常识，提升全民消防安全素质。二是在重大节假日和火灾多发季节向公众发布针对性的消防安全提示。三是加大消防公益广告及其他火灾警示宣传，办好消防专版、专栏和专题节目，在时间段和内容含量上保证消防宣传教育和舆论监督的效果，切实增强消防宣传的针对性和实效性。四是构建消防信息传递和公示、曝光平台，根据当地政府和公安消防部门提供的执法检查情况，对本地区存在重大火灾隐患的单位予以及时或定期公布，组织消防专家对典型火灾案例进行点评和深层次分析，引起社会各界对消防安全的高度关注，促进火灾隐患的整改。

**（十四）安全生产监督管理部门要严格依法实施有关行政审批，凡不符合法定条件的，不得核发有关安全生产许可。**

《中华人民共和国安全生产法》规定，国务院安全生产监督管理部门依照本法，对全国安全生产工作实施综合监督管理；县级以上地方各级人民政府安全生产监督管理部门依照本法，对本行政区域内安全生产工作实施综合监督管理。

《危险化学品安全管理条例》（国务院令第 344 号）规定，安监部门负责危险化学品安全监督管理综合工作，对新建、改建、扩建生产、储存危险化学品的建设项目进行安全条件审查；对生产、储存、使用危险化学品的单位未根据其生产、储存的危险化学品的种类和危险特性，在作业场所设置相关安全设施、设备，或者未按照国家标准、行业标准或者国家有关规定对安全设施、设备进行经常性维护、保养的，危险化学品的储存方式、方法或者储存数量不符合国家标准或者国家有关规定的，危险化学品专用仓库不符合国家标准、行业标准的要求的，由安监部门责令改正，并依法实施处罚。

在《中华人民共和国安全生产法》和《危险化学品安全管理条例》等法律法规的基础上，《国务院安全生产委员会成员单位安全生产工作职责分工》（安委〔2015〕5 号）对安监部门的职责做了进一步明确界定：指导协调全国安全生产工作，协调解决安全生产中的重大问题；承担国家安全生产综合监督管理责任，依法行使综合监督管理职权；承担工矿商贸行业安全生产监督管理责任，依法监督检查工矿商贸生产经营单位贯彻执行安全生产法律法规情况及其安全生产条件和有关设备、材料、劳动防护用品使用的安全生产管理工作；承担中央管理的非煤矿山企业和危险化学品、烟花爆竹生产经营企业安全生产准入管理责任，依法组织并指导监督实施安全生产准入制度；负责危险化学品安全监督管理综合工作和烟花爆竹生产、经营的安全生产监督管理工作；负责安全生产应急管理的综合监管，组织指挥和协调安全生产应急救援工作。

## 十四　具有行政管理或公共服务职能的部门消防安全职责

　　**第十四条**　具有行政管理或公共服务职能的部门，应当结合本部门职责为消防工作提供支持和保障。

　　（一）发展改革部门应当将消防工作纳入国民经济和社会发展中长期规划。地方发展改革部门应当将公共消防设施建设列入地方固定资产投资计划。

　　（二）科技部门负责将消防科技进步纳入科技发展规划和中央财政科技计划（专项、基金等）并组织实施。组织指导消防安全重大科技攻关、基础研究和应用研究，会同有关部门推动消防科研成果转化应用。将消防知识纳入科普教育内容。

　　（三）工业和信息化部门负责指导督促通信业、通信设施建设以及民用爆炸物品生产、销售的消防安全管理。依据职责负责危险化学品生产、储存的行业规划和布局。将消防产业纳入应急产业同规划、同部署、同发展。

　　（四）司法行政部门负责指导监督监狱系统、司法行政系统强制隔离戒毒场所的消防安全管理。将消防法律法规纳入普法教育内容。

　　（五）财政部门负责按规定对消防资金进行预算管理。

　　（六）商务部门负责指导、督促商贸行业的消防安全管理工作。

（七）房地产管理部门负责指导、督促物业服务企业按照合同约定做好住宅小区共用消防设施的维护管理工作，并指导业主依照有关规定使用住宅专项维修资金对住宅小区共用消防设施进行维修、更新、改造。

（八）电力管理部门依法对电力企业和用户执行电力法律、行政法规的情况进行监督检查，督促企业严格遵守国家消防技术标准，落实企业主体责任。推广采用先进的火灾防范技术设施，引导用户规范用电。

（九）燃气管理部门负责加强城镇燃气安全监督管理工作，督促燃气经营者指导用户安全用气并对燃气设施定期进行安全检查、排除隐患，会同有关部门制定燃气安全事故应急预案，依法查处燃气经营者和燃气用户等各方主体的燃气违法行为。

（十）人防部门负责对人民防空工程的维护管理进行监督检查。

（十一）文物部门负责文物保护单位、世界文化遗产和博物馆的行业消防安全管理。

（十二）体育、宗教事务、粮食等部门负责加强体育类场馆、宗教活动场所、储备粮储存环节等消防安全管理，指导开展消防安全标准化管理。

（十三）银行、证券、保险等金融监管机构负责督促银行业金融机构、证券业机构、保险机构及服务网点、派出机构落实消防安全管理。保险监管机构负责指导保险公司开展火灾公众责任保险业务，鼓励保险机构发挥火灾风险评估管控和火灾事故预防功能。

（十四）农业、水利、交通运输等部门应当将消防水源、消防车通道等公共消防设施纳入相关基础设施建设工程。

（十五）互联网信息、通信管理等部门应当指导网站、移动互联网媒体等开展公益性消防安全宣传。

（十六）气象、水利、地震部门应当及时将重大灾害事故预警信息通报公安消防部门。

（十七）负责公共消防设施维护管理的单位应当保持消防供水、消防通信、消防车通道等公共消防设施的完好有效。

【条文主旨】本条规定了具有行政管理或公共服务职能部门的消防工作职责，这是首次逐一明确相关部门的消防工作具体职责。

【条文解读】做好消防工作是有关部门履行行政管理职能、提供公共服务的重要内容。负有行政管理或公共服务职能的有关部门，应在各自职责范围内强化对消防工作的支持和保障，进一步加强公共消防基础设施建设，优化惠及全民的消防安全保障等公共资源配置，创新社会消防管理服务方式，为群众提供更加便捷高效的消防安全服务。

**（一）发展改革部门应当将消防工作纳入国民经济和社会发展中长期规划。地方发展改革部门应当将公共消防设施建设列入地方固定资产投资计划。**

1. 将消防工作纳入国民经济和社会发展中长期规划。

国民经济和社会发展中长期规划是指国家对国民经济和社会发展所做出的预测及政策目标，以及为实现这些政策目标需采取的相互协调的政策措施，是国家宏观调控手段之一。中长期规划是政府履行经济调节、市场监管、社会管理和公共服务职责的重要依据，是国民经济和社会发展在时间和空间上的安排与部署。消防工作作为国民经济和社会发展的重要组成部分，直接关系到国家及人民生命财产安全和社会稳定，应将其纳入国民经济和社会发展中长期规划，明确一个阶段内消防工作应达到的目标和为此采取的措施。

《中华人民共和国消防法》第三条规定，各级人民政府应当将消防工作纳入国民经济和社会发展计划。《国务院办公厅关于印发国家发展和改革委员会主要职责内设机构和人员编制规定的通知》（国办发〔2003〕27号）明确国家发展改革委的主要职责为：拟订并组织实施国民经济和社会发展战略、中长期规划和年度计划；做好社会事业以及国防建设与国民经济发展的衔接平衡，提出经济与社会协调发展、相互促进的政策，协调社会事业发展的重大问题。

近年来，地方各级人民政府对消防工作高度重视，及时将其纳入国民经济和社会发展规划体系，定期制定实施消防事业发展规划和年度计划，确保了消防事业持续快速发展。

在实践工作基础上，综合相关法律法规和规范性文件要求，《实施办法》规定发展改革部门应将消防工作纳入国民经济和社会发展中长期规划，保障消防工作与经济社会发展相适应。

2. 将公共消防设施建设列入地方固定资产投资计划。

党的十九大报告指出，深化供给侧结构性改革，优化存量资源配置，扩大优质增量供给，实现供需动态平衡。当前我国作为发展中大国，投资潜力很大，补短板、调结构、惠民生，仍然需要继续扩大有效投资。特别是随着经济发展进入新常态，新的增长点、增长极、增长带不断涌现，正在形成大量新的固定资产投资领域和投资需求。

根据《国务院办公厅关于印发国家发展和改革委员会主要职责内设机构和人员编制规定的通知》（国办发〔2003〕27号），国家发展改革委作为提出全社会固定资产投资总规模、规划重大项目和生产力布局的职能部门，承担着监测分析全社会固定资产投资状况、研究提出固定资产投资的总规模和结构以及资金来源、提出全社会固定资产投资调控政策的职责，应督促指导地方发展改革部门将公共消防设施建设列入地方固定资产投资计划、监督检查投资计划执行情况，推动各地加强公共消防基础设施建设，增加消防公共产品和公共服务供给。

《公安部、建设部、国家计委、财政部关于印发〈城市消防规划建设管理规定〉的通知》（〔89〕公（消）字70号）第二十九条明确，消防站、消防给水、消防车通道、消防通讯的基本建设和消防部队的装备，属于固定资产投资范围之内的，由地方审批后，其经费应列入地方固定资产投资计划。

（二）科技部门负责将消防科技进步纳入科技发展规划和中央财政科技计划（专项、基金等）并组织实施。组织指导消防安全重大科技攻关、基础研究和应用研究，会同有关部门推动消防科研成果转化应用。将消防知识纳入科普教育内容。

1. 将消防科技进步纳入科技发展规划和中央财政科技计划（专项、基金等）并组织实施。

将消防科技进步纳入科技发展规划有助于指导科研部门、创新企业围绕消防现实需求，在一定周期内开展系统性的科技研发工作，以解决制约消防事业发展的共性、关键性技术难题，推动消防行业整体技术水平的进步和发展。消防科学技术研究大多属于公益性研究范畴，在中央财政科技计划（专项、基金等）中加大对消防科研的投入，能有效解决相关基础研究、前沿技术研究和重大共性关键技术研究面临的经费难题，并有利于引导企业和全社会的科技投入。

《中华人民共和国科学技术进步法》第十条规定，制定科学技术发展规划，保障科学技术进步与经济建设和社会发展相协调。第十二条规定，国家建立科学技术进步工作协调机制，协调国家科学技术基金和国家科学技术计划项目的设立及相互衔接等重大事项。《国务院办公厅关于印发科学技术部职能配置内设机构和人员编制规定的通知》（国办发〔1998〕89 号）明确了科技部在编制实施科技发展规划、科技计划等方面的具体职责：组织编制全国民用科学技术发展的中长期规划和年度计划；负责重大基础性研究计划、高技术研究发展计划、科技攻关计划、科技创新工程和社会发展科技计划的制定与组织实施；负责火炬计划、星火计划、成果推广计划等科技开发计划指南的制定并指导实施。《国务院安全生产委员会成员单位安全生产工作职责分工》（安委〔2015〕5号）也明确科技部的职责为：将安全生产科技进步纳入科技发展规划和中央财政科技计划（专项、基金等）并组织实施。

据此，《实施办法》规定科技部门应将消防科技进步纳入科技发展规划和中央财政科技计划（专项、基金等）并统一组织实施。科技部印发的《"十三五"公共安全科技创新专项规划》对"十三五"期间消防科技发展规划作出了具体部署，国家重点研发计划分别在2016年和2017年对消防领域研究予以立项支持。

2. 组织指导消防安全重大科技攻关、基础研究和应用研究，会同有关部门推动消防科研成果转化应用。

党的十九大指出，要瞄准世界科技前沿，强化基础研究，实现前瞻性基础研究、引领性原创成果重大突破；加强应用基础研究，拓展实施国家重大科技项目，突出关键共性技术、前沿引领技术、现代工程技术、颠覆性技术创新。

开展消防安全重大科技攻关、基础研究和应用研究工作，推动消防科研成果转化应用，是提升消防科技水平的重要保障，是增强全社会消防安全能力的有力支撑。相关法律法规和规范性文件，也对此作出了明确规定。《中华人民共和国科学技术进步法》第十六条规定，国家设立自然科学基金，资助基础研究和科学前沿探索。第十九条规定，国家超前部署和发展基础研究、前沿技术研究和社会公益性技术研究，支持基础研究、前沿技术研究和社会公益性技术研究持续、稳定发展。第二十七条规定，国家培育和发展技术市场，鼓励创办从事技术评估、技术经纪等活动的中介服务机构，引导建立社会化、专业化和网络化的技术交易服务体系，推动科学技术成果的推广和应用。《中华人民共和国促进科技成果转化法》第八条规定，国务院科学技术行政部门、经济综合管理部门和其他有关行政部门依照国务院规定的职责，管理、指导和协调科技成果转化工作。《国务院办公厅关于印发科学技术部职能配置内设机构和人员编制规定的通知》（国办发〔1998〕89号）明确科技部的主要职责包括负责重大基础性研究计划的制定与组织实施，组织实施国家重大科技攻关计划和科技创新工程，研究制订加强基础性研究和高新技术发展的政策措施，强化高新技术产业化及应用技术的开发与推广，指导科技成果转化，负责成果推广计划等科技开发计划指南的制定并指导实施，创造有利于科技成果转化的环境。《国务院安全生产委员会成员单位安全生产工作职责分工》（安委〔2015〕5号）明确科技部的职责为：负责安全生产重大科技攻关、基础研究和应用研究的组织指导工作，会同有关部门推动安全生产科研成果的转化应用。

据此，《实施办法》规定科技部门应组织指导消防安全重大科技攻关、基础研究和应用研究，推动消防科研成果转化应用，有效提升消防安全科技水平和保障能力，切实保护人民群众的人身财产安全，保护单位的经济效益和发展成果，维护公共安全。

3. 将消防知识纳入科普教育。

《中华人民共和国科学技术进步法》第五条规定，国家发展科学技术普及事业，普及科学技术知识，提高全体公民的科学文化素质。《国务院办公厅关于印发科学技术部职能配置内设机构和人员编制规定的通知》（国办发〔1998〕89号）明确科技部的主要职责为推动科普工作发展。

近年来，各地公安机关联合科技部门积极将消防科学知识纳入科普工作，取得了明显成效。

据此，《实施办法》规定，科技部门应将消防知识纳入科普教育的重要内容，积极推进相关工作。

**（三）工业和信息化部门负责指导督促通信业、通信设施建设以及民用爆炸物品生产、销售的消防安全管理。依据职责负责危险化学品生产、储存的行业规划和布局。将消防产业纳入应急产业同规划、同部署、同发展。**

1. 指导督促通信业、通信设施建设以及民用爆炸物品生产、销售的消防安全管理。

《国务院办公厅关于印发工业和信息化部主要职责内设机构和人员编制规定的通知》（国办发〔2008〕72号）明确工业和信息化部的主要职责为：指导工业、通信业加强安全生产管理，指导重点行业排查治理隐患，参与重特大安全生产事故的调查、处理；负责民爆器材的行业及生产、流通安全的监督管理。《国务院安全生产委员会成员单位安全生产工作职责分工》（安委〔2015〕5号）明确工业和信息化部的职责为：负责通信业及通信设施建设和民用飞机、民用船舶制造业安全生产监督管理及民用船舶建造质量安全监管，负责民用爆炸物品生产、销售的安全监督管理，按照职责分工组织查处非法生产、销售（含储存）民用爆炸物品的行为。

据此，《实施办法》规定工业和信息化部门应负责指导督促相关行业领域消防安全管理。

2. 依据职责负责危险化学品生产、储存的行业规划和布局。

《危险化学品安全管理条例》（国务院令第 344 号）第十一条规定，国务院工信部门以及国务院其他有关部门依据各自职责，负责危险化学品生产、储存的行业规划和布局。

《国务院安全生产委员会成员单位安全生产工作职责分工》（安委〔2015〕5 号）明确工业和信息化部按照职责分工，依法负责危险化学品生产、储存的行业规划和布局。

3. 将消防产业纳入应急产业同规划、同部署、同发展。

《国务院办公厅关于印发工业和信息化部主要职责内设机构和人员编制规定的通知》（国办发〔2008〕72 号）明确工业和信息化部的主要职责为：制定并组织实施工业、通信业的行业规划、计划和产业政策，提出优化产业布局、结构的政策建议，起草相关法律法规草案，制定规章，拟订行业技术规范和标准并组织实施，指导行业质量管理工作。《国务院安全生产委员会成员单位安全生产工作职责分工》（安委〔2015〕5 号）明确，工业和信息化部会同有关部门推动安全产业、应急产业发展。

《实施办法》规定，工业和信息化部门应将消防产业作为应急产业的组成部分，予以同步规划、同步部署、同步发展。

**（四）司法行政部门负责指导监督监狱系统、司法行政系统强制隔离戒毒场所的消防安全管理。将消防法律法规纳入普法教育内容。**

1. 负责指导监督监狱系统、司法行政系统强制隔离戒毒场所的消防安全管理。

《中华人民共和国监狱法》第十条规定，国务院司法行政部门主管全国的监狱工作。《司法行政机关强制隔离戒毒工作规定》（司法部令第 127 号）第六条规定，设置司法行政机关强制隔离戒毒所，应当符合司法部的规划，经省、自治区、直辖市司法厅（局）审核，由省级人民政府批准，并报司法部备案。《国务院办公厅关于印发司法部主要职责内设机构和人员编制规定的通知》（国办发〔2008〕64 号）明确司法部的主要职责为：负责全国监狱管理工作并承担相应责任，负责全国监狱的设置、布局和规划工作，指导、监督司法行政系统戒毒场所的管理工作，负责劳动教养场所和司法行政系统强制隔离戒毒场所、戒毒康复场所的设置、布局、规划工作。《国务院安全生产委员会成员单位安全生产工作职责分工》（安委〔2015〕5 号）明确司法部的职责为：负责全国监狱安全管理工作，指导、监督司法行政系统戒毒场所安全管理工作。

根据上述法律法规和规范性文件，《实施办法》规定司法行政部门作为监狱和司法行政系统强制隔离戒毒场所的主管部门，应贯彻执行消防法律法规和标准，将消防安全要求纳入监狱和司法行政系统强制隔离戒毒场所的设置、布局、规划、建设一并落实，并将消防工作作为监狱和司法行政系统强制隔离戒毒场所的日常管理工作，落实消防安全责任制，消除火灾隐患，确保消防安全。

2. 将消防法律法规纳入普法教育内容。

《国务院办公厅关于印发司法部主要职责内设机构和人员编制规定的通知》（国办发〔2008〕64 号）明确司法部的主要职责为：拟订全民普及法律常识规划并组织实施，指导各地方、各行业法制宣传、依法治理工作和对外法制宣传。《国务

院安全生产委员会成员单位安全生产工作职责分工》（安委
〔2015〕5 号）明确司法部的职责为：将安全生产法律法规纳
入公民普法的重要内容，会同有关部门广泛宣传普及安全生产
法律法规知识。

全民普法和法治宣传教育是推动全社会树立法治意识、坚
持全面依法治国的重要基础性工作。消防法律法规作为依法治
火的重要基础和制度保障，是全社会开展消防工作的基本
遵循。

据此，《实施办法》规定司法行政部门应将消防法律法规
纳入普法教育内容，以提升全社会的消防法治意识，使尊法、
信法、守法、用法、护法成为全民共同追求和自觉行动。

**（五）财政部门负责按规定对消防资金进行预算管理。**

《国务院办公厅关于印发财政部主要职责内设机构和人员
编制规定的通知》（国办发〔2008〕65 号）明确财政部的主
要职责为：改革完善预算管理，充分发挥各部门在预算编制中
的作用，完善支出标准，细化部门预算，提高预算管理的科学
化和透明度。《国务院安全生产委员会成员单位安全生产工作
职责分工》（安委〔2015〕5 号）明确财政部的职责为：健全
安全生产投入保障机制，指导地方健全安全生产监管执法经费
保障机制，将安全生产监管执法经费纳入同级财政保障范围。
《地方消防经费管理办法》（财防〔2016〕336 号）第三条规
定，地方各级财政应当将同级武警消防部队作为部门预算单
位，并将地方消防经费纳入同级预算予以保障。

据此，《实施办法》规定财政部门应按照《中华人民共和
国预算法》《地方消防经费管理办法》等法律法规和规范性文

件的规定，将消防资金纳入预算管理，足额予以保障。

财政部门在实施消防资金预算管理时，应坚持下列原则：一是强化消防工作事权属于地方、支出责任由地方财政承担的政策观念。二是加大经费投入，将公安消防部门履行职能任务相关经费纳入地方财政预算保障。三是加强建设项目规划论证，保证专款专用。四是加强预算绩效管理，建立健全地方消防经费项目支出绩效评价指标体系。

**（六）商务部门负责指导、督促商贸行业的消防安全管理工作。**

《国务院安全生产委员会成员单位安全生产工作职责分工》（安委〔2015〕5号）明确商务部的职责为：配合有关部门做好商贸服务业（含餐饮业、住宿业）安全生产监督管理工作，按有关规定对拍卖、典当、租赁、汽车流通、旧货流通行业等和成品油流通进行监督管理。根据商务部政务公开内容，其主要职责为：负责推进流通产业结构调整，指导流通企业改革、商贸服务业和社区商业发展，提出促进商贸中小企业发展的政策建议，推动流通标准化和连锁经营、商业特许经营、物流配送、电子商务等现代流通方式的发展；拟订国内贸易发展规划，促进城乡市场发展，研究提出引导国内外资金投向市场体系建设的政策，指导大宗产品批发市场规划和城市商业网点规划、商业体系建设工作，推进农村市场体系建设，组织实施农村现代流通网络工程。

商务部门在督促指导商贸行业消防安全管理工作过程中，有五个方面具体内容：一是在牵头建设、完善国内贸易市场监管体系，牵头整顿和规范市场经济秩序的相关工作中，对影响市场经济秩序的消防安全问题及时进行整治。二是在指导城市商业网点规划、商业体系建设和社区商业发展，规范大型商业项目和商业集聚区发展，推进各类商品市场建设过程中，及时督促有关市场主体落实消防安全责任。三是在牵头建设、完善国内贸易市场组织体系，促进市场主体发展，负责流通领域安全生产管理工作中，及时督促流通领域做好消防安全管理工作。四是在负责重要生产资料市场运行，组织协调解决商品市场运行重大问题，负责重要商品流通管理及行业协调，按职责分工对石油成品油、酒类、茧丝绸流通进行管理并牵头综合工作中，及时督促相关市场主体严格落实消防法律法规，将消防安全作为市场运行的重要保障。五是在负责会展业促进与管理，承担商贸服务业（含餐饮业、住宿业）的行业管理工作中，将消防安全纳入安全监管范畴，督促会展业有关单位落实消防安全责任。

**（七）房地产管理部门负责指导、督促物业服务企业按照合同约定做好住宅小区共用消防设施的维护管理工作，并指导业主依照有关规定使用住宅专项维修资金对住宅小区共用消防设施进行维修、更新、改造。**

1. 指导、督促物业服务企业按照合同约定做好住宅小区共用消防设施的维护管理工作。

《中华人民共和国消防法》第十八条规定，住宅区的物业服务企业应当对管理区域内的共用消防设施进行维护管理，提供消防安全防范服务。《物业管理条例》第五条规定，国务院建设行政主管部门负责全国物业管理活动的监督管理工作，县级以上地方人民政府房地产行政主管部门负责本行政区域内物业管理活动的监督管理工作。第三十五条规定，物业服务企业应当按照物业服务合同的约定，提供相应的服务。

考虑到住宅小区共用消防设施事关住宅小区消防安全，事关业主切身利益，房地产管理部门作为物业服务企业的主管部门，应加强对物业服务企业的管理，指导督促物业服务企业提升消防服务水平，按约定做好共用消防设施的维护管理，保障消防设施完好有效、消防车通道畅通。

2. 指导业主依照有关规定使用住宅专项维修资金对住宅小区共用消防设施进行维修、更新、改造。

《物业管理条例》第五十三条规定，住宅物业、住宅小区内的非住宅物业或者与单幢住宅楼结构相连的非住宅物业的业主，应当按照国家有关规定交纳专项维修资金；专项维修资金属于业主所有，专项用于物业保修期满后物业共用部位、共用设施设备的维修和更新、改造，不得挪作他用。《住宅专项维修资金管理办法》（建设部令第 165 号）第五条规定，国务院建设主管部门会同国务院财政部门负责全国住宅专项维修资金的指导和监督工作，县级以上地方人民政府建设（房地产）主管部门会同同级财政部门负责本行政区域内住宅专项维修资金的指导和监督工作。第二十四条规定，发生危及房屋安全等紧急情况，需要立即对住宅共用部位、共用设施设备进行维修和更新、改造的，按照规定列支住宅专项维修资金；对未按规定实施维修和更新、改造的，直辖市、市、县人民政府建设（房地产）主管部门可以组织代修，维修费用从相关业主住宅专项维修资金分户账中列支。

依据上述法规规章和规范性文件，对住宅共用消防设施存在的重大火灾隐患，房地产管理部门应依法指导、督促业主及时启用专项维修资金进行整改。对业主不及时履行主体责任，未按规定对住宅共用消防设施存在的重大火灾隐患进行整改的，房地产管理部门应依法组织代修，费用从专项维修资金中列支，及时消除火灾隐患，确保公共消防安全。

**（八）电力管理部门依法对电力企业和用户执行电力法律、行政法规的情况进行监督检查，督促企业严格遵守国家消防技术标准，落实企业主体责任。推广采用先进的火灾防范技术设施，引导用户规范用电。**

1. 依法对电力企业和用户执行电力法律、行政法规的情况进行监督检查，督促企业严格遵守国家消防技术标准，落实企业主体责任。

《中华人民共和国电力法》第六条规定，国务院电力管理部门负责全国电力事业的监督管理，国务院有关部门在各自的职责范围内负责电力事业的监督管理；县级以上地方人民政府经济综合主管部门是本行政区域内的电力管理部门，负责电力事业的监督管理；县级以上地方人民政府有关部门在各自的职责范围内负责电力事业的监督管理。第五十六条规定，电力管理部门依法对电力企业和用户执行电力法律、行政法规的情况进行监督检查。《国务院办公厅关于印发国家能源局主要职责内设机构和人员编制规定的通知》（国办发〔2013〕51号）明确国家能源局主要职责为监管电力市场运行，规范电力市场秩序，负责电力行政执法；负责电力安全生产监督管理、可靠性管理和电力应急工作，制定除核安全外的电力运行安全、电力建设工程施工安全、工程质量安全监督管理办法并组织监督实施。

根据上述法律法规和规范性文件，《实施办法》明确电力管理部门应依法对电力企业和用户执行电力法律、行政法规的情况进行监督检查，督促指导相关主体严格遵守国家消防法律法规和消防技术标准，落实法定消防安全职责。特别是针对用户端电气火灾多发的现状，应加强对用户的培训指导，提高安全用电意识，掌握安全用电技能，确保入楼入户后的电气消防安全。

2. 推广采用先进的火灾防范技术设施，引导用户规范用电。

《中华人民共和国电力法》第三十四条规定，供电企业和用户应当遵守国家有关规定，采取有效措施，做好安全用电。《国务院办公厅关于印发国家能源局主要职责内设机构和人员编制规定的通知》（国办发〔2013〕51号）明确国家能源局负责组织协调相关重大示范工程和推广应用新产品、新技术、新设备。

长期以来，我国电气火灾一直呈多发、高发态势，给国家和人民群众生命财产安全造成严重损失。据统计，2011年至2016年，六年间我国共发生电气火灾52.4万起，造成3261人死亡、2063人受伤，直接经济损失92亿元，均占全国火灾总量及伤亡损失的30%以上。其中重特大火灾中有17起为电气火灾，占到总数的70%。

推广采用先进的电气火灾防控技术设施，引导用户规范用电，对预防和减少火灾事故的发生具有十分重要的现实意义。为有效遏制电气火灾高发势头，确保人民群众生命财产安全，

2017 年 4 月起，国务院安委会决定在全国范围内组织开展为期三年的电气火灾综合治理工作，全面排查整治电器产品生产质量、建设工程电气设计施工、电器产品及其线路使用管理等方面存在的隐患和问题，严厉打击违法生产、销售假冒伪劣电器产品行为，排查整治社会单位电气使用维护违章违规行为，推广应用先进的电气火灾监控技术。

据此，《实施办法》规定电力管理部门应积极推广应用先进的火灾防范技术设施，引导用户规范用电，进一步提升电气火灾技术防范水平，确保供配电系统的本质安全。

**（九）燃气管理部门负责加强城镇燃气安全监督管理工作，督促燃气经营者指导用户安全用气并对燃气设施定期进行安全检查、排除隐患，会同有关部门制定燃气安全事故应急预案，依法查处燃气经营者和燃气用户等各方主体的燃气违法行为。**

《城镇燃气管理条例》第五条规定，国务院建设主管部门负责全国的燃气管理工作，县级以上地方人民政府燃气管理部门负责本行政区域内的燃气管理工作。第三十九条规定，燃气管理部门应当会同有关部门制定燃气安全事故应急预案，建立燃气事故统计分析制度，定期通报事故处理结果。第四十一条规定，燃气管理部门以及其他有关部门和单位应当根据各自职责，对燃气经营、燃气使用的安全状况等进行监督检查，发现燃气安全事故隐患的，应当通知燃气经营者、燃气用户及时采取措施消除隐患；不及时消除隐患可能严重威胁公共安全的，燃气管理部门以及其他有关部门和单位应当依法采取措施，及时组织消除隐患，有关单位和个人应当予以配合。《国务院办公厅关于印发住房和城乡建设部主要职责内设机构和人员编制规定的通知》（国办发〔2008〕74号）明确住房和城乡建设部的主要职责包括指导城市燃气等工作。《国务院安全生产委员会成员单位安全生产工作职责分工》（安委〔2015〕5号）明确住房城乡建设部的主要职责为：指导城市市政公用设施建设、安全和应急管理，指导城市燃气等安全监督管理。

　　根据上述法律法规和规范性文件，《实施办法》规定燃气管理部门负责加强城镇燃气安全监督管理，督促做好安全用气和燃气设施定期安全检查、排除隐患，会同有关部门制定燃气安全事故应急预案，依法查处燃气违法行为。

　　**（十）人防部门负责对人民防空工程的维护管理进行监督检查。**

　　人民防空工程是指为保障战时人员与物资掩蔽、人民防空指挥、医疗救护而单独修建的地下防护建筑，以及结合地面建筑修建的战时可用于防空的地下室。

　　当前，人民防空工程既考虑到战时防空的需要，又考虑到平时经济建设、城市发展和人民生活的需要，具有平战双重功能。很多人民防空工程平时向公众开放，特别是依托民用建筑地下室设置的人民防空工程，大多用于地下停车场和商场、市场等人员密集场所，如果维护管理不到位，极易滋生火灾隐患，给人民防空工程和国家、群众生命财产安全带来巨大风险。

　　《中华人民共和国人民防空法》第二十五条规定，人民防空主管部门对人民防空工程的维护管理进行监督检查，公用的人民防空工程的维护管理由人民防空主管部门负责。

依据上述法律和规范性文件,《实施办法》规定人防部门作为人民防空工程的主管部门,应依法履行管理和监督职责,在本部门职责范围内依法做好消防工作,确保人民防空工程消防安全。

**(十一) 文物部门负责文物保护单位、世界文化遗产和博物馆的行业消防安全管理。**

《中华人民共和国文物保护法》第八条规定,国务院文物行政部门主管全国文物保护工作。地方各级人民政府负责本行政区域内的文物保护工作。县级以上地方人民政府承担文物保护工作的部门对本行政区域内的文物保护实施监督管理。《博物馆条例》(国务院令第 659 号)第七条规定,国家文物主管部门负责全国博物馆监督管理工作,县级以上地方人民政府文物主管部门负责本行政区域的博物馆监督管理工作。《世界文化遗产保护管理办法》(文化部令第 41 号)第四条规定,国家文物局主管全国世界文化遗产工作;县级以上地方人民政府及其文物主管部门负责本行政区域内的世界文化遗产工作。第十三条规定,发现世界文化遗产存在安全隐患的,保护机构应当采取控制措施,并及时向县级以上地方人民政府和省级文物主管部门报告。第十七条规定,发生或可能发生危及世界文化遗产安全的突发事件时,保护机构应当立即采取必要的控制措施,并同时向县级以上地方人民政府和省级文物主管部门报告;省级文物主管部门接到有关报告后,应当区别情况决定处理办法并负责实施。《国务院办公厅关于印发国家文物局主要职责内设机构和人员编制规定的通知》(国办发〔2009〕24 号)明确国家文物局的主要职责为:协调和指导文物保护工作，指导全国文物和博物馆的业务工作，负责世界文化遗产保护和管理的监督工作。

文物保护单位和世界文化遗产是人类罕见的、无法替代的财富，具有稀缺性、珍贵性、脆弱性、不可再生性。博物馆作为征集、典藏、陈列和研究代表自然和人类文化遗产的实物的场所，保存了大量具有科学性、历史性或者艺术价值的物品。

近年来，我国文物保护单位火灾时有发生。2010 年至今，全国发生文物保护单位火灾 2007 起、死亡 7 人、直接财产损失 9200 余万元。2014 年 1 月 11 日，云南省迪庆藏族自治州香格里拉市独克宗古城发生火灾，烧毁房屋 242 幢；1 月 25 日，贵州省黔东南州镇远县报京大寨发生火灾，烧毁房屋 148 幢。此外，山西晋中圆智寺、河南信阳鸡公山近代建筑、浙江宁波天主教堂等文物保护单位发生的火灾，损失较为严重。

这些火灾事故暴露出文物保护单位、世界文化遗产、博物馆在消防安全管理方面的薄弱和不足：一是建筑消防安全先天不足。据统计，全国共有 123 座历史文化名城、252 个名镇、276 个名村、8630 家文物保护单位、3744 个古村寨。这些建筑多为木质结构，耐火等级低，密度大，无防火分隔，很多地处偏远、交通不便。二是消防基础设施普遍短缺。有的缺乏消防水源，未建设消防供水系统，或者已建设消防供水系统的因维护保养不到位，不能满足消防需要；绝大部分建筑未设置电气火灾防控措施；一些未配置消防器材，已配置消防器材的完好率偏低；通道狭窄，不能满足消防车通行。三是使用人消防安全意识淡薄，人员脱岗、管理缺位，安全责任不落实、制度不执行，对违规用火用电和吸烟等行为的监管不力，消防警示

教育与宣传不到位。四是火灾隐患较为突出，有的违规烧大
香、高香，或者使用明火取暖炊事，燃煤、杂物等易燃可燃物
随处堆放，缺少防火措施；有的未按规范敷设电气线路，私拉
乱接严重，线路老化和无绝缘防护，超负荷使用大功率电器，
电取暖器上覆盖可燃物和景观灯具附近堆放可燃物；有的建筑
周边用电、用火的隐患点较多，火灾风险大，一旦发生火灾易
火烧连营；有的建筑维护施工现场缺乏有效管理，消防安全防
范措施不足。

为深刻吸取近年来火灾事故教训，督促指导文物保护单
位、世界文化遗产、博物馆进一步加强消防安全管理工作，提
高自身防范能力，严防火灾事故发生，《实施办法》依据有关
法律法规和规范性文件，规定文物部门作为文物保护单位、世
界文化遗产和博物馆的行业管理部门，应履行行业消防安全管
理职责，督促文物保护单位、世界文化遗产和博物馆落实消防
安全责任，加强内部消防安全管理，防范火灾事故发生，以全
面有效保护好文物、世界文化遗产以及其他珍贵物品，确保其
真实性和完整性，并使之留传后世。

近年来，各级文物部门认真落实消防工作职责，通过大力
推进文物平安工程，使包括长城、大运河、中央红军出发地、
汉唐帝陵、布达拉宫、莫高窟等在内的一大批具有较高安全风
险的国家文物保护单位安全防护技术条件得到了有效增强。
2017 年，中央财政共支持 922 个全国重点文物保护单位建设
完善了安防消防设施，资金投入近 20 亿元，与去年相比增加
了 200%。其中安防项目 361 个，资金 7.3 亿元；消防项目
378 个，资金 10 亿元；防雷项目 183 个，资金 2.2 亿元。

（十二）体育、宗教事务、粮食等部门负责加强体育类场馆、宗教活动场所、储备粮储存环节等消防安全管理，指导开展消防安全标准化管理。

1. 关于体育部门职责。

《公共文化体育设施条例》第七条规定，国务院文化行政主管部门、体育行政主管部门依据国务院规定的职责负责全国的公共文化体育设施的监督管理；县级以上地方人民政府文化行政主管部门、体育行政主管部门依据本级人民政府规定的职责，负责本行政区域内的公共文化体育设施的监督管理。第二十五条规定，公共文化体育设施管理单位应当建立、健全安全管理制度，依法配备安全保护设施、人员，保证公共文化体育设施的完好，确保公众安全。《国务院办公厅关于印发国家体育总局主要职责内设机构和人员编制规定的通知》（国办发〔2009〕23号）明确体育总局的主要职责包括指导公共体育设施的建设、负责对公共体育设施的监督管理。国家体育总局印发的《体育场馆运营管理办法》第四条规定，县级以上各级体育主管部门负责本级体育场馆运营的监督和管理，上级体育主管部门负责对下级体育主管部门体育场馆运营监督管理工作开展指导和检查。第十八条规定，体育场馆运营单位应当保证场馆及设施符合消防、卫生、安全、环保等要求，配备安全保护设施和人员，在醒目位置标明设施的使用方法和注意事项，确保场馆设施安全正常使用；体育场馆运营单位应当完善安全管理制度，健全应急救护措施和突发公共事件预防预警及应急处置预案，定期开展安全检查、培训和演习。

根据上述法规和规范性文件，《实施办法》规定体育部门作为体育场馆等体育设施的监督管理部门，应依法履行职责，加强体育场馆的消防安全管理，督促体育场馆运营单位落实消防安全责任。

2. 关于宗教事务部门职责。

《宗教事务条例》第六条规定，县级以上人民政府宗教事务部门依法对涉及国家利益和社会公共利益的宗教事务进行行政管理。第二十六条规定，宗教活动场所应当加强内部管理，依照有关法律、法规、规章的规定，建立健全人员、财务、资产、会计、治安、消防、文物保护、卫生防疫等管理制度。第二十七条规定，宗教事务部门应当对宗教活动场所遵守法律、法规、规章情况，建立和执行场所管理制度情况，登记项目变更情况，以及宗教活动和涉外活动情况进行监督检查，宗教活动场所应当接受宗教事务部门的监督检查。《宗教活动场所设立审批和登记办法》（国家宗教事务局令第2号）第三条规定，县级政府宗教事务部门是筹备设立宗教活动场所申请的受理机关。第九条规定，宗教活动场所完成筹备后，由该场所管理组织负责向所在地县级人民政府宗教事务部门申请登记；申请登记宗教活动场所，应填写《宗教活动场所登记申请表》，同时提交下列材料：场所房屋等建筑物的有关证明（属新建的，应当提供规划、建筑、消防等部门的验收合格证明；属改扩建的，应当提供房屋所有权或者使用权证明和消防安全验收合格证明；属租借的，应当提供消防安全验收合格证明和一年期以上的使用权证明）等。

根据上述法规和规范性文件，宗教事务部门是宗教活动场所的监督管理部门，在宗教活动场所筹备设立、登记过程中，宗教事务部门依法对场所是否具有消防安全验收合格证明进行审查把关，同时依法督促宗教活动场所建立和执行消防管理制度。因此，《实施办法》规定宗教事务部门负责加强宗教活动场所消防安全管理。

3. 关于粮食部门职责。

《中央储备粮管理条例》第五条规定，中央储备粮的管理应当严格制度、严格管理、严格责任，确保中央储备粮数量真实、质量良好和储存安全。第六条规定，国家粮食行政管理部门负责中央储备粮的行政管理，对中央储备粮的数量、质量和储存安全实施监督检查。同时，《中央储备粮管理条例》还明确了国家粮食行政管理部门开展储存安全监督检查的相关职权及有关法律责任。《国务院办公厅关于印发国家粮食局主要职责内设机构和人员编制规定的通知》（国办发〔2009〕27 号）明确国家粮食局的职责为承担粮食仓储管理和安全储存工作，指导粮食行业安全生产工作。

根据上述法规和规范性文件，《实施办法》规定粮食部门应当依法对储备粮的储存消防安全实施监督检查，督促储备粮管理企业落实对储备粮的储存消防安全管理责任。

**（十三）银行、证券、保险等金融监管机构负责督促银行业金融机构、证券业机构、保险机构及服务网点、派出机构落实消防安全管理。保险监管机构负责指导保险公司开展火灾公众责任保险业务，鼓励保险机构发挥火灾风险评估管控和火灾事故预防功能。**

1. 银行、证券、保险等金融监管机构负责督促银行业金融机构、证券业机构、保险机构及服务网点、派出机构落实消防安全管理。

《中华人民共和国银行业监督管理法》《中华人民共和国证券法》《中华人民共和国保险法》明确了国务院银行业监督管理机构、国务院证券监督管理机构、国务院保险监督管理机构及其派出机构对我国银行业、证券业、保险业等行业的监督管理职责。

本项明确了银行、证券、保险等金融监管机构应按照"管行业必须管安全"的要求，督促银行业金融机构、证券业机构、保险机构及服务网点、派出机构落实消防安全管理。

2. 保险监管机构负责指导保险公司开展火灾公众责任保险业务，鼓励保险机构发挥火灾风险评估管控和火灾事故预防功能。

火灾公众责任保险是指在保险期间内，被保险人在保险合同载明的场所内依法从事生产、经营等活动时，因该场所内发生火灾、爆炸造成第三者人身损害，依照法律应由被保险人承担的人身损害经济赔偿责任，保险人按照保险合同约定负责赔偿。发展火灾公众责任保险，就是通过市场化的风险转移机制，用商业手段解决责任赔偿等方面的法律纠纷，使受害企业和群众尽快恢复正常生产生活秩序，对于切实保护公民合法权益，促进社会和谐稳定具有重要的现实意义。

《中华人民共和国消防法》第三十三条规定，鼓励保险公司承保火灾公众责任保险。2006 年，公安部、中国保险监督管理委员会联合印发的《关于积极推进火灾公众责任保险切实加强火灾防范和风险管理工作的通知》（公通字〔2006〕34号），对保险监管机关、公安消防部门和保险公司履职提出了明确要求。

保险监督管理部门：引导保险公司开发适合市场需求的火灾公众责任险和火灾财产险产品，结合保险标的消防安全特点，制定切实有效的防灾防损方案，提高火灾风险管理水平。

公安消防部门和保险监督管理部门：积极推动建立消防与保险的良性互动机制。在火灾风险评估、消防安全检查及防灾防损科研等方面密切合作，建立信息交换制度，制定火灾风险评估标准和消防安全评价体系，及时沟通情况，研究预防对策。

保险公司：依托专门的责任保险经营管理部门，积极发挥保险行业协会和中介机构在火灾风险评估、防灾防损以及理赔定损等方面的作用，加强对防灾防损、核保和理赔定损人员的消防专业知识和技能的培训，结合保险标的消防安全特点制定切实有效的防灾防损方案。承保前，保险公司应根据被保险单位的消防安全状况评估情况和承保条件厘定费率水平，并督促单位完善加强消防安全管理。承保后，保险公司应定期或委托中介组织对保险标的消防安全状况进行检查，及时指出不安全因素和火灾隐患，并提出书面整改建议。对被保险单位未按约定履行消防安全责任的，保险公司应增加保费；对被保险单位加强消防安全管理，明显降低保险标的危险程度的，保险公司应降低相应保费。发生火灾后，保险公司应快速做好勘查、定损、理赔等灾后服务工作，切实保障当事人的合法权益。

**（十四）农业、水利、交通运输等部门应当将消防水源、消防车通道等公共消防设施纳入相关基础设施建设工程。**

我国是一个农业大国，农业人口众多，农村地区消防安全事关广大农民群众的生命财产安全，事关广大农民群众安居乐业和社会稳定。受城乡二元社会结构的影响，我国农村地区消防安全整体薄弱的状况尚未根本改善，特别是缺乏必要的消防投入，防火安全条件差，公共消防设施建设滞后，火灾扑救力量严重不足，火灾隐患多，抗御火灾事故的能力十分薄弱。近几年，农村火灾起数、火灾损失和伤亡人数均占全国火灾的60%以上，一次烧毁几十户甚至几百户的火灾时有发生，许多农民因灾致贫、因灾返贫，严重影响了农业经济发展和农村社会稳定。

为加强农村消防工作，公安部会同中央社会治安综合治理委员会办公室、国家发展与改革委员会、民政部、财政部、住房和城乡建设部、农业部联合下发了《加强社会主义新农村建设消防工作的指导意见》（公通字〔2007〕34号），要求各地将消防安全布局、消防水源、消防通道、消防设施与村容村貌改造、乡村道路、人畜饮水工程、能源建设等农村公共基础设施建设同步实施，改善农村消防安全条件。

本项贯彻《中共中央、国务院关于深入推进农业供给侧结构性改革加快培育农业农村发展新动能的若干意见》（中发〔2017〕1号），重点突出农业、水利、交通运输部门的职能作用，规定其在建设农村公路、人畜饮水、农村电网、农村沼气、信息工程、群众渔港等农村基础设施时，应综合考虑消防安全需要，加强消防水源、消防通道、消防通信、消防装备等农村公共消防设施建设，确保农村公共消防设施与农村基础设施"同步规划、同步建设、同步验收"，不断提升农村地区抗御火灾的综合能力。

**（十五）互联网信息、通信管理等部门应当指导网站、移动互联网媒体等开展公益性消防安全宣传。**

　　网站、微博、微信等新媒体是当前消防安全宣传的重要平台，应承担相应的社会责任，积极开展不以营利为目的的公益性消防安全宣传。互联网信息、通信管理等部门应督促指导新媒体落实社会责任，扩大消防宣传覆盖面，营造全民消防的浓厚氛围。

　　**（十六）气象、水利、地震部门应当及时将重大灾害事故预警信息通报公安消防部门。**

　　《中华人民共和国突发事件应对法》规定，县级以上地方各级人民政府应当建立或者确定本地区统一的突发事件信息系统，汇集、储存、分析、传输有关突发事件的信息，并与上级人民政府及其有关部门、下级人民政府及其有关部门、专业机构和监测网点的突发事件信息系统实现互联互通，加强跨部门、跨地区的信息交流与情报合作。《中华人民共和国气象法》规定，气象主管机构应当及时发布农业气象预报、城市环境气象预报、火险气象等级预报等专业气象预报，组织对重大灾害性天气的跨地区、跨部门的联合监测、预报工作，及时提出气象灾害防御措施，并对重大气象灾害做出评估，为本级人民政府组织防御气象灾害提供决策依据。《中华人民共和国水文条例》规定，水行政主管部门应当无偿向国家机关决策和防灾减灾、国防建设、公共安全、环境保护等公益事业提供需要使用水文监测资料和成果。《中华人民共和国防震减灾法》规定，地震工作主管部门应当根据地震监测信息研究结果，对可能发生地震的地点、时间和震级作出预测，建立健全地震监测信息共享平台，为社会提供服务。

公安消防部门承担了火灾扑救和水旱灾害、气象灾害、地质灾害、地震及其次生灾害等重大灾害事故的应急救援工作。为推进建立信息共享和预警机制，及时通报灾情预警信息，做好各项应急救援准备，《实施办法》规定气象、水利、地震等部门应与公安消防部门建立重大灾害事故预警信息的资源共享机制。

**（十七）负责公共消防设施维护管理的单位应当保持消防供水、消防通信、消防车通道等公共消防设施的完好有效。**

公共消防设施属于城乡市政公用设施，主要是指消防供水管网和市政消火栓、消防水池、消防水鹤等供水设施，消防车通道、消防通信，以及其他灭火救援时需要使用的市政公用设施。供水、通信、交通等公共消防设施的运营、养护单位应当按照《市政公用设施抗灾设防管理规定》（住房和城乡建设部令第 1 号），将公共消防设施的维护管理纳入本职工作，定期对公共消防设施进行维护、检查和更新，确保完好有效。

《城市供水条例》（国务院令第 158 号）《电力供应与使用条例》（国务院令第 196 号）《城市道路管理条例》（国务院令第 198 号）《电信条例》（国务院令第 291 号）等国家行政法规都对城乡市政公用设施运营、养护单位保障消防供水、消防通信、消防车通道等公共消防设施的完好有效作了明确规定。公共消防设施的运营、养护单位应当保存有关公共消防设施的建设和维护、检查、监测、评价、鉴定、修复、加固、更新、拆除等记录，建立信息系统，实行动态管理，并及时将有关资料报城建档案管理机构备案。公共消防设施超出合理使用年限，或者在合理使用年限内，但因环境、人为等各种因素受损的，相应的市政公用设施运营、养护单位应当委托具有资质的单位进行检测评估、修复加固。发生重大、特大火灾事故时，县级以上地方人民政府建设主管部门以及市政公用设施的运营、养护单位应当按照相应的应急预案及时组织应对响应。

# 第四章　单位消防安全职责

　　单位作为社会的基本单元，是消防安全管理的核心主体，只有社会各单位落实消防安全责任，抓好消防安全管理，消防工作才会有坚实的社会基础，火灾危害才能够得到有效控制。目前，社会单位的消防安全主体责任意识仍然不强，普遍存在被动应付消防检查、等靠公安消防部门业务指导等问题。为此，本章根据安全自查、隐患自除、责任自负的原则，强调社会单位应落实消防安全主体责任，并根据火灾危险性，将社会单位区分为一般单位、重点单位和火灾高危单位三大类，分别规定了相应的消防安全职责。同时，对共有产权建筑各方主体、建设工程各方主体、消防技术服务机构及其执业人员、行业组织的消防安全职责进行了明确。

## 十五　机关团体企业事业等单位消防安全共同职责

　　第十五条　机关、团体、企业、事业等单位应当落实消防安全主体责任，履行下列职责：

　　（一）明确各级、各岗位消防安全责任人及其职责，制定本单位的消防安全制度、消防安全操作规程、灭火和应急疏散预案。定期组织开展灭火和应急疏散演练，进行消防工作检查考核，保证各项规章制度落实。

　　（二）保证防火检查巡查、消防设施器材维护保养、建筑消防设施检测、火灾隐患整改、专职或志愿消防队和微型消防站建设等消防工作所需资金的投入。生产经营单位安全费用应当保证适当比例用于消防工作。

　　（三）按照相关标准配备消防设施、器材，设置消防安全标志，定期检验维修，对建筑消防设施每年至少进行一次全面检测，确保完好有效。设有消防控制室的，实行24小时值班制度，每班不少于2人，并持证上岗。

　　（四）保障疏散通道、安全出口、消防车通道畅通，保证防火防烟分区、防火间距符合消防技术标准。人员密集场所的门窗不得设置影响逃生和灭火救援的障碍物。保证建筑构件、建筑材料和室内装修装饰材料等符合消防技术标准。

　　（五）定期开展防火检查、巡查，及时消除火灾隐患。

（六）根据需要建立专职或志愿消防队、微型消防站，加强队伍建设，定期组织训练演练，加强消防装备配备和灭火药剂储备，建立与公安消防队联勤联动机制，提高扑救初起火灾能力。

（七）消防法律、法规、规章以及政策文件规定的其他职责。

**【条文主旨】** 本条规定了机关、团体、企业、事业单位的消防安全共同职责。

**【条文解读】** 根据《中华人民共和国消防法》《机关、团体、企业、事业单位消防安全管理规定》（公安部令第61号）《国务院关于加强和改进消防工作的意见》（国发〔2011〕46号）等法律、规章和规范性文件，《实施办法》结合近年来消防工作实践，对机关、团体、企业、事业等单位的消防安全职责进行了梳理总结、补充完善。

**（一）明确各级、各岗位消防安全责任人及其职责，制定本单位的消防安全制度、消防安全操作规程、灭火和应急疏散预案。定期组织开展灭火和应急疏散演练，进行消防工作检查考核，保证各项规章制度落实。**

1. 明确各级、各岗位消防安全责任人及其职责。

单位应当建立纵向到底、横向到边的全员消防安全责任制，确保消防工作人人有责、各负其责。单位应当根据内部组织构成、岗位设置，逐级、逐岗位确定相应的消防安全责任人，明确各部门的负责人是本部门业务范围内的消防安全责任

人，各岗位工作人员对其所在岗位的消防安全负责，建立内容
全面、要求清晰、操作方便的各级、各岗位消防安全职责规
定。人员调整、岗位变动的，应当及时对消防安全职责内容作
出相应修改，以适应单位消防管理的需要。

2. 制定本单位的消防安全制度、消防安全操作规程、灭
火和应急疏散预案。

单位的消防安全制度、消防安全操作规程、灭火和应急疏
散预案是保证单位日常正常运行，以及发生火灾事故后，及时
开展救援，防止事故扩大，最大限度减少人员伤亡的基本制度
和有效手段，是单位消防安全的重要保障。

（1）消防安全制度。是指单位制定的在生产、经营、管
理等活动中必须遵守的防火灭火、保证消防安全的具体措施和
行为准则。

主要包括：消防安全教育培训制度，防火巡查检查制度，
安全疏散设施管理制度，消防（控制室）值班制度，消防设施、
器材维护管理制度，火灾隐患整改制度，用火用电安全管理制
度，易燃易爆危险物品和场所防火防爆制度，专职、志愿消防
队和微型消防站组织管理制度，灭火和应急疏散预案演练制度，
燃气和电气设备管理制度，消防安全工作考评和奖惩制度等。

（2）消防安全操作规程。是指单位为确保消防安全，防
止发生火灾事故，依据科学规律、机器设备、现场环境、生产
经营、工艺流程等制定的安全操作规则和程序。

主要包括：自动消防系统操作规程，电焊、气焊等具有火
灾危险作业的操作规程，消防设施检查测试操作规程等。操作
规程不仅要指出具体的操作要求和操作方法，而且要指出应当

注意或禁止的事项。

（3）灭火和应急疏散预案。是指单位根据有关法律法规和技术标准，结合本单位消防安全状况和火灾危险性，以及可能发生的火灾事故特点，制定的包括灭火行动、通讯联络、疏散引导和防护救护等内容的工作预案。

预案的基本要素应当齐全完整，相关信息应当准确。具体内容包括：组织灭火和应急疏散的组织机构、人员职责分工，报警和接警处置程序，应急疏散的组织程序和措施，扑救初起火灾的程序和措施，通讯联络、安全防护救护等保障程序和措施等。

规模较大、功能业态复杂、有两个以上业主、使用人或者多个职能部门的公共建筑，应当编制总体预案，各单位或者职能部门应当根据场所、功能分区、岗位实际制定分预案。

3. 定期组织开展灭火和应急疏散演练。

预案只是为实战提供了一个方案，单位要保证在火灾发生时能够及时、协调、有序开展灭火和应急疏散工作，需要通过经常性的全要素演练，提高实战能力和水平。通过定期演练，使单位全员了解、熟悉预案，按照预案确定的组织体系、人员分工，各就各位，各负其责，各尽其职，有序地组织火灾扑救和人员疏散。

根据相关规定，一般单位应当每年至少组织开展一次全要素演练，消防安全重点单位应当每半年至少组织开展一次，火灾高危单位应当每季度至少组织开展一次。规模较大、功能业态复杂、有两个以上业主、使用人或者多个职能部门的公共建筑，应当每季度至少组织开展一次综合演练或者专项灭火、疏散演练。

单位组织开展灭火和应急疏散预案演练，应当坚持"全员参与、全要素演练"，通常按照下列程序实施：一是演练前，应当告知演练范围内的人员，提前组织演练人员学习预案、明确职责分工。二是预设火情启动演练，模拟报警，讲清地址、起火部位、起火物、火势、人员被困情况等，并确定专人在路口、入口引导消防车。三是立即组织单位专职、志愿消防队或微型消防站、在场工作人员开展初起火灾扑救。四是单位疏散引导员利用疏散引导设施和安全防护装备，及时组织人员疏散，到达安全地点，清点人数，模拟急救。五是演练后，组织演练人员进行总结讲评，及时对预案进行完善调整。

4. 进行消防工作检查考核，保证各项规章制度落实。

单位应当建立由主要负责人牵头，相关部门负责人及消防安全管理人组成的检查考核机构，建立完善检查考核奖惩机制，定期组织开展检查，每年实施考核，将各岗位消防工作落实情况与单位其他考评奖惩挂钩。

对在消防工作中成绩突出的部门（班组）和个人，单位应当给予表彰奖励。对未依法履行消防安全职责或者违反单位消防安全制度的行为，应当对责任人给予处分或者其他处理，确保消防安全各项规章制度有效落实。

**（二）保证防火检查巡查、消防设施器材维护保养、建筑消防设施检测、火灾隐患整改、专职或志愿消防队和微型消防站建设等消防工作所需资金的投入。生产经营单位安全费用应当保证适当比例用于消防工作。**

1. 保证消防工作所需资金投入。

单位开展防火检查巡查、消防设施器材维护保养、建筑消防设施检测、火灾隐患整改、专职或志愿消防队和微型消防站建设等消防工作，都需要一定的资金保障。从实践看，很多单位由于消防工作资金投入不足，消防设施设备带病运转、不能完整好用，消防器材损坏、缺失，防灾抗灾能力下降。还有的单位片面追求经济利益，千方百计减少消防工作资金投入，甚至根本不投入，连起码的消防安全条件都不具备，最终导致火灾事故发生。为此，《实施办法》规定单位必须落实消防工作所需资金投入，确保单位具备良好的消防安全条件。同时，对由于消防工作资金投入不足而导致的后果，承担相应的法律责任。

2. 生产经营单位安全费用应当保证适当比例用于消防工作。

《中华人民共和国安全生产法》第二十条规定，生产经营单位应当按照规定提取和使用安全生产费用，专门用于改善安全生产条件；安全生产费用在成本中据实列支。消防工作作为生产经营单位安全生产的重要内容，消防工作所需经费应当纳入安全生产费用列支范围，依法统筹安排，用于防火检查巡查、消防设施器材维护保养、建筑消防设施检测、火灾隐患整改、专职或志愿消防队和微型消防站建设等工作。

**（三）按照相关标准配备消防设施、器材，设置消防安全标志，定期检验维修，对建筑消防设施每年至少进行一次全面检测，确保完好有效。设有消防控制室的，实行 24 小时值班制度，每班不少于 2 人，并持证上岗。**

1. 按照相关标准配备消防设施、器材，设置消防安全标志，定期检验维修，对建筑消防设施每年至少进行一次全面检测，确保完好有效。

（1）按照相关标准配备消防设施、器材，设置消防安全标志。消防设施是指火灾自动报警系统、自动灭火系统、消火栓系统、防烟排烟系统以及应急广播和应急照明、安全疏散设施等。

消防器材是指移动的灭火器材、自救逃生器材，包括灭火器、防烟面罩、缓降器、救生器材以及其他灭火工具等。

消防安全标志是指由安全色、边框，以图像为主要特征的图形、符号或文字构成的标志，用以表达与消防有关的安全信息。可分为火灾报警和手动控制装置的标志、火灾时疏散途径的标志、灭火设备的标志、具有火灾爆炸危险的地方或物质的标志、方向辅助标志、文字辅助标志等。

对于这些消防设施、器材、消防安全标志的配备要求，国家均出台了相应的技术标准进行规范，例如《建设设计防火规范》《建筑灭火器配置设计规范》《消防安全标志》《火灾自动报警系统设计规范》《消防给水及消火栓系统技术规范》《气体灭火系统设计规范》《自动喷水灭火系统设计规范》等，单位应当按照国家相关技术标准配备相应的消防设施、器材和消防安全标志。

（2）定期检验维修，对建筑消防设施每年至少进行一次全面检测，确保完好有效。各单位应当按照建筑消防设施、器材、安全标志检查和维修保养有关规定的要求，对建筑消防设施、器材的完好有效情况进行检验、维修保养，确保消防设施、器材、安全标志能够充分发挥其预防和扑灭火灾、引导疏散逃生的作用。对技术性要求较高的，单位应当按照国家有关规定委托有资质的专业维修企业进行检验、维修。

《中华人民共和国消防法》第十六条规定，单位应当对建筑消防设施每年至少进行一次全面检测，确保完好有效。建筑消防设施的检测是指对各类建筑消防设施的功能进行测试性检查，并且根据检查结果对建筑消防设施存在或可能存在运行故障、缺损、误动作等问题进行修复和养护，使其完好有效。

《建筑消防设施维护管理》（GB 25201—2010）明确，单位应在各类消防系统投入运行后，每一年年底前委托具备相应资质的消防技术服务机构对全部系统设备、组件开展检测，并将年度检测记录报当地公安消防部门备案。在重大节日、重大活动前或者期间，应当根据需要进行检测。

2. 设有消防控制室的，实行 24 小时值班制度，每班不少于 2 人，并持证上岗。

消防控制室是指设有火灾自动报警控制设备和消防控制设备，用于接收、显示、处理火灾报警信号，控制相关消防设施的专门处所，是火灾扑救时的信息、指挥中心，也是建筑物内防火、灭火设施的显示控制中心。

消防控制室实行每日 24 小时专人值班制度，每班不应少于 2 人，确保及时发现并准确处置火灾和故障报警。值班期间，值班人员应当每日检查火灾报警控制器的自检、消音、复位功能以及主备电源切换功能，认真填写值班记录表；确保火灾自动报警系统和灭火系统处于正常工作状态；确保消防储水设施水量充足，确保消防泵出水管阀门、自动喷水灭火系统管道上的阀门常开；确保消防水泵、排烟风机、防火卷帘等消防用电设备的配电柜开关处于自动位置。

值班人员应熟悉值班应急程序，当消防控制室接到火灾报警信号后，立即以最快方式确认；火灾确认后，立即将火灾报警联动控制开关转入自动状态，同时拨打"119"报警；立即启动单位内部应急灭火、疏散预案，并应同时报告单位负责人。

值班人员应通过消防行业特有工种职业技能鉴定，持有初级技能以上等级的职业资格证书。

**（四）保障疏散通道、安全出口、消防车通道畅通，保证防火防烟分区、防火间距符合消防技术标准。人员密集场所的门窗不得设置影响逃生和灭火救援的障碍物。保证建筑构件、建筑材料和室内装修装饰材料等符合消防技术标准。**

1. 保障疏散通道、安全出口、消防车通道畅通。

疏散通道是指建筑物的走道、楼梯、连廊等；安全出口是指供人员安全疏散用的楼梯间、室外楼梯的出入口或者直通室内外安全区域的出口；消防车通道是指消防车在实施灭火救援时能够顺利通过的道路。

疏散通道、安全出口、消防车通道是发生火灾后人员逃生和实施救援的生命通道。近几年一些火灾事故导致群死群伤，就是因为单位严重忽视安全疏散设施的管理，违反消防法律法规，人为锁闭安全出口，堵塞疏散通道和消防车通道等造成的。因此，各单位有责任保障疏散通道、安全出口、消防车通道的畅通。任何单位和个人都不得有占用、堵塞、封闭疏散通道、安全出口、消防车通道等妨碍畅通的行为。

2. 保证防火防烟分区、防火间距符合消防技术标准。

防火分区是指在建筑内部采用防火墙、耐火楼板及其他防火分隔设施分隔而成，能在一定时间内防止火灾向同一建筑内的其他部分蔓延的局部空间。

防烟分区是指在建筑内部屋顶或者顶部、吊顶下采用具有挡烟功能的构配件进行分隔所形成的，具有一定蓄烟功能的空间。

防火间距是指防止着火建筑的辐射热在一定时间内引燃相邻建筑，且便于火灾扑救的间隔距离。

防火防烟分区和防火间距都是火灾中防止火灾蔓延扩大的重要保障。

《建筑设计防火规范》（GB 50016—2014）等消防技术标准对建筑内部防火防烟分区以及不同建筑之间的防火间距均作了明确规定。但从现实情况看，部分单位和个人为了追求经济利益或者装饰效果，擅自扩大防火防烟分区，占用防火间距，导致火灾发生后蔓延扩大。为此，本项规定单位应当保证防火防烟分区、防火间距符合消防技术标准。

3. 人员密集场所的门窗不得设置影响逃生和灭火救援的障碍物。

人员密集场所，是指公众聚集场所，医院的门诊楼、病房楼，学校的教学楼、图书馆、食堂和集体宿舍，养老院，福利院，托儿所，幼儿园，公共图书馆的阅览室，公共展览馆、博物馆的展示厅，劳动密集型企业的生产加工车间和员工集体宿舍，旅游、宗教活动场所等。

这些场所人流量大，人员逃生和灭火救援本身就较为困难，但一些单位无视消防安全，违规在建筑外墙设置广告牌、装饰物、栅栏等障碍物遮挡、封闭门窗，严重影响人员逃生和灭火救援，一旦发生火灾，极易造成群死群伤的严重后果。《中华人民共和国消防法》第二十八条规定，人员密集场所的门窗不得设置影响逃生和灭火救援的障碍物。《实施办法》重申了这一禁止性规定。

4. 保证建筑构件、建筑材料和室内装修装饰材料等符合消防技术标准。

建筑构件是指用于组成建筑物的梁、楼板、柱、墙、楼梯、屋顶承重构件、吊顶等。建筑材料按其使用功能分为建筑装修装饰材料、保温隔声等功能性材料、管道材料等。

这里所说的符合消防技术标准，主要是指建筑构件、建筑材料和室内装修装饰材料的防火性能必须符合消防技术标准。具体来说，应当符合《建筑设计防火规范》（GB 50016—2014）对建筑构件、建筑材料的耐火极限和建筑耐火等级的要求，以及《建筑内部装修设计防火规范》（GB 50222—2001）对各类建筑顶棚、墙面、地面、隔断以及固定家具、窗帘、帷幕、床罩、家具包布、固定饰物等装修、装修材料燃烧性能的要求。

**（五）定期开展防火检查、巡查，及时消除火灾隐患。**

1. 防火检查。

是指单位组织对本单位消防安全状况进行的检查，是单位在消防安全方面进行自我管理、自我约束的一种主要形式。为了减少和避免火灾事故的发生，单位有必要经常对本单位进行全面的防火检查，发现本单位所属部门、岗位、人员违反消防法律、法规、规章、消防安全制度、消防安全操作规程的行为，以及可能造成火灾危害的隐患，并根据实际情况采取有效措施落实整改，保证本单位的消防安全。

机关、团体、事业单位应当至少每季度进行一次防火检查，其他单位应当至少每月进行一次防火检查。防火检查内容包括：火灾隐患的整改情况以及防范措施的落实情况，安全疏散通道、疏散指示标志、应急照明和安全出口情况，消防车通道、消防水源情况，灭火器材配置及有效情况，用火、用电有无违章情况，重点工种人员以及其他员工消防知识的掌握情况，消防安全重点部位的管理情况，易燃易爆危险物品和场所防火防爆措施的落实情况以及其他重要物资的防火安全情况，消防（控制室）值班情况和设施运行、记录情况，防火巡查情况，消防安全标志的设置和完好、有效情况等。防火检查应当填写检查记录，检查人员和被检查部门负责人应当在检查记录上签名。

2. 防火巡查。

是指单位消防安全的值班、保卫人员根据单位的实际情况所开展的，按照一定的频次和路线，对员工遵守消防安全制度、安全操作规程以及消防安全重点部位、场所、防火重点岗位、工序的火灾防范措施落实等情况进行的巡视检查，以便及时发现火灾隐患和火灾苗头，扑救初期火灾。

单位应当定期开展防火巡查。消防安全重点单位防火巡查应当至少每日一次。公众聚集场所在营业期间的防火巡查应当至少每两小时一次，营业结束时应当对营业现场进行检查，消除遗留火种。医院、养老院、寄宿制的学校、托儿所、幼儿园应当加强夜间防火巡查，其他消防安全重点单位可以结合实际组织夜间防火巡查。

防火巡查内容包括：员工遵守防火安全制度情况，用火、用电有无违章情况，安全出口、疏散通道是否畅通，安全疏散指示标志、应急照明是否完好，消防设施、器材和消防安全标志是否在位、完整、有效，常闭式防火门是否处于关闭状态，防火卷帘下是否堆放物品影响使用，消防安全重点部位的人员在岗情况等。防火巡查人员应当及时纠正违章行为，妥善处置火灾危险，无法当场处置的，应当立即报告，发现初起火灾应当立即报警并及时扑救。防火巡查应当填写巡查记录，巡查人员及其主管人员应当在巡查记录上签名。

　　3. 及时消除火灾隐患。

　　《机关团体企业事业单位消防安全管理规定》（公安部令第61号）第三十条规定，单位对存在的火灾隐患应当及时予以消除。单位在开展防火检查、巡查时，发现下列情形的，检查、巡查人员应当责成有关人员当场改正：一是违章进入生产、储存易燃易爆危险物品场所的；二是违章使用明火作业或者在具有火灾、爆炸危险的场所吸烟、使用明火等违反禁令的；三是将安全出口上锁、遮挡，或者占用、堆放物品影响疏散通道畅通的；四是消火栓、灭火器材被遮挡影响使用或者被挪作他用的；五是常闭式防火门处于开启状态，防火卷帘下堆放物品影响使用的；六是消防设施管理、值班人员和防火巡查人员脱岗的；七是违章关闭消防设施、切断消防电源的；八是私拉乱接电气线路，违章使用大功率电器影响用电安全的；九是其他可以当场改正的行为。

　　单位对难以当场改正的火灾隐患，应当由消防工作归口管理职能部门或者专兼职消防管理人员根据本单位的管理分工，及时向单位的消防安全管理人或者消防安全责任人报告，提出整改方案。消防安全管理人或者消防安全责任人应当确定整改的措施、期限以及负责整改的部门、人员，并落实整改资金，组织实施整改。在火灾隐患未消除之前，单位应当落实防范措施，保障消防安全。不能确保消防安全，随时可能引发火灾或者一旦发生火灾将严重危及人身安全的，应当停止使用危险部位。

（六）根据需要建立专职或志愿消防队、微型消防站，加强队伍建设，定期组织训练演练，加强消防装备配备和灭火药剂储备，建立与公安消防队联勤联动机制，提高扑救初起火灾能力。

1. 根据需要建立专职或志愿消防队、微型消防站。

这里的"根据需要"有两层含义：一方面，国家法律法规和政策性文件明确规定应当建立的，必须依法依规落实；另一方面，没有相关规定的，单位应当结合自身实际需要建立。

《中华人民共和国消防法》第三十九条规定，下列单位应当建立单位专职消防队，承担本单位的火灾扑救工作：一是大型核设施单位、大型发电厂、民用机场、主要港口；二是生产、储存易燃易爆危险品的大型企业；三是储备可燃重要物资的大型仓库、基地；四是火灾危险性较大、距离公安消防队较远的其他大型企业；五是距离公安消防队较远、被列为全国重点文物保护单位的古建筑群的管理单位。

单位专职消防队的建立，应当符合国家有关规定，并报当地公安机关消防机构验收。一般来说，如果单位不属于应当建立专职消防队的单位，为了预防和扑救初起火灾，实现"救早、救小、救初期"，单位应当建立志愿消防队、微型消防站等消防组织，开展自防自救工作。

2. 加强队伍建设，定期组织训练演练，加强消防装备配备和灭火药剂储备，建立与公安消防队联勤联动机制，提高扑救初起火灾能力。

本条规定了加强专职或志愿消防队、微型消防站建设具体要求。针对单位特点定期组织开展训练演练，是提高队伍火灾扑救和应急处置能力的重要途径。加强消防装备配备和灭火药剂储备，是确保队伍有效处置火灾的物质保障。建立与公安消防队联勤联动机制，一方面要求单位专职或志愿消防队、微型消防站主动接受公安消防队的业务指导、技能培训；另一方面要求相关力量主动接受公安消防队的统一指挥，接到公安消防队调动指令时，应当迅速出动力量，听从调度指挥，合力联动灭火。

## 十六 消防安全重点单位消防安全其他职责

第十六条 消防安全重点单位除履行第十五条规定的职责外，还应当履行下列职责：

（一）明确承担消防安全管理工作的机构和消防安全管理人并报知当地公安消防部门，组织实施本单位消防安全管理。消防安全管理人应当经过消防培训。

（二）建立消防档案，确定消防安全重点部位，设置防火标志，实行严格管理。

（三）安装、使用电器产品、燃气用具和敷设电气线路、管线必须符合相关标准和用电、用气安全管理规定，并定期维护保养、检测。

（四）组织员工进行岗前消防安全培训，定期组织消防安全培训和疏散演练。

（五）根据需要建立微型消防站，积极参与消防安全区域联防联控，提高自防自救能力。

（六）积极应用消防远程监控、电气火灾监测、物联网技术等技防物防措施。

【条文主旨】本条规定了消防安全重点单位的消防安全职责。

【条文解读】

（一）　明确承担消防安全管理工作的机构和消防安全管理人并报知当地公安消防部门，组织实施本单位消防安全管理。消防安全管理人应当经过消防培训。

1. 明确承担消防安全管理工作的机构和消防安全管理人并报知当地公安消防部门，组织实施本单位消防安全管理。

消防安全管理工作机构是指单位内部设置的负责日常消防安全管理事务的部门。

消防安全管理人是指在本单位负有一定领导职务和权限，在单位主要负责人授权范围内，具体组织实施本单位消防安全管理工作，并对主要负责人负责的人员。

消防安全重点单位一般规模较大，而多数单位的主要负责人不可能对所有消防工作事项亲力亲为，为了确保消防安全工作切实有人抓，消防安全重点单位应当确定消防安全管理人具体领导，消防安全管理工作机构具体组织实施本单位的消防安全工作。消防安全管理工作机构、消防安全管理人是对消防工作"一把手"负责制的必要补充。《实施办法》第四条条文解读中，具体解读了消防安全管理人应当承担的职责。

本项规定单位将消防安全管理工作机构和消防安全管理人报知当地公安消防部门，其目的是便于公安消防部门全面掌握消防安全重点单位消防安全管理工作机构、消防安全管理人的设立、人员构成、人员培训、人员调整等情况，指导、推动单位更好的落实消防安全管理职责。

2. 消防安全管理人应当经过消防培训。

消防安全管理人是本单位直接、具体承担本单位日常消防安全管理工作的领导，其应当具备与所从事的生产经营活动相适应的消防安全知识和管理能力，这也是一项原则性要求。

这里所说的消防培训是指消防安全管理人应当参加公安消防部门或具有消防培训资质的社会消防培训机构组织开展的专门培训，同时，也鼓励消防安全管理人取得注册消防工程师执业资格，提高消防工作管理水平。

**（二）建立消防档案，确定消防安全重点部位，设置防火标志，实行严格管理。**

1. 建立消防档案。

指单位从事消防工作形成的各种文字、图表、声像等不同形式的记录，包括消防安全基本情况和消防安全管理情况。

消防安全基本情况主要包括：单位基本概况和消防安全重点部位情况；建筑物或者场所施工、使用或者开业前的消防设计审核、消防验收以及消防安全检查的文件、资料；消防管理工作机构和各级消防安全责任人；消防安全制度；消防设施、灭火器材情况；专职消防队、志愿消防队人员及其消防装备配备情况；与消防安全有关的重点工种人员情况；新增消防产品、防火材料的合格证明材料；灭火和应急疏散预案等。

消防安全管理情况主要包括：公安机关消防机构填发的各种法律文书；消防设施定期检查记录、自动消防设施全面检查测试的报告以及维修保养的记录；火灾隐患及其整改情况记录；消防控制室值班记录；防火检查、巡查记录；有关燃气、电气设备检测（包括防雷、防静电）等记录资料；消防安全培训记录；灭火和应急疏散预案的演练记录；火灾情况记录；消防奖惩情况记录等。

消防档案应当翔实，全面反映单位消防工作的基本情况，并附有必要的图表，根据情况变化及时更新。对于进行检查的，应当记明检查的人员、时间、部位、内容、发现的火灾隐患以及处理措施等；对于进行培训和演练的，也应当记录培训和演练的时间、地点、内容、参加部门以及人员等情况。消防档案统一保管、备查。

2. 确定消防安全重点部位。

消防安全重点部位是单位内部人员集中、物资集中、容易发生火灾或者发生火灾后影响全局的部位和场所，主要包括：一是人员集中的场所，如公众聚集的文化、体育、娱乐场所，集体宿舍、施工地工棚、医院、食堂、招待所、幼儿园等。二是物资集中的场所，如各种物品的库房、堆场、集放地、储藏室，先进设备的生产车间实验室。三是容易发生火灾的场所，如油漆、喷漆、油浸工作场所、烘烽、电气焊割等明火作业的工作场所，化工、化验、木工、粉尘等高度火灾危险性场所，易燃、易爆、危险化学品的生产、使用、储存、销售的站、店、库等场所。四是发生火灾后影响全局的场所，如变配电室、消防控制室、广播总控室、生产总控、调度室、计算机房、供气、供水、供电的调度室、档案资料中心、重要精密仪器设备室。

3. 设置防火标志。

防火标志是指以文字、符号、图形表达防火信息的制式载体。

消防安全重点部位必须依法设置防火标志，建立明确的消防安全责任制和专门的消防安全管理制度，并根据重点部位的重要程度和火灾危险性采取人防、物防、技防手段，做到定点、定人、定措施，确保消防安全。

**（三）安装、使用电器产品、燃气用具和敷设电气线路、管线必须符合相关标准和用电、用气安全管理规定，并定期维护保养、检测。**

电器产品、燃气用具是日常生活和单位平时工作中经常使用的。实践中，电器产品、燃气用具安装、使用不当，电气线路、管线敷设不符合相关标准和规定，极易引起火灾发生。近年来国家颁布的一系列有关电器产品、燃气用具的管理规定，如《中华人民共和国电力法》《电力设施保护条例》《电力设计规范》《城市燃气安全管理规定》《城市燃气管理办法》《燃气燃烧器具安装维修管理规定》《液化石油气安全管理暂行规定》等，均对安全用电、用气做出了明确的规定。为此，《实施办法》明确相关设施、设备在安装、使用环节应当符合相关标准，落实定期维护保养制度，定期进行检测，确保消防安全。

1. 电器产品使用安全。

电器产品是指接通和断开电路或控制、调节以及保护电路和设备的电工器具或装置，如开关、变阻器、插座等，以及日常生活中以电作能源的器具，如照明灯具、电视机、电冰箱等。

对于电器产品，安装时应当保证产品的电压必须和电源电压相符，同时要做好接地保护等措施；电源线要选择适当，防止绝缘损坏或接触不良；对线路和插座、插头要进行检查维修，使之始终处于良好运行状态；在使用中，发现有烧焦、冒烟和异常声响，应立即停止运行，及时检查维修，排除故障。

2. 燃气用具使用安全。

燃气用具是指生产、生活中使用的天然气、液化石油气、人工煤气（煤制气、重油制气）等气体燃料的器具及其配件。

在安装燃气用具时，管线阀门必须完整好用，各部位不漏气；天然气连接导管两端必须用金属丝缠紧，严禁使用不耐油的橡胶管线作连接导管。液化石油气钢瓶不得存放在住人的房间、办公区域人员稠密的公共场所；严禁在卧室安装燃气管道设施和使用燃气；用户不得用任何手段加热和摔、砸、倒卧液化石油气钢瓶，不得自行倒罐、排残和拆修瓶阀等附件。

3. 电气线路的敷设安全。

电气系统中安装线路要由电工负责，不能随意乱拉电线或接入过多、功率过大的电气设备；在线路上应按规定安装断路器或熔断器，以便在线路发生短路时能及时、可靠地切断电源；电线绝缘必须符合线路电压的要求。

导线的敷设，在室内正常干燥场所，导线的布线方式应根据不同情况，敷设绝缘线、瓷珠、瓷夹板、木槽板明布线或绝缘线穿管明布、暗布；在潮湿和特别潮湿场所，应当敷设绝缘线穿塑料管、钢管明布、暗布或电缆明布；在有火灾危险的场所，应当敷设绝缘线瓷瓶明布线或电缆明布，放入电缆沟中。

4. 燃气管线的敷设安全。

燃气工程的设计、施工，必须由持有相应资质证书的单位承担，按照国家或主管部门有关安全的技术标准规定进行。

室内煤气管道不宜敷设在地下室和楼梯间内；室内煤气管道不应设在潮湿或有腐蚀性介质的室内，如必须敷设时，应采取防腐措施；室内煤气管道应采用镀锌钢管，不应穿过卧室、浴室；煤气炉灶不得在地下室或住人的室内使用；煤气炉灶与管道的连接不宜采用软管；从事城市管道燃气供应企业，必须严密监督检测管道的运行情况，以防管道漏气酿成火灾爆炸事故。

**（四）组织员工进行岗前消防安全培训，定期组织消防安全培训和疏散演练。**

1. 定期组织员工消防安全培训。

消防安全重点单位应当按照《机关、团体、企业、事业单位消防安全管理规定》（公安部令第61号），每年对全体员工开展一次全面消防安全培训，新入职员工应当经过消防安全培训后方能上岗，未培训或培训不合格的不得上岗。

培训的对象主要包括：各级、各岗位消防安全管理人，自动消防设施操作人员，专职或志愿消防队、微型消防站队员，保安人员，重点岗位工种人员（如电工，电气焊工，油漆工，仓库管理员，客房服务员，易燃易爆危险物品的生产、储存、运输、销售从业人员）等。

培训的内容主要包括：消防法律法规、消防安全制度和保障消防安全的操作规程；本单位、本岗位的火灾危险性和防火措施；有关消防设施的性能、灭火器材的使用方法；扑救初起火灾方法、组织疏散和自防自救的知识。

2. 定期组织疏散演练。

消防安全重点单位应当按照灭火和应急疏散预案，至少每半年进行一次演练。重点对灭火和应急疏散组织领导、灭火行动组、通讯联络组、疏散引导组、安全防护救护组运作和配合、报警和接警处置程序、应急疏散的组织程序和措施、扑救初起火灾的程序和措施、通讯联络、安全防护救护的程序和措施等落实情况进行演练，提高员工的消防安全意识，提高预案的科学性和实用性。

**（五）根据需要建立微型消防站，积极参与消防安全区域联防联控，提高自防自救能力。**

1. 消防安全重点单位微型消防站。

微型消防站是指依托消防安全重点单位志愿消防队，配备必要的消防器材，积极开展防火巡查和初起火灾扑救等火灾防控工作的消防组织。

微型消防站的设置要求：一是微型消防站人员配备不少于6人，设站长、副站长、消防员等岗位，配有消防车辆的应设驾驶员岗位。二是站长应由单位消防安全管理人兼任，消防员负责防火巡查和初起火灾扑救工作。三是微型消防站人员应当接受岗前培训，熟练掌握扑救初起火灾业务技能、防火巡查基本知识。四是应设置人员值守、器材存放等用房，可与消防控制室合用；有条件的，可单独设置。五是应根据扑救初起火灾需要，配备一定数量的灭火器、水枪、水带等灭火器材；配置外线电话、手持对讲机等通信器材，有条件的站点可选配消防头盔、灭火防护服、防护靴、破拆工具、消防车辆等。六是应在建筑物内部和避难层设置消防器材存放点，可根据需要在建筑之间分区域设置消防器材存放点。

2. 消防安全区域联防联控。

是指按照"位置相邻"或"行业相近"的原则，划定范围组成一个消防联防区域，建立微型消防站区域联防制度和通讯联络、应急响应机制，定期开展应急调度、联合作战、战斗支援等方面的演练，逐步实现联防区域内"一点着火、多点出动、协同作战"。

**（六）积极应用消防远程监控、电气火灾监测、物联网技术等技防物防措施。**

运用现代科技手段研究破解消防工作的重大技术难题，是提升单位火灾防控水平的有效途径，消防安全重点单位应当结合本单位实际积极应用消防远程监控、电气火灾监测、物联网技术等技防物防措施，提升自防自救能力。

1. 消防远程监控。

是指通过现代通信网络将各建筑物内独立的火灾自动报警系统联网，并综合运用地理信息系统、数字视频监控等信息技术，在监控中心内对所有联网建筑物的火灾报警情况进行实时监测、对消防设施进行集中管理的消防信息化应用系统。

根据《城市消防远程监控系统技术规范》（GB 50440—2007），该系统依托于物联网，根据实现系统的监控中心与社会单位联网，对联网用户的火灾报警信息、建筑消防设施运行状态信息、消防安全管理信息进行接收、处理和管理，为城市消防通信指挥中心或其他接处警中心发送经确认的火灾报警信息，为公安消防部门提供查询，并为联网用户提供信息服务。

近年来，国内各城市相继建立了城市消防远程监控系统，消防远程监控系统作为加强公共消防安全管理的一项重要科技手段，对提高单位消防安全水平、前移火灾预防关口、快速处置火灾、实现消防监督工作的科技化、提高城市防控火灾综合能力方面发挥了十分重要的作用。

2. 电气火灾监测系统。

是指由一台主控机和若干个剩余电流式火灾报警装置、总线隔离器经双总线连接而成，当被保护线路中的剩余电流式火灾报警装置探测的接地故障电流超过预设值时，经过分析、确认，发出声、光报警信号和控制信号，能够同时把接地故障信号通过总线在数秒钟之内传递给主控机，主控机发出声、光报警信号和控制信号，显示屏显示报警地址，记录并保存报警和控制信息的系统。

近年来，全国电气火灾事故居高不下，有关专家积极呼吁尽快采取有效的技术防范措施，遏制电气火灾的上升势头。因此，消防安全重点单位积极应用电气火灾监测系统对有效预防电气火灾事故发生具有重要意义。

3. 消防物联网技术运用。

是指利用物联网技术把消防设备整合，通过无线终端、业务平台和传感探测设备（烟感、紧急救助按钮等），将消防设施与社会化消防监督管理和公安消防部门灭火救援涉及的各种要素所需的消防信息链接起来，构建高感度的消防基础环境，实现实时、动态、互动、融合的消防信息采集、传递和处理，达到火灾事故和紧急事件的远程智能监控和救助的目标，全面促进与提高政府及相关机构实施社会消防监督与管理水平，显著增强公安机关消防机构灭火救援的指挥、调度、决策和处置能力。

## 十七　火灾高危单位消防安全其他职责

第十七条　对容易造成群死群伤火灾的人员密集场所、易燃易爆单位和高层、地下公共建筑等火灾高危单位，除履行第十五条、第十六条规定的职责外，还应当履行下列职责：

（一）定期召开消防安全工作例会，研究本单位消防工作，处理涉及消防经费投入、消防设施设备购置、火灾隐患整改等重大问题。

（二）鼓励消防安全管理人取得注册消防工程师执业资格，消防安全责任人和特有工种人员须经消防安全培训；自动消防设施操作人员应取得建（构）筑物消防员资格证书。

（三）专职消防队或微型消防站应当根据本单位火灾危险特性配备相应的消防装备器材，储备足够的灭火救援药剂和物资，定期组织消防业务学习和灭火技能训练。

（四）按照国家标准配备应急逃生设施设备和疏散引导器材。

（五）建立消防安全评估制度，由具有资质的机构定期开展评估，评估结果向社会公开。

（六）参加火灾公众责任保险。

【条文主旨】本条是关于火灾高危单位的范围和应当履行

的消防安全职责的规定。

【条文解读】火灾高危单位是指容易造成群死群伤火灾的人员密集场所、易燃易爆单位和高层、地下公共建筑等单位，是消防安全重点单位中的重点。目前，消防安全重点单位数量众多，但单位规模和危险程度差异很大，特别是一些超出规范、通过性能化设计建设的高层、地下建筑和商（市）场、石油化工企业等单位，火灾危险性极大，一旦发生火灾难以扑救，容易导致群死群伤，造成极大影响。因此，对火灾高危单位的消防安全管理，不能等同于其他消防安全重点单位，必须从软件到硬件，从人防、物防、技防等方面提出更加严格的管控措施。

目前，各省、自治区、直辖市都结合本地实际，制定出台了政府规章或规范性文件，对本地火灾高危单位的范围进行了界定，提出了更加严格的消防安全要求，在强化火灾高危单位消防安全管理方面收到了很好效果。为此《实施办法》总结各地的经验做法，对火灾高危单位在落实人防、物防、技防措施方面提出了具体要求。

（一）定期召开消防安全工作例会，研究本单位消防工作，处理涉及消防经费投入、消防设施设备购置、火灾隐患整改等重大问题。

火灾高危单位的消防安全责任人应当每季度组织本单位消防安全管理人和各级、各部门消防安全责任人召开消防安全工作例会，听取消防安全归口部门负责人和各部门的消防工作情况汇报，掌握本单位消防工作开展情况和存在的火灾隐患状况，研究解决涉及消防经费投入、消防设施设备购置、火灾隐患整改等重大问题，对下一季度的消防工作进行部署安排。

**（二）鼓励消防安全管理人取得注册消防工程师执业资格，消防安全责任人和特有工种人员须经消防安全培训；自动消防设施操作人员应取得建（构）筑物消防员资格证书。**

1. 鼓励消防安全管理人取得注册消防工程师执业资格。

注册消防工程师是指取得相应级别注册消防工程师资格证书并依法注册后，从事消防设施维护保养检测、消防安全评估和消防安全管理等工作的专业技术人员。

消防安全管理人应当具备与火灾高危单位管理相适应的消防安全知识和管理能力。一是认真落实有关消防法律法规、消防技术标准，以及本单位有关的消防安全规章制度、操作规程。二是掌握本单位消防设施的运行状况和检查操作流程。三是经过消防安全专门培训，具有从事本行业工作的经验，熟悉和掌握消防安全知识和单位存在的主要火灾风险。四是具有一定的组织管理能力，能较好地组织和领导消防工作。

《实施办法》鼓励消防安全管理人取得注册消防工程师执业资格，逐步推动火灾高危单位消防管理专业化，有效提升消防管理水平。

2. 消防安全责任人和特有工种人员须经消防安全培训。

《机关团体企业事业单位消防安全管理规定》（公安部令第61号）第三十八条规定，单位的消防安全责任人应当接受消防安全专门培训。单位从事电焊、气焊等特有工种人员，应经过消防安全培训，掌握本岗位的火灾危险性、安全操作规程和应急处置程序，提高消防安全素质。

3. 自动消防设施操作人员应取得建（构）筑物消防员资格证书。

自动消防设施操作人员是指对火灾自动报警、室内消火栓给水系统、自动喷水灭火系统等相关消防自动设施设备的控制设备进行检查操作和日常管理的人员。自动消防设施操作具有很强的专业性、技术性，对操作人员履职能力有特殊要求，必须持证上岗。

《中华人民共和国消防法》第二十一条规定，自动消防系统的操作人员必须持证上岗。《人力资源社会保障部关于公布国家职业资格目录的通知》（人社部发〔2017〕68 号）将消防设施操作员纳入了准入类职业资格。自动消防设施操作人员应依法通过消防行业特有工种职业技能鉴定，持有初级以上的职业资格证书。

**（三）专职消防队或微型消防站应当根据本单位火灾危险特性配备相应的消防装备器材，储备足够的灭火救援药剂和物资，定期组织消防业务学习和灭火技能训练。**

专职消防队应当按照《城市消防站建设标准》（建标152—2017）和本单位火灾危险特性配备消防车辆、灭火器材、抢险救援器材、基本防护装备、特种防护装备、通讯装备、训练器材、灭火药剂等装备物资。微型消防站应当配备一定数量的灭火器、水枪、水带等灭火器材；配置外线电话、手持对讲机等通信器材；有条件的可选配消防头盔、灭火防护服、防护靴、破拆工具等器材和消防车辆。

专职消防队应以单独编队执勤为主，实行 24 小时执勤制度，并参照公安消防队的有关规定建立执勤、训练、工作、生活制度，保证执勤训练、灭火救援和其他任务的完成。专职消防队员可执行不定时工作制或轮值班制。微型消防站应定期组织包括体能训练、灭火器材和个人防护器材的使用在内的执勤训练。

**（四）按照国家标准配备应急逃生设施设备和疏散引导器材。**

火灾高危单位体量大、火灾负荷高、人员疏散难，为减少火灾情况下人员伤亡，火灾高危单位应结合本单位实际，强化安全疏散设施配置管理，标明消防安全疏散指示标志，主要疏散通道地面上应当设置不间断的疏散指示带；设置临时避难区域，配备防毒面具、缓降器等逃生设备；积极采用城市消防远程监控系统、安全控制与报警逃生门锁系统、消防安全巡查管理系统等技防措施；按楼层或防火分区设置疏散引导员岗位，配备毛巾、荧光棒、口哨、手电筒、简易呼吸器面罩和逃生绳等设备，确保发生火灾时有序引导人员逃生。

**（五）建立消防安全评估制度，由具有资质的机构定期开展评估，评估结果向社会公开。**

消防安全评估是指由具有资质的消防安全评估机构对社会单位、场所、工矿企业等机构的消防安全综合情况进行评估，并针对评估结果，依据消防法律法规、技术规范提出解决措施的服务活动。

目前，不少火灾高危单位消防安全责任不落实，消防安全投入不足，火灾防控措施不落实，消防安全违法行为屡纠屡犯、火灾隐患屡改屡生，消防安全守信成本高、违法成本低的问题比较突出，需要动员全社会力量强化监督，推动单位树立消防安全自我管理、自我约束的主体意识。

实行消防安全评估，能够让火灾高危单位全面掌握本单位消防安全状况，发现本单位消防安全问题和薄弱环节，为单位强化自身消防安全管理提供指导性意见。同时，公安消防部门通过掌握评估结果，可以全面了解火灾高危单位的消防安全管理情况，为开展针对性的监督管理提供客观依据。

将火灾高危单位的消防安全评估结果作为单位信用评级的重要参考依据，并向社会公开，进一步接受社会监督，主要目的是依靠市场经济内在力量，形成对失信者的社会联防和惩戒，使失信者"一处失信、寸步难行"。

消防安全评估也是消防监督管理模式的改革。消防安全评估机构提前介入消防安全管理过程，依法对单位消防安全评估结果承担责任，公安机关消防机构在进行行政审批或消防监督检查时，只检查单位是否经评估合格，而不必对所有消防安全内容进行检查，这样就节约了大量警力，降低了行政成本，是消防工作发展的必然趋势。

**（六）参加火灾公众责任保险。**

火灾公众责任保险是指在保险期间内，被保险人在保险合同载明的场所内依法从事生产、经营等活动时，因该场所内发生火灾、爆炸造成第三者人身损害，依照法律应由被保险人承担的人身损害经济赔偿责任，保险人按照保险合同约定负责赔偿。

发展火灾公众责任保险，就是通过市场化的风险转移机制，用商业手段解决责任赔偿等方面的法律纠纷，使受害企业和群众尽快恢复正常生产生活秩序，对于切实保护公民合法权益，促进社会和谐稳定具有重要的现实意义。

目前，大多数火灾高危单位没有投保火灾公众责任保险，一旦发生火灾，往往无力承担对火灾受害人的赔偿责任，多数是由当地政府"兜底包揽"对伤亡人员的救助和赔偿。特别是一些重特大火灾尤其是群死群伤火灾事故涉及群体利益，赔偿金额巨大，如果受害人得不到及时赔偿，极有可能引发群体性事件，地方政府为了维护社会稳定，不得不代单位履行赔偿责任，增加了地方政府的经济负担。

《实施办法》这一规定，为进一步发展规范火灾公众责任保险提供了政策依据，就是要通过市场化的风险转移机制，用商业手段解决责任赔偿等方面的法律纠纷，使受害企业和群众尽快恢复正常生产生活秩序，对于切实保护公民合法权益，促进社会和谐稳定具有重要的现实意义。

## 十八 多产权建筑及物业服务企业消防安全职责

第十八条 同一建筑物由两个以上单位管理或使用的，应当明确各方的消防安全责任，并确定责任人对共用的疏散通道、安全出口、建筑消防设施和消防车通道进行统一管理。

物业服务企业应当按照合同约定提供消防安全防范服务，对管理区域内的共用消防设施和疏散通道、安全出口、消防车通道进行维护管理，及时劝阻和制止占用、堵塞、封闭疏散通道、安全出口、消防车通道等行为，劝阻和制止无效的，立即向公安机关等主管部门报告。定期开展防火检查巡查和消防宣传教育。

【条文主旨】本条是关于多产权建筑物消防安全管理要求和物业服务企业消防安全职责的规定。

【条文解读】

（一）同一建筑物由两个以上单位管理或使用的，应当明确各方的消防安全责任，并确定责任人对共用的疏散通道、安全出口、建筑消防设施和消防车通道进行统一管理。

同一个建筑由两个以上单位管理或者使用的情况较为常见，有的建筑物本身就是多产权，有的是产权单位通过租赁将建筑物的全部或者一部分出租给其他单位，导致管理、使用权相互交织，这类建筑由于涉及多家单位，而且有的属于产权、使用权和管理权分离，容易导致在管理上相互推诿，在经费投入上相互扯皮，致使消防安全管理责任落不到实处，消防设施的配置和维护不到位，消防安全普遍存在严重问题。

多主体建筑虽然各个主体有自己独立的管理和使用范围，但根据建筑的使用性质和规范要求，在消防安全上，有些消防设施是在建筑设计和建造中，就是由整个建筑共同使用的，如建筑周围的消防车通道、建筑内部共用疏散楼梯、安全出口以及室内、室外消防栓、自动消防设施等，如果平时的维护管理职责不清、责任不落实，必然会影响到整个建筑消防安全。

《中华人民共和国消防法》第十八条、《机关、团体、企业、事业单位消防安全管理规定》（公安部令第 61 号）第九条就两个以上单位管理或者使用同一建筑物的消防安全要求均作了规定。因此，《实施办法》对有关各方消防安全责任予以明确，同一建筑物由两个以上单位管理或者使用的：一是应当明确各方的消防安全责任，由建筑物的管理、使用各方共同协商，签订协议书，明确各自消防安全工作的权利、义务及违约责任。二是对共用的疏散通道、安全出口、建筑消防设施和消防车通道，应当进行统一管理，并要求确定责任人具体实施管理。三是统一管理的具体方法，既可以由各个管理或使用人成立消防安全组织来进行管理，也可以委托一家单位负责管理，或者共同委托物业服务企业来进行统一管理。

（二）物业服务企业应当按照合同约定提供消防安全防范服务，对管理区域内的共用消防设施和疏散通道、安全出口、消防车通道进行维护管理，及时劝阻和制止占用、堵塞、封闭疏散通道、安全出口、消防车通道等行为，劝阻和制止无效的，立即向公安机关等主管部门报告。

《物业管理条例》规定，业主通过选聘物业服务企业，由业主和物业服务企业按照物业服务合同约定，对房屋及配套的设施设备和相关场地进行维修、养护、管理，维护相关区域内的环境和秩序。由于我国物业管理起步晚、业务水平参差不齐，法律法规对物业企业消防安全管理缺少明确的规定，导致多数物业服务企业消防安全职责不明确、消防安全意识淡薄，尤其对其所管理的建筑消防设施、消防器材维修保养不力，使被委托建筑特别是多产权建筑滋生了大量火灾隐患，严重影响公共安全。《住宅物业消防安全管理》（GA 1283—2015）明晰了物业企业的消防安全管理职责。《实施办法》依据这些规定和标准，对物业服务企业维护共用消防设施、提供消防安全防范服务等责任提出了明确要求。

物业服务企业提供的消防安全防范服务，主要包括五个方面：一是制定消防安全制度，落实消防安全责任，开展消防安全宣传教育；二是对共用消防设施进行维护管理，确保完好有效；三是开展防火检查，消除火灾隐患；四是保障疏散通道、安全出口、消防车通道畅通；五是保障公共消防设施、器材以及消防安全标志完好有效。

## 十九　石化、轻工等行业消防安全职责

> 第十九条　石化、轻工等行业组织应当加强行业消防安全自律管理，推动本行业消防工作，引导行业单位落实消防安全主体责任。

【条文主旨】本条是关于行业协会组织推动本行业消防工作的职责规定。

【条文解读】行业协会组织是指依法成立的社团法人，依据其成员共同制定的章程体现其组织职能，维护本行业单位的权益，规范市场行为，增强抵御市场风险的能力。

目前我国行业协会组织数量较多，涉及生产经营的各个领域，协会组织应当立足"提供服务、反映诉求、规范行为"的职责定位，充分发挥其在推动本行业消防工作，引导行业单位落实消防安全主体责任，加强行业消防安全自律管理方面的作用：一是发挥协调职能。行业协会组织作为行业整体的代表，应当利用行业整体实力较好地处理和协调各类关系，建立行业消防安全自治组织，促进行业消防安全提档升级。二是发挥服务职能。行业协会组织应当为会员单位、政府等机构提供各种市场信息，以及消防法律法规方面的咨询与服务，举办新产品新信息发布和推广应用，进行业务培训等。三是发挥监管职能。行业协会组织在本行业中具有一定的权威，一般能够代表本行业在相关法律、法规、政策制定时表达意见，也是行业标准的制定者，应当根据行业特点，推行消防安全标准化管理，不断提升单位自我管理能力。

## 二十 消防技术服务机构消防安全职责

第二十条 消防设施检测、维护保养和消防安全评估、咨询、监测等消防技术服务机构和执业人员应当依法获得相应的资质、资格，依法依规提供消防安全技术服务，并对服务质量负责。

【条文主旨】本条是关于消防技术服务机构和执业人员应当依法获得相应的资质、资格，并依照法律、行政法规、国家标准、行业标准和执业准则，接受委托提供消防技术服务的规定。

【条文解读】消防工作的顺利开展，既要发挥政府、有关部门的职能作用和社会单位自我管理、全面负责的作用，又要培育、扶持、发展消防技术服务机构，把那些政府不好管、管不了的公共服务项目交给消防技术服务机构，发挥其为社会提供公共服务的作用。

**（一）消防设施检测、维护保养和消防安全评估、咨询、监测等消防技术服务机构和执业人员应当依法获得相应的资质、资格。**

1. 消防技术服务机构。

是指依照《社会消防技术服务管理规定》（公安部令第129号）成立的，从事消防设施维护保养检测、消防安全评估等消防技术服务活动的机构。

消防设施维护保养检测机构共分三级，其中一级资质、二级资质的消防设施维护保养检测机构可以从事建筑消防设施检测、维修、保养活动；三级资质的消防设施维护保养检测机构可以从事生产企业授权的灭火器检查、维修、更换灭火药剂及回收等活动。

消防安全评估机构共分两级，其中一级资质的消防安全评估机构可以在全国范围从事各种类型的消防安全评估以及咨询活动；二级资质的消防安全评估机构可以在许可所在省、自治区、直辖市范围内从事社会单位消防安全评估以及消防法律法规、消防技术标准、一般火灾隐患整改等方面的咨询活动。

2. 消防技术服务执业人员。

是指具有相应的消防技术服务能力和资格，依照有关规定从事消防技术服务活动的专业技术人员。

执业人员可以划分为两类：一类是专业技术人员，主要是指具有安全类、工程类、信息类、科研类等与消防专业有关的专业技术职称人员，其主要职责是组织管理和贯彻执行法律、行政法规、国家标准、行业标准和执业准则的落实情况，并在结论性文件上签字，具体承担相应的法律责任；另一类是以技能操作为主的人员，主要是指经过消防行业特有工种职业技能鉴定合格或者经消防技术服务执业资格考试合格的人员，其主要职责是遵守消防法律、行政法规、国家标准、行业标准，具体承担相应技能操作，依法承担相应责任，例如消防设施监控、维修、检测等操作人员等。

**（二）依法依规提供消防安全技术服务，并对服务质量负责。**

《中华人民共和国消防法》第三十四条规定，消防技术服务机构和执业人员应当取得相应的资质、资格，依法开展执业活动，并对服务质量负责。2014 年，公安部颁布《社会消防技术服务管理规定》（公安部令第 129 号），对消防技术服务机构建立了资质许可制度。2012 年 9 月，人力资源和社会保障部、公安部联合印发了《注册消防工程师制度暂行规定》《注册消防工程师资格考试实施办法》《一级注册消防工程师资格考核认定办法》（人社部发〔2012〕56 号），建立了注册消防工程师制度。2017 年国家将注册消防工程师纳入《国家职业资格目录》，列入中央设定地方实施的行政审批事项。公安部于 2017 年颁布《注册消防工程师管理规定》（公安部令第 143 号），自当年 10 月 1 日起，正式对取得注册工程师资格证书的人员实行注册执业管理。

总体来看，《社会消防技术服务管理规定》（公安部令第 129 号）《注册消防工程师管理规定》（公安部令第 143 号）的正式实施和衔接配套，确立了取得一级注册消防工程师资格证书的人员得以在消防技术服务机构正式注册执业法律依据，标志着消防技术服务活动步入法制化轨道。自 2015 年以来，人力资源和社会保障部组织了 3 次全国资格考试，已取得一级注册消防工程师资格证书人员近万人，在检测维保、评估等消防技术服务机构执业的已达 1900 余人。

消防技术服务执业人员应当按照法律法规和规章的要求，履行执业职责。公安机关消防机构应当针对本地消防技术服务活动中存在的突出问题，制定专项监督抽查计划，部署开展专项检查。对变造、倒卖、出租、出借、转让资格证书、注册证或者执业印章，出具虚假、失实消防技术服务文件等严重违法行为，依法严肃追究相关单位和人员的责任。依托消防技术服务业务管理系统，建立全流程跟踪检视机制，强化过程监管和执业公开，优化服务效能，提升社会消防技术服务质量。

## 二十一　建设工程建设、设计、施工和监理等单位消防安全职责

> **第二十一条**　建设工程的建设、设计、施工和监理等单位应当遵守消防法律、法规、规章和工程建设消防技术标准，在工程设计使用年限内对工程的消防设计、施工质量承担终身责任。

【条文主旨】本条是关于建设工程的建设、设计、施工和监理等单位消防安全责任的规定。

【条文解读】《中华人民共和国建筑法》第五十二条规定，建筑工程勘察、设计、施工的质量必须符合国家有关建筑工程安全标准的要求。建筑工程安全标准的内容很多，其中就包括工程建设消防技术标准。符合工程建设消防技术标准才能从源头上确保建设工程符合消防安全要求。建设工程的质量如果不符合工程建设消防技术标准的要求，将会留下严重的消防安全隐患，可能会引发火灾事故，或者影响火灾扑救，给国家和人民群众的生命财产安全造成重大损失。一切从事建筑活动的单位和人员，在建设工程的设计、施工活动中，必须依法办事，保证建设工程的消防设计、施工符合消防法律法规、规章和工程建设消防技术标准。

《中华人民共和国建筑法》《中华人民共和国消防法》《建设工程质量管理条例》《建筑工程五方责任主体项目负责人质量终身责任追究暂行办法》（建质〔2014〕124号），均规定

了建设单位、设计单位、施工单位、工程监理单位的质量责任和义务。建设工程的各参与单位在进行建设工程活动中必须按照法律、法规的规定承担责任和义务，各方主体对参与新建、扩建、改建的建筑工程项目按照国家法律法规和有关规定，在工程设计使用年限内对工程质量承担终身责任。

《国务院办公厅关于加强基础设施工程质量管理的通知》（国办发〔1999〕16号）明确提出建立工程质量终身负责制，项目工程质量的行政领导责任人，项目法定代表人，勘察设计、施工、监理等单位的法定代表人，要按各自的职责对其经手的工程质量负终身责任。如发生重大工程质量事故，不管调到哪里工作，担任什么职务，都要追究相应的行政和法律责任。《中华人民共和国消防法》第九条也明确建设、设计、施工、工程监理等单位依法对建设工程的消防设计、施工质量负责。由此可见，建设、设计、施工、工程监理等单位对建设工程消防设计、施工质量终身负责，是有政策法律依据的，而且职责是明确的。建设工程各方主体，应承担以下终身责任：

建设单位是工程建设项目建设过程的总负责方，拥有确定建设项目的规模、功能、外观、选用材料设备、按照国家法律法规规定选择承包单位等权力。建设单位项目负责人对工程质量承担全面责任，不得违法发包、分解发包，不得以任何理由要求勘察、设计、施工、监理单位违反法律法规和工程建设标准，降低工程质量，其违法违规或不当行为造成工程质量事故或质量问题应当承担终身责任。

设计单位是指经过建设行政主管部门的资质审查，从事建设工程可行性研究、建设工程设计、工程咨询等工作的单位。

设计单位项目负责人应当对承接的建设工程消防设计质量承担终身责任，提交的消防设计文件应当符合国家工程建设消防技术标准要求。注册建筑师、注册结构工程师等注册执业人员应当在消防设计文件上签字，对消防设计文件承担终身责任。

施工单位是指经过建设行政主管部门的资质审查，从事土木工程、建筑工程、线路管理设备安装、装修工程施工承包的单位。施工单位项目经理应当对承接的建设工程消防施工质量承担终身责任，按照审查合格的设计文件施工，保证工程施工的全过程符合国家工程建设消防技术标准和消防设计文件。施工单位应当建立质量责任制，确定工程项目的项目经理、技术负责人和施工管理负责人，明确消防工程施工和施工现场消防安全管理责任。

工程监理单位是指经过建设行政主管部门的资质审查，受建设单位委托，依照国家法律规定要求和建设单位要求，在建设单位委托的范围内对建设工程进行监督管理的单位。监理单位总监理工程师应当按照法律法规、有关技术标准、设计文件和工程承包合同进行监理，对施工质量监理承担终身责任。

# 第五章　责任落实

　　本章是对责任落实的具体规定。责任重在落实，也难在落实。不落实，再好的制度也是一纸空文。为此，《实施办法》从建立常态化消防工作考核制度、强化考核结果运用、前移责任追究关口、加大火灾事故追究力度等方面作出了具体明确的规定，实现了考核及结果运用、事前问责和事后追责的统一。尤其是首次明确了较大以下火灾事故调查处理的权限，目的是通过最严格的责任追究，倒逼消防安全责任的落实，促使各级政府、各行业部门和社会单位责任人牢固树立安全意识和责任主体意识，自觉规范施政行为和管理经营行为，共同做好消防安全工作。

## 二十二　国务院对省级政府年度消防工作考核

第二十二条　国务院每年组织对省级人民政府消防工作完成情况进行考核，考核结果交由中央干部主管部门，作为对各省级人民政府主要负责人和领导班子综合考核评价的重要依据。

【条文主旨】本条规定了国务院对省级人民政府消防工作的考核要求和结果运用。

【条文解读】消防工作考核是指政府对本级政府所属工作部门、下一级政府年度消防工作完成情况实施的考核，并根据考核情况兑现奖惩，将考核结果作为有关领导和班子综合考评重要依据。开展消防工作考核，是推动消防工作责任落实，有效预防火灾和减少火灾危害，进一步提高公共消防安全水平的有效措施。

《国务院办公厅关于印发消防工作考核办法的通知》（国办发〔2013〕16号）明确，国务院每年4月底前对各省、自治区、直辖市年度消防工作完成情况进行考核，考核内容包括火灾预防、消防安全基础、消防安全责任三个部分。考核工作组通过听取汇报、查阅资料、座谈走访、暗访调查等方式，对各地工作进行量化评分，考核结果分为优秀、良好、合格、不合格四个等级。考核结果经国务院审定后，由公安部向各省、自治区、直辖市政府和有关部门进行通报。对考核结果为优秀的予以表扬，有关部门在相关项目安排上优先予以考虑。考核结果为不合格的省、自治区、直辖市政府，应在考核结果通报后一个月内，提出整改措施，向国务院作出书面报告，抄送考核工作组各成员单位。经国务院审定后的考核结果，交由中央干部主管部门，作为对各省、自治区、直辖市政府主要负责人和领导班子综合考核评价的重要依据。

从2014年开始，国务院每年由公安部牵头，会同中央综治办、发展改革委、监察部、民政部、财政部、住房和城乡建设部、文化部、安全监管总局组成考核工作组，对省级人民政府消防工作进行考核，对推动各地落实消防安全责任，解决公共消防设施建设、重大火灾隐患整治、消防力量发展、消防经费投入等重大问题，推动消防事业与经济社会协调发展，发挥了积极有效的作用。

《实施办法》对消防工作考核制度进行了重申和强调，规定国务院每年组织对省级人民政府消防工作完成情况进行考核，并强化考核结果运用。消防工作考核原则、对象、方式、等级和结果运用、责任追究等方面的具体要求，按照《国务院办公厅关于印发消防工作考核办法的通知》（国办发〔2013〕16号）规定执行。

近年来，国务院大力推进简政放权、压缩考核评比。在这样的大背景下，仍然保留了消防工作考核事项，充分说明国务院对消防工作的高度重视。为认真贯彻习近平总书记关于纠正"四风"不能止步、作风建设永远在路上的重要指示精神，应调整完善消防工作考核的方式方法，进一步精简形式、突出重点、发挥实效。一是突出消防安全责任制主导地位，将消防安全责任制落实作为考核的主要内容，加大考核内容权重，重点考核各地政府、有关部门等主体的消防工作职责履行情况。二是综合采取平时掌握、自我评价、发函调查、实地核查、定量分析等多种形式，进一步有效掌握被考核对象的工作情况。三是继续强化结果运用，通报各省级政府和有关部门考核情况，表扬优秀，优先项目安排，责成不合格的及时整改报告，并将考核结果提交中央干部主管部门，作为对省级政府主要负责人和领导班子综合考核评价的重要依据。

## 二十三　健全消防工作考核评价体系

　　**第二十三条　地方各级人民政府应当建立健全消防工作考核评价体系，明确消防工作目标责任，纳入日常检查、政务督查的重要内容，组织年度消防工作考核，确保消防安全责任落实。加强消防工作考核结果运用，建立与主要负责人、分管负责人和直接责任人履职评定、奖励惩处相挂钩的制度。**

　　【条文主旨】本条规定了地方各级人民政府应当建立健全消防工作考核评价体系，并强化结果运用。

　　【条文解读】

　　（一）地方各级人民政府应当建立健全消防工作考核评价体系，明确消防工作目标责任，纳入日常检查、政务督查的重要内容，组织年度消防工作考核，确保消防安全责任落实。

　　地方各级人民政府应当建立健全消防工作考核评价体系，结合上级消防工作部署和本地实际，年初与下级政府、本级政府有关部门签订消防工作责任书，明确工作目标、具体任务、完成时限和相关责任；通过日常检查，特别是政务督查，督促下级政府、本级政府有关部门认真抓好工作落实；对照责任书组织开展年度消防工作考核，并结合平时掌握情况，对下级政府、本级政府有关部门消防工作绩效作出评价，及时兑现奖惩。

　　1. 明确消防工作目标责任。

　　习近平总书记强调，要发扬"钉钉子"的精神，把各项工作落到实处。签订消防工作责任书就是把消防工作目标责任分解到下级政府、本级政府相关部门，保证各项既定目标按期完成。

每年年初，各地政府应针对辖区实际，重点围绕政府属地管理责任、行业部门监管责任、消防基础设施建设、火灾隐患排查整治、消防宣传教育培训、消防力量建设等方面，明确年度消防工作目标，提出具体工作要求，作为消防工作责任书的内容。

在召开年度消防工作会议时，政府负责人与下级政府、本级政府各有关部门负责人分别签订责任书，对年度消防工作实施清单式管理、项目化推进，逐级传递压力，确保工作落实。

2. 开展政务督查。

《实施办法》首次规定消防工作是政务督查的重要内容。

政务督查是推动决策落实、改进工作作风、提高办事效率、确保政令畅通的重要途径和手段，有利于及时发现和解决政务工作进展中出现的问题、矛盾，督促有关单位按要求抓好落实。

消防工作作为政府公共安全管理事务的组成部分，事关民生，事关稳定。地方各级人民政府应按照《实施办法》要求，将年度消防工作重点任务进展情况、重大火灾隐患和区域性火灾隐患督办整改情况、消防安全专项治理推进情况等纳入政务督查内容，通过限期报告、调查复核、情况通报、责任追究等方式，强化各责任主体的执行力，推动政府既定的涉及消防安全的重大决策部署落地生根、早见实效。

3. 组织年度消防工作考核。

近年来，地方各级人民政府结合本地实际，制定了本地区消防工作考核办法，细化了工作要求。考核由各地政府组织消防安全委员会成员单位主要负责人参加，对照消防工作责任书，采取听取汇报、查阅资料、实地核查等形式，对下级政府、本级政府有关部门目标任务完成情况进行全面检查，掌握工作总体情况和存在的主要问题，对消防工作绩效作出准确判断，评定出优秀、良好、合格、不合格四个等级。

（二）加强消防工作考核结果运用，建立与主要负责人、分管负责人和直接责任人履职评定、奖励惩处相挂钩的制度。

《国务院办公厅关于印发消防工作考核办法的通知》（国办发〔2013〕16号）明确了省级人民政府消防工作考核的结果运用，规定考核结果要向各省、自治区、直辖市政府和有关部门进行通报，优秀的予以表扬，并优先考虑相关项目安排；不合格的要提出整改措施，作出专题报告；考核结果还作为对省级政府主要负责人和领导班子综合考核评价的重要依据。各地政府应参照国务院做法，细化明确本地区消防工作考核结果运用的方式方法，提高各级领导的履职意识，强化工作责任，推动工作落实。

加强消防工作考核结果运用，应建立并落实好消防工作与相关责任人履职评定、奖励惩处相挂钩的制度，从而压实责任、改进工作、推动发展，实现干好干坏不一样。履职评定是指对国家工作人员履行本职工作情况进行综合评价，确定层次和等级，通常采取组织人事部门年终考核的形式进行。奖励惩处是指对国家工作人员履行本职工作情况成绩突出的予以奖励，情况差的依照规定给予惩罚。

建立与主要负责人、分管负责人和直接责任人履职评定、奖励惩处相挂钩的制度，要求各级政府在组织对主要负责人、分管负责人和直接责任人综合工作绩效考核时，应将消防工作考核情况考虑进来，占一定比例，考核结果优秀的按照规定予以奖励，不合格的予以惩处。

按照《党政领导干部问责的暂行规定》，对因消防安全受到问责的党政领导干部，取消当年考核评优和评选各类先进的资格。对因火灾责任事故引咎辞职、责令辞职、免职的有关人员，一年内不得重新担任与其原任职务相当的领导职务。按照《行政机关公务员处分条例》，对因消防安全受到处分的公务员，在受处分期间不得晋升职务和级别。

# 二十四　消防工作协调机制

第二十四条　地方各级消防安全委员会、消防安全联席会议等消防工作协调机制应当定期召开成员单位会议，分析研判消防安全形势，协调指导消防工作开展，督促解决消防工作重大问题。

【条文主旨】本条首次规定了地方各级消防安全委员会、消防安全联席会议等协调机构的地位、作用和日常运行机制。

【条文解读】本条在《实施办法》第六条第（一）项的基础上，明确了消防安全委员会、消防安全联席会议等消防工作协调机构的主要职责。

在实际工作中，为确保消防工作协调机构规范有效运行，各地政府应发文明确机构组成、议事规则、成员职责等事项，并成立办公机构，实现"实体化"运作，消防工作协调机构主要履行下列职责：一是及时传达上级消防工作指示和要求，研究贯彻落实的意见和措施。二是每季度召集成员单位召开会议，总结工作，部署任务，协调解决问题。三是定期分析研判火灾形势，掌握本地消防工作动态，开展重要问题的调查研究，向本级政府提出意见和建议。四是对下级政府、成员单位消防工作情况进行督导检查。五是在重要节日、重大活动期间，组织成员单位开展消防安全检查。六是在本级政府统一领导下，协调成员单位参与火灾事故调查处理工作。

## 二十五 单位消防安全信用体系

> **第二十五条** 各有关部门应当建立单位消防安全信用记录，纳入全国信用信息共享平台，作为信用评价、项目核准、用地审批、金融扶持、财政奖补等方面的参考依据。

【条文主旨】本条规定了单位消防安全信用制度的建立及实施。

【条文解读】党的十八届三中全会决定指出，要建立健全社会征信体系，褒扬诚信，惩戒失信。2014 年 6 月，国务院出台《关于促进市场公平竞争维护市场正常秩序的若干规定》（国发〔2014〕20 号），要求将市场主体的信用信息作为行政管理的重要参考，建立健全守信激励和失信惩戒机制，对失信主体在经营、投融资、取得政府供应土地、进出口、出入境、注册新公司、工程招投标、政府采购、获得荣誉、安全许可、生产许可、从业任职资格、资质审核等方面依法予以限制或禁止。《国务院办公厅关于加强个人诚信体系建设的指导意见》（国办发〔2016〕98 号）要求，建立重点领域个人诚信记录，以安全生产、消防安全、产品质量、工程建设等领域为重点，以公务员、企业法定代表人及相关责任人、注册消防工程师、房地产中介从业人员等职业人群为主要对象，加快建立和完善个人信用记录形成机制，及时归集有关人员在相关活动中形成的诚信信息；依法依规对个人严重失信行为采取联合惩戒措施；鼓励将严重失信记录推送至全国信用信息共享平台，作为实施信用惩戒措施的参考。

诚信守法是对单位和个人的最低要求，违反消防法律法规是单位和个人缺乏诚信的直接表现，有必要引入信用机制，对消防违法行为单位和个人予以惩戒。为此，公安部印发《关于建立消防安全不良行为公布制度的通知》（公消〔2012〕351号），将单位和个人违反法律法规并受到消防行政处罚的行为确定为消防安全不良行为，并就加强部门间信息互通互认和联合惩戒工作提出了明确要求。

《实施办法》依据有关规定，明确要求各有关部门应建立单位消防安全信用记录，纳入全国信用信息共享平台，作为信用评价、项目核准、用地审批、金融扶持、财政奖补等方面的参考依据。重点做好以下工作：一是公安机关要建立消防违法行为信息库，记录单位和个人的消防违法行为信息。二是定期通过互联网站及有关媒体向社会公告消防违法行为严重的单位和个人信息，接受社会监督。三是将有关信息纳入全国信用信息共享平台，发展改革、财政、住建、金融、保险、工商、安全监管以及相应行业主管部门、监管部门对消防违法单位和个人在信用评价、项目核准、用地审批、金融扶持、财政奖补等方面给予限制或禁止，使守信者处处受益，使失信者处处受限，促进单位和个人自觉履行消防工作职责，减少消防违法行为，积极营造全社会遵守消防法律法规的良好氛围。

## 二十六　公安机关履行消防监督管理

第二十六条　公安机关及其工作人员履行法定消防工作职责时，应当做到公正、严格、文明、高效。

公安机关及其工作人员进行消防设计审核、消防验收和消防安全检查等，不得收取费用，不得谋取利益，不得利用职务指定或者变相指定消防产品的品牌、销售单位或者消防技术服务机构、消防设施施工单位。

国务院公安部门要加强对各地公安机关及其工作人员进行消防设计审核、消防验收和消防安全检查等行为的监督管理。

【条文主旨】本条规定了公安机关及其工作人员在履行法定消防工作职责时的行为准则、行为规范，以及国务院公安部门对各地公安机关及其工作人员的监督管理责任。

【条文解读】

（一）公安机关及其工作人员履行法定消防工作职责时，应当做到公正、严格、文明、高效。

坚持公正、严格、文明、高效执法，是全面推进依法治国的根本要求，是维护公平正义的重大举措，是提升执法公信力的重要途径。本款将公正、严格、文明、高效作为公安机关及其工作人员的行为准则加以规定，有利于解决实践中存在的个别工作人员特权思想严重，态度冷、硬、横、推，方法简单粗暴，行为举止不够端正等问题。

"公正"就是要求公安机关及其工作人员在履行法定消防工作职责时,要把维护好、实现好、发展好、保护好广大人民群众的利益作为出发点,大公无私,不偏不倚,不能让天平失衡。

"严格"就是要求公安机关及其工作人员在履行法定消防工作职责时,严格按照有关法律法规和规范性文件开展工作,一丝不苟。

"文明"就是要求公安机关及其工作人员在履行法定消防工作职责时,要尊重当事人的人格,以理服人,以法服人,而不是以权力压人。要讲究语言、行为方式,讲究工作方法,使行政相对人服气服法,让人民群众满意。

"高效"就是指在公正、严格、文明的基础上,公安机关及其工作人员还应通过提高自身的业务素质和工作能力,改进工作作风,提高工作效率,本着对工作高度负责的精神,及时履行职责。

**(二)公安机关及其工作人员进行消防设计审核、消防验收和消防安全检查等,不得收取费用,不得谋取利益,不得利用职务指定或者变相指定消防产品的品牌、销售单位或者消防技术服务机构、消防设施施工单位。**

党的十九大报告指出,凡是群众反映强烈的问题都要严肃认真对待,凡是损害群众利益的行为都要坚决纠正。《实施办法》针对消防设计审核、消防验收、消防安全检查等关键环节,就公安机关及其工作人员的行为作出了禁止性规定。

消防设计审核、消防验收和消防安全检查是公安机关日常工作的重要内容，在此过程中收费或者以此谋取利益，必然严重损害公安机关及其工作人员的形象，滋生腐败，也不利于消防工作的健康发展，必须坚决制止。根据《中华人民共和国消防法》规定，消防产品如达到国家规定的产品标准，可以由用户自由选择；消防技术服务机构、消防设施施工单位，只要符合消防有关法规标准，有相应的资质、资格，相关用户、建设单位就可以自由选择其为自己的消防设施检测、消防安全检测、消防设施施工等提供服务，公安机关及其工作人员不得利用职务，为用户、建设单位指定或者变相指定特定的机构为其提供服务。

指定消防产品品牌，是指公安机关及其工作人员利用职权或者职务上的便利指定用户、建设单位使用某个或者某些特定品牌的消防产品或者某种消防产品。指定消防产品的销售单位或者消防技术服务机构、消防设施施工单位，是指公安机关及其工作人员利用职权或者职务上的便利为用户、建设单位指定某个或者某些特定服务机构的服务，或为其指定消防设施施工单位等。变相指定是指公安机关及其工作人员虽然没有明确为用户、建设单位指定消防产品的品牌、销售单位或者消防技术服务机构、消防设施施工单位，但对于用户、建设单位自己选择的消防产品的品牌、销售单位或者消防技术服务机构、消防设施施工单位不予认可，利用职务便利阻碍用户、建设单位自行选择消防产品、服务的权利的情形。对实施上述行为的，《中华人民共和国消防法》第七十一条规定了相应法律责任。

（三）国务院公安部门要加强对各地公安机关及其工作人员进行消防设计审核、消防验收和消防安全检查等行为的监督管理。

《中华人民共和国消防法》第四条规定，国务院公安部门对全国的消防工作实施监督管理。

国务院公安部门作为各级公安机关开展消防执法监督管理的领导机关，加强对各地公安机关及其工作人员进行消防设计审核、消防验收和消防安全检查等行为的监督管理是其职责所在。

## 二十七 加强消防工作事前责任追究

第二十七条 地方各级人民政府和有关部门不依法履行职责，在涉及消防安全行政审批、公共消防设施建设、重大火灾隐患整改、消防力量发展等方面工作不力、失职渎职的，依法依规追究有关人员的责任，涉嫌犯罪的，移送司法机关处理。

【条文主旨】本条规定了地方各级人民政府和有关部门不依法履行职责的，应当被追究相应责任，侧重"事前追责"。

【条文解读】建立健全消防安全责任追究机制，是提高地方各级人民政府和有关部门公共消防安全管理执行力和公信力的基本要求，是督促全面落实消防安全责任制的重要保障。地方各级人民政府和有关部门应当严格遵守《中华人民共和国消防法》等法律法规，对照《实施办法》第二章、第三章有关具体规定，认真履行职责，积极做好消防工作。

以前，往往只对滥用职权、越权行为问责，而行政不作为鲜有问责。《实施办法》注重强化事前监督，前移责任追究关口，在细化有错责任行为的基础上，不以发生火灾事故为追责前提，突出责任落实的过程管理，将行政不作为纳入问责体系，进一步强化无为问责。明确地方各级人民政府和有关部门在涉及消防安全行政审批、公共消防设施建设、重大火灾隐患整改、消防力量发展等方面工作不力、失职渎职的，都要依法依规实施责任倒查，追究有关领导和工作人员的责任；对严重违法违纪涉嫌犯罪的，移送司法机关处理。

在涉及消防安全行政审批方面：政府工作人员违反法定权限、条件和程序设定或者实施行政审批的，依照《行政机关公务员处分条例》，给予相关责任人警告或者记过处分；情节较重的，给予记大过或者降级处分；情节严重的，给予撤职处分。部门或者机构将不符合法律、法规和规章规定的安全条件予以批准的，依照《国务院关于特大安全事故行政责任追究的规定》，对部门或者机构的正职负责人，根据情节轻重，给予降级、撤职直至开除公职的行政处分；与当事人勾结串通的，应当开除公职；构成受贿罪、玩忽职守罪或者其他罪的，依法追究刑事责任。

在公共消防设施建设、重大火灾隐患整改、消防力量发展等方面：政府工作人员不依法履行职责，工作不力，失职渎职，致使本可避免的火灾等重大事故或者群体性事件发生的，依照《行政机关公务员处分条例》，给予记过、记大过处分；情节较重的，给予降级或者撤职处分；情节严重的，给予开除处分。党组织负责人在工作中不负责任或者疏于管理，不传达贯彻、不检查督促落实党和国家的方针政策以及决策部署，给党、国家和人民利益以及公共财产造成较大损失的，依照《中国共产党纪律处分条例》，对直接责任者和领导责任者，给予警告或者严重警告处分；造成重大损失的，给予撤销党内职务、留党察看或者开除党籍处分。

## 二十八　严格火灾事故调查处理

> 　　**第二十八条　因消防安全责任不落实发生一般及以上火灾事故的，依法依规追究单位直接责任人、法定代表人、主要负责人或实际控制人的责任，对履行职责不力、失职渎职的政府及有关部门负责人和工作人员实行问责，涉嫌犯罪的，移送司法机关处理。**
>
> 　　**发生造成人员死亡或产生社会影响的一般火灾事故的，由事故发生地县级人民政府负责组织调查处理；发生较大火灾事故的，由事故发生地设区的市级人民政府负责组织调查处理；发生重大火灾事故的，由事故发生地省级人民政府负责组织调查处理；发生特别重大火灾事故的，由国务院或国务院授权有关部门负责组织调查处理。**

　　【条文主旨】本条规定了因消防安全责任不落实发生一般及以上火灾事故的责任追究要求，强化"事后问责"，同时明确政府分级组织调查处理火灾事故，特别是首次规定了较大和一般亡人火灾事故调查分别由市级、县级人民政府牵头组织调查处理，填补了火灾事故调查处理制度的空白。

　　【条文解读】

　　（一）因消防安全责任不落实发生一般及以上火灾事故的，依法依规追究单位直接责任人、法定代表人、主要负责人或实际控制人的责任，对履行职责不力、失职渎职的政府及有关部门负责人和工作人员实行问责，涉嫌犯罪的，移送司法机关处理。

　　火灾事故往往给人民群众生命财产安全带来重大损失，预防火灾事故的发生是制定《实施办法》的重要目的。对火灾事故，不仅需要通过落实消防安全责任、从源头上加以防范，对发生火灾事故的有关责任主体，也应当依法依规予以制裁，从而督促各方更好地加强前期预防。《实施办法》在明确事前追责的基础上，进一步增加对发生火灾事故的事后追责规定，是十分必要的。

1. 行政责任追究方式。

对直接责任人、法定代表人、主要负责人或实际控制人的责任追究方式，主要是按照《中华人民共和国行政处罚法》《中华人民共和国消防法》实施行政处罚，具体包括警告、罚款、拘留、责令停产停业（停止施工、停止使用）、没收违法所得、责令停止执业（吊销相应资质、资格）等。

对政府及有关部门负责人和工作人员的责任追究方式，主要是行政问责。这是国家治理的重要手段，有效的行政问责可以督促政府及有关部门认真履行消防安全责任，实现遵纪守法，尽职尽责。依据《中国共产党纪律处分条例》《中华人民共和国公务员法》，行政问责的主要方式包括责令作出书面检查、责令道歉、通报批评、行政告诫、停职检查、调离工作岗位、责令辞去领导职务、免职等。

1997年至2016年，全国发生一次死亡10人以上群死群伤火灾111起，造成2320人死亡、1422人受伤。据不完全统计，在这些重特大火灾事故调查处理中，有470多名县级以上领导受到了党纪政纪处分。

2. 刑事责任追究方式。

按照《中华人民共和国刑法》规定，事故相关责任人涉及消防安全的罪名有重大责任事故罪、危险物品肇事罪、失火罪、非法携带危险物品危及公共安全罪、消防责任事故罪等。对政府部门相关责任人涉及消防安全的罪名有滥用职权罪、玩忽职守罪、失职造成珍贵文物损毁、流失罪等。

对因消防安全责任不落实发生火灾事故或导致火灾事故扩大的，移送司法机关处理，依法追究直接责任人、法定代表人、主要负责人或实际控制人、政府及有关部门负责人和工作人员的刑事责任。

刑事处罚包括主刑和附加刑两部分，主刑有管制、拘役、有期徒刑、无期徒刑和死刑，附加刑有罚金、剥夺政治权利和没收财产。

**（二）发生造成人员死亡或产生社会影响的一般火灾事故的，由事故发生地县级人民政府负责组织调查处理；发生较大火灾事故的，由事故发生地设区的市级人民政府负责组织调查处理；发生重大火灾事故的，由事故发生地省级人民政府负责组织调查处理；发生特别重大火灾事故的，由国务院或国务院授权有关部门负责组织调查处理。**

本条填补了较大以下火灾事故调查处理的空白。

根据相关法律法规，特别重大火灾事故由国务院组织调查处理，重大火灾事故由省级人民政府负责组织调查处理，而对重大（不含）以下火灾事故往往只是由公安机关消防机构调查处理，对责任追究尤其是对行业部门源头监管责任的追究不到位，起不到教育警示作用。为此，《实施办法》专门作出规定，较大和亡人火灾由市、县级政府调查处理。

1. 火灾事故等级。

一般火灾事故，是指造成 3 人以下死亡，或者 10 人以下重伤，或者 1000 万元以下直接经济损失的火灾事故（以上含本数，以下不含本数，下同）。

较大火灾事故，是指造成 3 人以上 10 人以下死亡，或者 10 人以上 50 人以下重伤，或者 1000 万元以上 5000 万元以下直接经济损失的火灾事故。

重大火灾事故，是指造成 10 人以上 30 人以下死亡，或者 50 人以上 100 人以下重伤，或者 5000 万元以上 1 亿元以下直接经济损失的火灾事故。

特别重大火灾事故，是指造成 30 人以上死亡，或者 100 人以上重伤，或者 1 亿元以上直接经济损失的火灾事故。

2. 火灾事故调查处理管辖分工。

发生造成人员死亡或产生社会影响的一般火灾事故的，由事故发生地县级人民政府负责组织调查处理。

发生较大火灾事故的，由事故发生地设区的市级人民政府负责组织调查处理。

发生重大火灾事故的，由事故发生地省级人民政府负责组织调查处理。

发生特别重大火灾事故的，由国务院或国务院授权有关部门负责组织调查处理。

最关键的是要认定火灾事故的性质。如果是因危险化学品、烟花爆竹、建设工程施工工地或在生产经营过程中发生的火灾，一般由安全监管部门组织调查处理，公安消防机构积极参与配合；反之如果是其他火灾事故，则按《实施办法》要求，由公安机关或消防机构牵头进行调查处理。

3. 火灾事故调查处理原则。

根据相关法律法规，火灾事故调查处理应当按照科学严谨、依法依规、实事求是、注重实效的原则，及时、准确地查清火灾事故经过和原因，查明火灾事故性质和责任，总结火灾事故教训、提出整改措施，并对火灾事故责任人提出处理意见，火灾事故调查处理的情况应当依法及时向社会公布。一是坚持科学严谨的原则，尊重火灾事故发生的客观规律，采取科学的方法，充分运用技术手段和技术研究，认真、细致、全面地获取、分析收集的每份证据、材料。二是坚持依法依规的原则，严格遵守有关法律、法规的规定，保证程序的公正和结果的公正。三是坚持实事求是的原则，根据客观存在的情况和证据，研究与火灾事故发生的有关事实，寻究火灾事故发生的原因，并在查明原因的基础上明确责任，提出实事求是的处理意见。四是坚持注重实效的原则，既要对事实进行充分、准确地还原，也要注重调查的效率，还要及时发现问题，总结教训，对今后起到警示作用。

4. 火灾事故调查组的职责任务。

根据火灾事故等级、影响等因素，确定成立事故调查组的人员组成和规模。一般情况下，事故调查组下设综合组、技术组、管理组、责任追究组等专项小组，其主要职责任务如下：

事故调查组：

（1）查明事故发生的经过、原因、人员伤亡情况及造成的损失。重点查清事故发生的过程，核清死亡、受伤人数，对损坏的建筑、货物、器材、设施价值和医疗救治费用、善后处理费用及赔付金额等进行核算，确定事故直接经济损失。

（2）认定事故性质和事故责任。从各个方面、各个环节上查找事故发生的直接原因和间接原因，在此基础之上认定事故性质，确认事故的责任单位和责任人员。

（3）对事故应急救援情况进行评估。

（4）提出对责任人和责任单位的处理建议。根据事故性质、事故责任以及有关法律法规和纪律规定，对相关责任人和责任单位提出处理建议。

（5）总结事故教训。揭示事故暴露出来的法律法规、制度机制、管理经营等方面的突出问题，有针对性地提出改进完善工作的建议。

（6）提交事故调查报告。主要包括：事故涉及单位概况；事故发生经过和事故救援情况；事故造成的人员伤亡和直接经济损失；事故发生的原因和事故性质；事故责任的认定以及事故责任人的处理建议；事故教训和今后工作意见等。

各专项小组：

综合组：主要负责事故调查工作的综合协调，统筹做好调查组的各项工作，负责起草事故调查报告。其主要职责和任务如下：

（1）筹备召开事故调查组相关会议等工作。

（2）了解、掌握各组工作进展情况，督促各组按照事故调查组总体要求，制定并实施调查工作方案，协调和推动工作有序开展。

（3）统一报送和处置事故调查的相关信息，草拟综合性文稿，做好文件资料收发、归档等工作。

（4）起草事故调查报告，提交事故调查组审议。

（5）对事故调查组日常工作进行综合协调，负责后勤保障等工作。

（6）完成事故调查组交办的其他任务。

技术组：主要负责调查事故发生的直接原因和技术方面的间接原因。其主要职责和任务如下：

（1）根据事故调查组的总体要求，制定技术组调查工作方案。

（2）查明事故发生的时间、地点、经过，事故造成的死伤人数及死伤原因；事故发生后当地政府及相关部门的应急救援及处置情况。

（3）负责事故现场勘查，搜集事故现场相关证据，指导相关技术鉴定和检验检测工作，对事故发生机理进行分析、论证、验证和认定，查明事故直接原因和技术方面的间接原因，认定事故直接经济损失。

（4）提出对事故性质认定的初步意见和事故预防的技术性针对性措施。

（5）形成技术组调查报告，并提交事故调查组审议。

（6）完成事故调查组交办的其他任务。

管理组：主要负责在技术组查明事故直接原因和间接技术原因的基础上，开展事故管理方面原因的调查。主要职责和任务如下：

（1）根据事故调查组的总体要求，制定管理组调查工作方案。

（2）查明相关管理部门及工作人员履行安全职责情况，

查明事故涉及地方各级政府安全责任落实情况和监管部门执法监管职责落实情况。

（3）针对事故暴露出来的管理方面存在的问题，提出责任单位和责任人员处理建议，提出整改和防范措施建议。

（4）形成管理组调查报告，提交事故调查组审议。

（5）完成事故调查组交办的其他任务。

责任追究组：主要负责提出对相关责任人和责任单位的处理建议。其主要职责和任务如下：

（1）根据对事故原因和相关责任的调查，依据相关法律、法规和规章，对相关责任人和责任单位应承担的刑事责任和行政责任进行调查，并提出处理建议。

（2）形成责任追究报告并提交事故调查组审议。

（3）完成事故调查组交办的其他任务。

5. 火灾事故调查组的基本要求和工作流程。

坚持讲科学、讲原则、讲法制、讲安全、讲质量，严格依照《生产安全事故报告和调查处理条例》（国务院令第 493号）、《火灾事故调查规定》等法律法规的规定，对涉及事故起因、责任问题深入细致地开展调查，对违法违规行为严肃处理，对教训深刻揭露总结。

（1）坚持原则、高度负责。严格公正调查、严格执行法律、严格按程序办事，不受干扰、不徇私情、秉公办事。

（2）实事求是、客观公正。坚持重证据、重事实，不凭主观臆断和想当然看问题，切实把握事物内在联系和事实的因果关系，还原问题本质真相。

（3）尊重科学、依法依规。坚持用科学思维分析认识问题，用科学方法检测认定证据，依法依规调查取证，认定责任。

（4）规范有序、保证质量。各项调查工作都要有方案，有计划、有明确的目的性地安排。每天汇总分析工作成果，形成符合规范要求的文字、图像材料。

（5）严守纪律、保守秘密。严格遵守党纪政纪，严格遵守工作纪律，严格遵守组织纪律，严格遵守保密要求。未经调查组同意不得以任何形式对外泄露调查工作情况。

（6）严格要求、廉洁自律。严格执行中央八项规定精神，切实做到廉洁自律，不接受与执行调查任务有关的宴请，不参加与执行调查任务有关的娱乐活动，不收受礼品和钱物，不做对调查工作不利的任何事情。

火灾事故调查组基本工作流程主要是：

（1）召开事故调查组成立大会；

（2）各专项组召开成员会议，明确任务分工和工作要求；

（3）各专项组按职责分工分别开展工作；

（4）每日召开各专项小组碰头会，了解各组工作进展情况，协调解决相关问题；

（5）技术组形成事故调查技术报告；

（6）事故调查组审查技术报告；

（7）管理组现场调查结束后，召开会议研究并形成管理组调查报告；

（8）责任追究组形成责任追究报告；

（9）综合组汇总各小组提交的调查报告，草拟事故调查综合报告，召开会议审查事故调查综合报告。

6. 火灾事故调查处理要求。

根据《生产安全事故报告和调查处理条例》（国务院令第493 号）要求，调查组应当自火灾发生之日起 60 日内提交事故调查报告，特殊情况下，经负责事故调查的人民政府批准，提交事故调查报告的期限可以适当延长，但延长的期限最长不超过 60 日。事故调查进行技术鉴定所需时间不计入事故调查期限。

对一般火灾事故、较大火灾事故、重大火灾事故，负责火灾调查的人民政府应当在自收到火灾事故调查报告之日起 15 日内做出批复；对特别重大火灾事故，30 日内做出批复，特殊情况下，批复时间可以适当延长，但延长的时间最长不超过 30 日。

有关机关应当按照人民政府的批复，依照法律、行政法规规定的权限和程序，对火灾事故发生单位和有关人员包括直接责任人、法定代表人、主要负责人或实际控制人等进行行政处罚，对负有火灾事故责任的国家工作人员进行处分；火灾事故发生单位应当按照负责火灾事故调查的人民政府的批复，对本单位负有火灾事故责任的人员进行处理；负有火灾事故责任的人员涉嫌犯罪的，依法追究刑事责任。

火灾事故发生单位应当认真吸取火灾事故教训，落实防范和整改措施，防止火灾事故再次发生，防范和整改措施的落实情况应当接受工会和职工的监督。公安消防部门、相关行业主管部门应当对火灾事故发生单位落实防范和整改措施的情况进行监督检查。

火灾事故调查处理情况由负责火灾事故调查的人民政府或

者其授权的有关部门、机构向社会公布，调查处理有关资料应归档保存。

　　火灾事故调查处理工作结案一年内，负责火灾事故调查的地方人民政府要组织开展火灾事故暴露问题整改情况的评估，要向社会公开，对履职不力、整改措施不落实的，要依法依规追究有关单位和人员责任。

# 第六章　附则

　　本章对具有固定生产经营场所的个体工商户消防安全职责作出了明确，要求参照履行单位消防安全职责。首次从国家层面对微型消防站进行了名词解释，明确了其性质和建设标准。同时，规定了《实施办法》生效的日期和有关执行要求。

## 二十九　个体工商户消防安全职责

第二十九条　具有固定生产经营场所的个体工商户，参照本办法履行单位消防安全职责。

【条文主旨】本条规定了具有固定生产经营场所的个体工商户的消防安全职责。

【条文解读】个体私营等非公有制经济是社会主义市场经济的重要组成部分，是中国特色社会主义事业的重要建设力量。近年来，在"大众创业、万众创新"的时代背景下，个体工商户瞄准市场需求，捕捉发掘商机，规模日益扩大，从业人员数量越来越多，其消防安全管理难度已不亚于企业单位，火灾防控压力相应增加。

为服务和保障个体工商户消防安全，督促其落实消防安全管理，《消防监督检查规定》（公安部令第120号）第三十九条规定，有固定生产经营场所且具有一定规模的个体工商户，应当纳入消防监督检查范围；具体标准由省、自治区、直辖市公安机关消防机构确定并公告。

拥有固定生产经营场所的个体工商户作为其生产经营场所的消防安全责任人、管理人，应加强消防安全管理，防范火灾事故和人员财产损失。但消防法律法规仅对自然人和单位消防安全职责作出了规定，《实施办法》针对个体工商户这一特定主体，要求拥有固定生产经营场所的个体工商户参照履行单位消防安全职责，以规范其日常管理行为，确保个体工商户消防安全。

## 三十　微型消防站

**第三十条**　微型消防站是单位、社区组建的有人员、有装备，具备扑救初起火灾能力的志愿消防队。具体标准由公安消防部门确定。

【**条文主旨**】　本条规定了微型消防站的性质和建设标准。

【**条文解读**】　近年来，为引导和规范志愿消防队伍建设，推动落实消防安全主体责任，提高单位和基层自查自纠、自防自救的能力，全国公安机关指导单位、社区广泛建立了"有人员、有器材、有战斗力"的微型消防站，实现有效处置初起火灾。目前，全国已建成微型消防站36.5万个、有消防队员180万人，每天参与处置的火灾事故达到全国接警出动总数的四成左右，发挥了"救早、救小、救初起"的重要作用。

2015年，公安部消防局印发了《消防安全重点单位微型消防站建设标准（试行）》《社区微型消防站建设标准（试行）》（公消〔2015〕301号），对各类微型消防站的建设原则、人员配备、站房器材、岗位职责、值守联动、管理训练等提出了具体要求。各地应按照公安部消防局标准，结合本地实际，因地制宜推进微型消防站的建设、验收、运行工作。

## 三十一　施行时间和有关要求

第三十一条　本办法自印发之日起施行。地方各级人民政府、国务院有关部门等可结合实际制定具体实施办法。

【条文主旨】本条规定了《实施办法》生效日期和地方各级人民政府、国务院有关部门的具体执行要求。

【条文解读】2017年10月29日，国务院办公厅印发《消防安全责任制实施办法》，印发之日即《实施办法》生效之日。

自印发之日起，适用《实施办法》的相关责任主体履行规定的消防工作职责，并承担相应的责任。

各地、各有关部门可结合自身职责和本地区、本部门实际，制定《实施办法》具体实施意见，加快建立健全消防安全责任制，推动《实施办法》落地见效。

# 附录一 典型事故责任追究案例

# 浙江省天台县足馨堂足浴中心
# "2·5"火灾事故

2017 年 2 月 5 日，浙江省台州市天台县足馨堂足浴中心发生重大火灾事故，造成 18 人死亡，18 人受伤，过火面积约 500 平方米。火灾原因是位于足馨堂 2 号汗蒸房西北角墙面的电热膜导电部分出现故障，产生局部过热，电热膜被聚苯乙烯保温层、铝箔反射膜及木质装修材料包敷，导致散热不良，热量积聚，温度持续升高，引燃周围可燃物。

台州市政府副秘书长应正南（天台原县委常委、常务副县长）、温岭市公安局长吴凌（天台原县委常委、公安局长）、天台县公安局副局长庞华辉、天台县公安消防大队政治教导员李华（天台县原公安消防大队大队长）、缙云县公安消防大队大队长马灵光（天台县原公安消防大队政治教导员）、台州市公安消防支队政治处组教科干事高云鹏（天台县原公安消防大队参谋）6 人被给予党纪、政纪处分。台州市人大副主任李志坚（天台原县委书记）、三门县委书记杨胜杰（天台原县委副书记、县长）、天台县委书记管文新、县长潘军明、县委副书记、政法委书记崔波、常务副县长陈益军、副县长、公安局长梅东晓7人被给予诚勉谈话处理。

# 天津港"8·12"特别重大
# 火灾爆炸事故

2015 年 8 月 12 日，天津市滨海新区天津港瑞海国际物流有限公司（以下简称瑞海公司）危险品仓库发生特别重大火灾爆炸事故，造成 165 人遇难（参与救援处置的公安现役消防人员 24 人、天津港消防人员 75 人、公安民警 11 人，事故企业、周边企业员工和周边居民 55 人），8 人失踪（天津港消防人员 5 人，周边企业员工、天津港消防人员家属 3 人），798 人受伤住院治疗（伤情重及较重的伤员 58 人、轻伤员 740 人）；304 幢建筑物（其中办公楼宇、厂房及仓库等单位建筑 73 幢，居民 1 类住宅 91 幢、2 类住宅 129 幢、居民公寓 11 幢）、12428 辆商品汽车、7533 个集装箱受损，已核定直接经济损失 68.66 亿元人民币。事故原因为瑞海公司危险品仓库运抵区南侧集装箱内的硝化棉由于湿润剂散失出现局部干燥，在高温（天气）等因素的作用下加速分解放热，积热自燃，引起相邻集装箱内的硝化棉和其他危险化学品长时间大面积燃烧，导致堆放于运抵区的硝酸铵等危险化学品发生爆炸。

2016 年 11 月 7—9 日，天津港"8·12"特别重大火灾爆炸事故所涉 27 件刑事案件一审分别由天津市第二中级人民法院和 9 家基层法院公开开庭进行了审理，并对上述案件涉及的被告单位及 24 名直接责任人员和 25 名相关职务犯罪被告人进行了公开宣判。法院经审理查明，天津交通、港口、海关、安监、规划、海事等单位的相关工作部门及具体工作人员，未认真贯彻落实有关法律法规，违法违规进行行政许可和项目审查，日常监管严重缺失；相关部门负责人和工作人员存在玩忽职守、滥用职权等失职渎职和受贿问题，最终导致了天津港"8·12"特别重大火灾爆炸事故重大人员及财产损失。瑞海公司董事长于学伟构成非法储存危险物质罪、非法经营罪、危险物品肇事罪、行贿罪，予以数罪并罚，依法判处死刑缓期 2 年执行，并处罚金人民币 70 万元；瑞海公司前副董事长董社轩、前总经理只峰等 5 人构成非法储存危险物质罪、非法经营罪、危险物品肇事罪，分别被判处无期徒刑到 15 年有期徒刑不等的刑罚；瑞海公司其他 7 名直接责任人员分别被判处 10 年到 3 年有期徒刑不等的刑罚。中滨安评公司犯提供虚假证明文件罪，依法判处罚金 25 万元；中滨安评公司前董事长、总经理赵伯扬等 11 名直接责任人员分别被判处 4 年到 1 年 6 个月不等的有期徒刑。时任天津市交通运输委员会主任武岱等 25 名国家机关工作人员分别被以玩忽职守罪或滥用职权罪判处 3 年到 7 年不等的有期徒刑，其中李志刚等 8 人同时犯受贿罪，予以数罪并罚。

国务院对天津市委、市政府通报批评，并责成天津市委、市政府向党中央、国务院作出深刻检查，责成交通运输部向国务院作出深刻检查。此次事故，另对 123 名事故责任人员作出了处理，其中 74 名责任人员（省部级 5 人、厅局级 22 人、县处级 22 人、科级及以下 25 人）给予党纪政纪处分（撤职处分 21 人、降级处分 23 人、记大过及以下处分 30 人），48 名责任人员予以诫勉谈话或批评教育，1 名责任人员在事故调查处理期间病故、不再给予其处分。天津市党委、政府 7 人受到党纪政纪处分，给予市委常委、滨海新区区委书记宗国英党内严重警告处分，市政府党组成员、副市长孙文魁降级处分，市政府党组成员、副市长何树山记大过处分，市委委员、滨海新区区委副书记、滨海新区政府党组书记、区长张勇党内严重警告、降级处分，滨海新区政府党组成员、分管规划国土工作的副区长孙涛党内严重警告、降级处分，滨海新区政府党组成员、分管安全生产工作的副区长金东虎撤销党内职务、撤职处分，滨海新区政府党组成员、副区长兼滨海新区行政审批局（行政服务中心）局长（主任）张铁军记过处分。国务院相关部委 5 人受到党纪政纪处分，给予交通运输部党组成员、副部长何建中记大过处分，海关总署党组副书记、副署长鲁培军记过处分，交通运输部水运局局长李天碧记大过处分，交通运输部公安局局长李国平记过处分，海关总署监管司司长徐道文记过处分。天津市相关职能部门 49 人受到党纪政纪处分，包括交通运输委员会党委委员、副主任吴秉军，天津海关党组成员、副关长刘来久，天津市安全监管局党组书记、局长魏青松，天津市委候补委员、市规划局党组书记、局长严定中，天津市滨海新区发展改革委员会党组成员、副主任王维斌，天津市公安局党委委员、副局长顾玉健，天津市公安消防总队副总队长乔旭，天津市市场和质量监督管理委员会党委委员、副主任，滨海新区市场和质量监督管理局党委书记、局长李荣强，

天津海事局党组副书记、局长刘福生，交通运输部天津水运工程科学研究院党委委员、副院长兼天津水运安全评审中心主任朱建华等。

# 河南省平顶山市鲁山县康乐园
# 老年公寓"5·25"火灾事故

2015年5月25日，河南省平顶山市鲁山县康乐园老年公寓发生特别重大火灾事故，造成39人死亡、6人受伤，过火面积745.8平方米，直接经济损失2064.5万元。火灾原因是老年公寓不能自理区西北角房间电视机供电线路接触不良发热，高温引燃周围的聚苯乙烯泡沫、吊顶木龙骨等易燃可燃材料，造成火灾。

康乐园老年公寓法定代表人范花枝、彩钢板房建筑商冯春杰犯工程重大安全事故罪，分别判处9年有期徒刑、罚金50万元和6年6个月有期徒刑、罚金10万元。康乐园老年公寓副院长刘秧、马爱卿、消防专干孔繁阳和消防安全小组成员翟会廷犯重大责任事故罪，分别被判处有期徒刑5年至3年6个月不等的刑罚。鲁山县民政局原党组成员王占文、城福股原股长铁九伟、鲁山县公安局原党委委员高峰、鲁山县城乡规划局（城市）执法监察大队原大队长孙建设等10名国家机关工作人员分别被以滥用职权罪或玩忽职守罪判处有期徒刑6年至2年6个月不等的刑罚。鲁山县董周派出所所长曹新峰、鲁山县公安局消防大队防火参谋冯继光、鲁山县住房和城乡建设局城建监察大队大队长邢红亚、鲁山县城建监察大队四中队中队长郜凡凯犯玩忽职守罪被判处有期徒刑4年6个月至3年6个月不等的刑罚。鲁山县民政局局长刘大钢犯滥用职权罪、受贿罪、贪污罪，被判处有期徒刑8年，罚金20万元。

河南省委、省政府对27名事故责任人给予了党纪、政纪处分。给予平顶山市委副书记、市长张国伟记过处分，副市长、市公安局党委书记、局长崔建平记大过处分，市政府分管民政工作的副市长李哲记大过处分，鲁山县委书记李留军撤销党内职务处分，县委副书记、县长李会良党内严重警告、降级处分，县政府党组成员、副县长、县防火委员会主任刘文强撤销党内职务、撤职处分，县政府分管民政工作的副县长田汉霖撤销党内职务、撤职处分，鲁山县琴台街道办事处党工委副书记、主任刘志民撤销党内职务、撤职处分。给予河南省民政厅党组书记、厅长冯昕记过处分，省民政厅老龄工作处处长李本谦、省公安消防总队防火监督部部长韩建平记大过处分，平顶山市民政局党组书记、局长王雷记大过处分，市民政局党组成员、副局长庞振邦党内严重警告、降级处分，市民政局老龄办主任田浏敏党内严重警告、撤职处分，市民政局社会福利科科长刘富党内严重警告、撤职处分。给予平顶山市公安局党委委员、副局长刘跃武记大过处分，鲁山县公安局党委书记、局长赵明党内严重警告、降级处分，县公安局治安大队副大队长兼消防保卫中队中队长石书立党内严重警告、撤职处分。给予鲁山县城乡规划局党组书记、局长申松阳党内严重警告、降低岗位等级处分，县城乡规划局党组成员、副局长李中民党内严重警告、降低岗位等级处分。给予鲁山县国土资源局党组书记、局长任长吉记大过处分，鲁山县住房和城乡建设局党委书记、局长徐群生党内严重警告、降级处分，鲁山县安全生产监督管理局党组书记、局长王公民记过处分。

# 吉林省德惠市宝源丰禽业有限公司"6·3"火灾爆炸事故

2013年6月3日，吉林省长春市德惠市宝源丰禽业有限公司主厂房发生特别重大火灾爆炸事故，造成121人死亡、76人受伤，17234平方米主厂房及主厂房内生产设备被损毁，直接经济损失1.82亿元。火灾原因为宝源丰公司主厂房电气线路短路，引燃周围可燃物，导致氨设备和氨管道发生物理爆炸，大量氨气泄漏，介入燃烧。

长春市朝阳区人民法院以工程重大安全事故罪判处吉林宝源丰禽业有限公司董事长贾玉山有期徒刑9年，并处罚金人民币100万元，判处长春建工集团有限公司吉润管理公司退休职工刘升有期徒刑7年，并处罚金人民币30万元，判处原铁岭瑞诚建设工程监理有限责任公司总经理王大志有期徒刑6年，并处罚金人民币30万元，判处原长春建工集团有限公司吉兴工程管理公司经理刘振江有期徒刑5年6个月，并处罚金人民币20万元，判处宝源丰公司项目监理方张新明有期徒刑5年6个月，并处罚金人民币20万元；以重大劳动安全事故罪分别判处原吉林宝源丰禽业有限公司总经理张玉申、综合办公室主任姚改政有期徒刑 4 年和 3 年；以玩忽职守罪对负有工程质量监督、建设工程项目审查以及安全生产监管职责的原吉林省德惠市建设工程质量监督站副站长刘树伟、原吉林省德惠市米沙子镇城乡建设管理分局局长宋立民、原吉林省德惠市米沙子镇安全生产监督管理工作站负责人李云龙，分别判处有期徒刑 5 年、4 年和 3 年，以玩忽职守罪对负有安全生产工作领导责任的原吉林省德惠市米沙子镇镇长刘真祥免予刑事处罚。长春市二道区人民法院以滥用职权罪判处原德惠市公安消防大队大队长吕彦东有期徒刑 5 年 6 个月，判处原德惠市公安消防大队副大队长兼任建审员刘贵财有期徒刑 5 年，判处原德惠市公安消防大队验收员高伟有期徒刑 4 年，以玩忽职守罪对原德惠市公安消防大队内勤兼防火监督员兰天免予刑事处罚；以玩忽职守罪判处原德惠市公安局米沙子镇派出所所长赵震有期徒刑 4 年 6 个月，判处原德惠市公安局米沙子镇派出所民警孙中光有期徒刑 4 年，判处原德惠市公安分局米沙子镇派出所民警冯天明有期徒刑 3 年，缓刑 4 年。

国务院对吉林省人民政府予以通报批评，并责成其向国务院作出深刻检查。吉林省委、省政府对 23 名事故责任人给予了党纪、政纪处分。给予原吉林省人民政府副省长兼省公安厅厅长黄关春记大过处分，长春市市委副书记、市长姜治莹记大过处分，长春市人民政府党组成员、副市长，市公安局党委书记、局长李祥党内严重警告、降级处分，德惠市委书记张德祥撤销党内职务处分，德惠市市委副书记、市长刘长春撤销党内职务、撤职处分，德惠市人民政府党组成员、副市长、市公安局党委书记、局长王华安撤销党内职务、撤职处分，德惠市市委常委、副市长王涛党内严重警告、降级处分，原吉林省公安消防总队党委书记、总队长李树田记大过处分，原德惠市公安消防大队党委副书记、大队长王卓撤销党内职务、撤职处分。给予德惠市安全生产监督管理局党组书记、局长范卜记大过处分，市安全生产监督管理局党组成员、副局长陈富强党内严重警告、降级处分，市安全生产监督管理局监察大队大队长李振伍党内严重警告、撤职处分，市安全生产监督管理局危险化学品监督管理科科长宋衍昌党内严重警告、撤职处分。给予德惠市经济局副局长刘广春党内严重警告、撤职处分，市建设工程质量监督站党支部书记、站长邹海春撤销党内职务、撤职处分。给予米沙子镇党委书记、米沙子工业集中区党工委书记、米沙子工业集中区管委会主任裴天吉撤销党内职务、撤职处分，米沙子镇党委委员、副镇长王中丰撤销党内职务、撤职处分，米沙子镇派出所副所长滕继鹏党内严重警告、撤职处分。

# 上海市静安区胶州路高层公寓
## "11·15"火灾事故

2010年11月15日，上海市静安区胶州路728号公寓大楼因无证电焊工违章操作引发火灾，造成58人死亡、71人受伤，过火面积12000平方米，直接经济损失1.58亿元。根据国务院批复的意见，依照有关规定，对54名事故责任人作出严肃处理，其中26名责任人被依法追究刑事责任，28名责任人受到党纪、政纪处分，同时责成上海市人民政府向国务院作出深刻检查。

被依法追究刑事责任的26名责任人员是：静安区建交委主任、党工委副书记高伟忠，静安区建交委副主任姚亚明，静安区建交委综合管理科科长周建民，静安区建交委建筑建材业市场管理办公室副主任张权，静安区建设总公司法定代表人、总经理董放，静安区建设总公司副总经理瞿幼棣，静安区建设总公司副总经理、安全总监周峥，静安区建设总公司项目经理范玮民，静安区建设总公司项目安全员曹磊，上海佳艺公司法定代表人、总经理黄佩信，上海佳艺公司副总经理马义镣，上海佳艺公司项目经理沈大同，上海佳艺公司项目安全员陶忱，静安建设工程监理有限公司总监理工程师张永新，静安建设工程监理有限公司安全监理员卫平儒，迪姆公司法定代表人劳卫星，无固定职业人员支上邦，无固定职业人员沈建丰，无固定职业人员沈建新，教师公寓节能改造项目工地电焊班组负责人马东启，教师公寓节能改造项目工地现场电焊工人吴国略，教师公寓节能改造项目工地现场工人王永亮，承揽铝门窗施工业务的杨为民，承揽外墙保温材料供应和施工的张利，上海烽权建筑装饰工程有限公司法定代表人姜建东，上海市金山区添益建材经营部经理冯伟。

28 名受到党纪、政纪处分的责任人中，包括企业人员 7 名，国家工作人员 21 名，其中省（部）级干部 1 人，厅（局）级干部 6 人，县（处）级干部 6 人，处以下干部 8 人。分别是：给予上海市副市长沈骏行政记大过处分，上海市市委委员、静安区区委书记龚德庆党内严重警告处分，上海市市委委员、静安区区委副书记、区长张仁良行政撤职、撤销党内职务处分，静安区区委常委、副区长徐孙庆行政撤职、撤销党内职务处分，静安区区政府党组成员、副区长陈静薇行政记大过处分，静安区江宁路街道党工委副书记、办事处主任王国平行政记大过处分，静安区江宁路街道党工委副书记兼平安工作部部长张金生行政撤职、撤销党内职务处分，静安区江宁路街道办事处副主任兼社区管理工作部部长朱德富行政降级、党内严重警告处分。给予上海市建交委主任、党委副书记黄融行政记大过处分，上海市建交委副主任、党委委员蒋曙杰行政降级、党内严重警告处分，上海市建交委建设市场监管处处长、稽查办公室主任曾明行政记大过处分，上海市建设工程安全质量监督总站副站长张常庆行政降级、党内严重警告处分，静安区建交委建筑建材业管理办公室主任、静安区建设工程安全质量监督站站长周正行政降级、党内严重警告处分，静安区建设工程招投标管理办公室主任、静安区建筑市场管理所所长邵振丁行政降级、党内严重警告处分，静安区建设工程安全质量监督站原站长、现静安区建设和管理服务中心工程协调部经理张家明行政降级、党内严重警告处分。给予静安区建设总公司生产科科长范正荣行政撤职处分，静安区建设总公司安全设备科科长汤士刚行政降级、党内严重警告处分，静安置业设计有限公司设计主管、党支部委员赵雨时行政撤职、撤销党内职务处分，静安置业设计有限公司总经理、静安建筑装饰实业股份有限公司党委委员、本部第二党支部书记龚晓栋行政撤职、撤销党内职务处分，静安置业设计有限公司董事长、静安建筑装饰实业股份有限公司党委书记张慎娣行政降级、党内严重警告处分，静安建设工程监理有限公司执行董事、法定代表人、党支部书记、静安区建设工程服务中心主任陈邱良行政撤职、撤销党内职务处分，静安置业集团公司上海巨星物业有限公司总经理、党支部副书记张伯余行政大过处分。给予静安区江宁路派出所消防民警封良培行政降级、党内严重警告处分，静安区江宁路派出所副所长兼执法办案队队长孔寅翼行政记大过处分，静安区公安消防支队防火监督处参谋倪彦雯行政记大过处分，静安区公安消防支队防火监督处处长、党委委员白玉奇行政记过处分。给予静安区建设工程安全质量监督站安监室主任唐亮行政撤职、党内严重警告处分，静安区建设工程安全质量监督站副站长、党支部书记柴光成行政撤职、撤销党内职务处分。

# 福建省福州市拉丁酒吧
# "1·31"火灾事故

2009 年 1 月 31 日，福建省福州长乐市拉丁酒吧发生火灾，造成 15 人死亡、22 人受伤，烧毁电视机、音像设备、灯光设备、装修装饰物等物品，直接财产损失近 11 万元。火灾原因为酒吧内顾客燃放烟花引燃顶棚处的吸音棉引发火灾。

这起事故中，26 名事故责任人受到责任追究，其中 16 名事故责任人被依法追究刑事责任。长乐拉丁酒吧法人代表郑明来、燃放烟花的李娜等 7 名人员被依法追究刑事责任；长乐公安消防大队大队长林志荣、工商局城关工商所所长林桂光、公安局治安大队副大队长林瑞仕、城关派出所民警许宗强犯滥用职权罪，分别判处有期徒刑 3 年；长乐市科技文体局文化市场稽查队负责人马松峰犯玩忽职守罪，判处有期徒刑 3 年；城建监察大队市容中队负责人林日升、监察员林海犯滥用职权罪，分别判处有期徒刑 1 年 6 个月；消防大队副大队长郑海林犯滥用职权罪、受贿罪，决定执行有期徒刑 5 年；消防大队参谋程望江犯滥用职权罪、受贿罪，决定执行有期徒刑 4 年。

10 名纪检监察对象受到党纪、政纪处分。给予长乐市市长林文芳行政警告处分，长乐市人民政府分管消防和安全生产工作的副市长郑祖英行政记过处分，长乐市市委常委、公安局局长林捷行政记大过处分，长乐市公安局主任科员、时任分管消防工作的副局长吴德仁行政降级处分，撤销陈建辉长乐市城关派出所党支部副书记、所长职务，撤销林宜强长乐市城关派出所党支部委员、副所长职务。给予长乐市公安局治安大队大队长吴少勇党内严重警告、行政降级处分，长乐市工商局城关工商所政治指导员朱文清行政记过处分，长乐市吴航街道办事处党工委副书记陈孝亮党内严重警告处分，长乐市吴航街道航华社区居委会主任程瑞兰党内警告处分。同时，责成福州市、长乐市政府分别向省政府和福州市政府做出书面检查报告，并由福州市政府对长乐市政府予以通报批评。

# 吉林省吉林市中百商厦 "2·15"火灾事故

2004 年 2 月 15 日，吉林省吉林市中百商厦发生火灾，火灾过火面积 2040 平方米，造成 54 人死亡，70 人受伤，直接财产损失约 426 万元。火灾原因为中百商厦伟业电器行雇工抽烟时烟头掉落在木板地面上，引燃地面可燃物引起火灾。

这起火灾，共有 7 名责任人被依法追究刑事责任。中百商厦伟业电器行雇工于洪新犯失火罪判处有期徒刑 7 年，中百商厦总经理刘文建犯消防责任事故罪判处有期徒刑 6 年，副总经理赵平犯消防责任事故罪判处有期徒刑 5 年，保卫科长马春平犯消防责任事故罪判处有期徒刑 4 年，保卫科副科长陈忠犯重大责任事故罪判处有期徒刑 3 年 6 个月，保卫科保卫干事曹明君犯重大责任事故罪判处有期徒刑 3 年，保卫科防火员李爱民犯重大责任事故罪，但鉴于其犯罪情节轻微，依法免予刑事处罚。

吉林省委、省政府对相关责任人进行了党纪、政纪处分。吉林市市委副书记、市长刚占标，作为安全生产工作第一责任人，对火灾事故的发生负有领导责任，引咎辞职。吉林市副市长蔡玉和对商业委员会系统企业的安全生产责任抓落实不到位，对商业委员会在中百商厦消防安全管理和经营管理上存在的问题失察，对火灾事故的发生负有领导责任，给予党内警告和行政记大过处分。吉林市商业委员会主任、党委书记刘文彬没有认真履行工作职责，对中百商厦存在的火灾隐患和经营混乱问题失察，对火灾事故发生负有领导责任，给予党内严重警告和行政降级处分。吉林市商业委员会副主任、党委书记杨开宝对中百商厦管理不力，工作失职，对存在的火灾隐患没有督促整改到位，对火灾事故发生负有直接领导责任，给予撤销党内职务和行政撤职处分。吉林市商业委员会企业指导处处长赵万海，负责系统内市属企业的防火安全、综合治理、指导企业管理等工作，分管对中百商厦防火工作的安排布置和检查指导，检查工作流于形式，未能发现中百商厦北侧违章建筑存在的火灾隐患；对中百商厦存在的管理混乱问题没有采取有效措施给予解决，工作失职，对火灾事故发生负有直接领导责任，给予党内严重警告和行政撤职处分。吉林市中百商厦保卫科副科长陈忠（事故当日值班），发生火灾后未及时组织商厦三四层人员疏散，工作失职，对事故人员伤亡的扩大负有直接责任，给予留党察看一年和留用察看一年处分。吉林市中百商厦保卫科防火员李爱民，没有落实消防安全责任制，消防安全措施不落实，对中百商厦存在的火灾隐患未给予有效解决，工作失职，对火灾事故发生及人员伤亡的扩大负有直接责任，给予留用察看一年处分。吉林市公安局船营分局副局长、党委委员胜志伟，分管防火、治安、综合治理等工作，对船营区消防大队的消防工作督导不力，对辖区内消防重点单位中百商厦存在的火灾隐患失察，对火灾事故发生负有领导责任，给予行政记过处分。吉林市建设规划执法大队大队长、党支部书记关长吉，在发现中百商厦搭建违章建筑的情况下，没有严格履行职责督促其彻底拆除，以罚代管，为这次火灾留下了事故隐患，对火灾事故发生负有领导责任，给予党内警告和行政记大过处分。吉林市船营区工商分局向阳工商所所长李彦华，在任船营区工商分局长春路工商所所长期间，负有对辖区内中百商厦的经营活动进行监督管理的职责，明知中百商厦存在超范围经营舞厅的问题，没有严格履行职责采取有效监管措施，对火灾事故造成的巨大损失负有领导责任，给予行政记过处分。吉林市公安消防支队防火监督处处长李德生对船营区消防大队的消防监督工作指导不力，给予行政严重警告处分。船营区公安消防大队大队长杜宝相对船营区的消防工作督导不力，对辖区内消防重点单位中百商厦存在的火灾隐患失察，对火灾事故发生负有领导责任，给予行政记过处分。船营区公安消防大队参谋李韬消防监督检查不细，给予行政记大过处分。

# 河南省洛阳市东都商厦
# "12·25"火灾事故

2000 年 12 月 25 日，河南省洛阳市东都商厦因违章电焊作业引发特别重大火灾事故，造成 309 人死亡、7 人受伤，直接财产损失 275.3 万元。

这起火灾，21 名事故责任人被判处有期徒刑 13 年至 3 年。事故直接责任人洛阳丹尼斯量贩有限公司东都店养护员王成太犯重大责任事故罪、过失致人死亡罪，决定执行有期徒刑 13 年；该公司东都店装修负责人王子亮、东都店店长赵宇犯重大责任事故罪、包庇罪，分别决定执行有期徒刑 9 年；该公司东都店员工王磊、刘新强犯妨害作证罪、包庇罪，分别决定执行有期徒刑 9 年；该公司南昌店店长杨政然，东都店员工周晓、来登阁，河南东裕电器有限公司经理王子华犯包庇罪，分别被判处有期徒刑 3 年；东都商厦总经理李志坚、总经理助理卢大周犯消防责任事故罪，分别被判处有期徒刑 7 年；东都商厦工会主席张海英、东都商厦后勤保障部部长杜克军犯国有企业工作人员玩忽职守罪，分别被判处有期徒刑 7 年；原洛阳市工商局老城分局青年宫工商所所长杨红军犯玩忽职守罪，被判处有期徒刑 7 年；原洛阳市工商局老城分局局长郭友军、副局长王新伟犯妨害作证罪，分别被判处有期徒刑 4 年、3 年；洛阳市公安局老城分局东南隅派出所所长岳永欣、民警马东斌犯玩忽职守罪，分别被判处有期徒刑 6 年；原洛阳市文化局文化市场管理科科长桂延州犯玩忽职守罪，被判处有期徒刑 3 年；原洛阳市公安消防支队防火监督处指导科副科长姚国红犯玩忽职守罪，被判处有期徒刑 7 年。

　　河南省委、省政府对此次火灾事故负有领导责任的有关人员分别作出了处理。省委常委、省委秘书长、原洛阳市委书记李柏栓对火灾负有重要领导责任，给予党内警告处分；洛阳市市长刘典立对全市消防工作领导不力，重视不够，给予党内严重警告、行政记大过处分，并免去市长职务；洛阳市分管副市长宗廷轩在市公安局关于东都商厦停业整改的报告上批示"请按有关规定办"，调查组认定其批示含糊不清，对东都商厦的重大火灾隐患整改工作重视不够、督促整改不力，负有重要领导责任，给予党内严重警告、行政降级处分。

# 新疆维吾尔自治区克拉玛依市友谊馆 "12·8"火灾事故

1994年12月8日，新疆维吾尔自治区克拉玛依市友谊馆舞台照明灯燃着幕布引发火灾，造成323人死亡、130人受伤，直接经济损失210.9万元。

因犯重大责任事故罪，克拉玛依友谊馆副主任阿不来提·卡德尔、友谊馆服务人员陈惠君，分别被判处有期徒刑7年，友谊馆服务人员努斯拉提·玉素甫江、服务人员刘竹英，分别被判处有期徒刑6年。因犯玩忽职守罪，原新疆石油管理局副局长方天录、原克拉玛依市教委副主任唐健、原友谊馆主任兼指导员蔡兆锋，分别被判处有期徒刑5年，原克拉玛依市副市长赵兰秀被判处有期徒刑4年6个月，原分管文化艺术中心工作的石油管理局总工会副主席岳霖、原新疆石油管理局教育培训中心党委副书记况丽、原文化艺术中心主任孙勇、教导员赵忠铮、原市教委普教科科长朱明龙，分别被判处有期徒刑4年。

新疆维吾尔自治区区委、区政府对此次火灾事故负有领导责任的有关人员分别作出了处理，撤销谢宏的新疆石油管理局局长兼安全委员会主任、管理局党委常委、副书记和克拉玛依市委常委、副书记职务，并由自治区人大罢免其人大常委会副主任职务；给予克拉玛依市委书记兼新疆石油管理局党委书记唐健党内严重警告处分；给予新疆石油管理局副局长阿不都拉和自治区教委副主任刘东行政降级、撤销党内职务的处分；给予克拉玛依市人大常委会副主任张华堂留党察看 1 年的处分，并由克市人大罢免其市人大常委会副主任职务；撤销克拉玛依市总工会主席兼新疆石油管理局工会主席克尤木的党内职务，并罢免其工会主席职务。

# 辽宁省阜新市艺苑歌舞厅
# "11·27"火灾事故

1994 年 11 月 27 日，辽宁省阜新市艺苑歌舞厅发生特别重大火灾，造成 233 人死亡、24 人受伤，直接经济损失 30 万元。起火原因为 3 号雅间 1 名中学生划火柴点燃报纸吸烟时，将未熄灭的报纸塞进沙发破口内，引燃沙发的聚氨酯泡沫，火势迅速蔓延成灾。

艺苑歌舞厅负责人王文忠、李革新犯重大责任事故罪，分别被判处有期徒刑 7 年、4 年。阜新市评剧团原团长孙国兴、市文化局原副局长兼文化市场管理办公室主任许凡犯玩忽职守罪，分别被判处有期徒刑 3 年、2 年。

辽宁省委、省政府给予阜新市市委书记王锡义党内警告处分，撤销阜新市长朱启成党内外和行政职务，给予分管公安消防工作的副市长李经行政记大过处分、市文化局党委书记刘东明党内严重警告处分，撤销市文化局局长纪兵党内外和行政职务，撤销市文化局主管副局长史默党内外职务，对其他有关责任人也分别给予了党纪、政纪处分。

## 附录二 有关宣贯材料

# 国务院办公厅关于印发
# 消防安全责任制实施办法的通知

国办发〔2017〕87号

各省、自治区、直辖市人民政府，国务院各部委、各直属
机构：

《消防安全责任制实施办法》已经国务院同意，现印发给
你们，请认真贯彻执行。

国务院办公厅
2017 年 10 月 29 日

（此件公开发布）

# 消防安全责任制实施办法

## 第一章　总则

**第一条**　为深入贯彻《中华人民共和国消防法》、《中华人民共和国安全生产法》和党中央、国务院关于安全生产及消防安全的重要决策部署，按照政府统一领导、部门依法监管、单位全面负责、公民积极参与的原则，坚持党政同责、一岗双责、齐抓共管、失职追责，进一步健全消防安全责任制，提高公共消防安全水平，预防火灾和减少火灾危害，保障人民群众生命财产安全，制定本办法。

**第二条**　地方各级人民政府负责本行政区域内的消防工作，政府主要负责人为第一责任人，分管负责人为主要责任人，班子其他成员对分管范围内的消防工作负领导责任。

**第三条**　国务院公安部门对全国的消防工作实施监督管理。县级以上地方人民政府公安机关对本行政区域内的消防工作实施监督管理。县级以上人民政府其他有关部门按照管行业必须管安全、管业务必须管安全、管生产经营必须管安全的要求，在各自职责范围内依法依规做好本行业、本系统的消防安全工作。

第四条　坚持安全自查、隐患自除、责任自负。机关、团体、企业、事业等单位是消防安全的责任主体，法定代表人、主要负责人或实际控制人是本单位、本场所消防安全责任人，对本单位、本场所消防安全全面负责。

消防安全重点单位应当确定消防安全管理人，组织实施本单位的消防安全管理工作。

第五条　坚持权责一致、依法履职、失职追责。对不履行或不按规定履行消防安全职责的单位和个人，依法依规追究责任。

# 第二章　地方各级人民政府消防工作职责

第六条　县级以上地方各级人民政府应当落实消防工作责任制，履行下列职责：

（一）贯彻执行国家法律法规和方针政策，以及上级党委、政府关于消防工作的部署要求，全面负责本地区消防工作，每年召开消防工作会议，研究部署本地区消防工作重大事项。每年向上级人民政府专题报告本地区消防工作情况。健全由政府主要负责人或分管负责人牵头的消防工作协调机制，推动落实消防工作责任。

（二）将消防工作纳入经济社会发展总体规划，将包括消防安全布局、消防站、消防供水、消防通信、消防车通道、消防装备等内容的消防规划纳入城乡规划，并负责组织实施，确保消防工作与经济社会发展相适应。

（三）督促所属部门和下级人民政府落实消防安全责任制，在农业收获季节、森林和草原防火期间、重大节假日和重要活动期间以及火灾多发季节，组织开展消防安全检查。推动消防科学研究和技术创新，推广使用先进消防和应急救援技术、设备。组织开展经常性的消防宣传工作。大力发展消防公益事业。采取政府购买公共服务等方式，推进消防教育培训、技术服务和物防、技防等工作。

（四）建立常态化火灾隐患排查整治机制，组织实施重大火灾隐患和区域性火灾隐患整治工作。实行重大火灾隐患挂牌督办制度。对报请挂牌督办的重大火灾隐患和停产停业整改报告，在7个工作日内作出同意或不同意的决定，并组织有关部门督促隐患单位采取措施予以整改。

（五）依法建立公安消防队和政府专职消防队。明确政府专职消防队公益属性，采取招聘、购买服务等方式招录政府专职消防队员，建设营房，配齐装备；按规定落实其工资、保险和相关福利待遇。

（六）组织领导火灾扑救和应急救援工作。组织制定灭火救援应急预案，定期组织开展演练；建立灭火救援社会联动和应急反应处置机制，落实人员、装备、经费和灭火药剂等保障，根据需要调集灭火救援所需工程机械和特殊装备。

（七）法律、法规、规章规定的其他消防工作职责。

**第七条** 省、自治区、直辖市人民政府除履行第六条规定的职责外，还应当履行下列职责：

（一）定期召开政府常务会议、办公会议，研究部署消防工作。

（二）针对本地区消防安全特点和实际情况，及时提请同级人大及其常委会制定、修订地方性法规，组织制定、修订政府规章、规范性文件。

（三）将消防安全的总体要求纳入城市总体规划，并严格审核。

（四）加大消防投入，保障消防事业发展所需经费。

**第八条** 市、县级人民政府除履行第六条规定的职责外，还应当履行下列职责：

（一）定期召开政府常务会议、办公会议，研究部署消防工作。

（二）科学编制和严格落实城乡消防规划，预留消防队站、训练设施等建设用地。加强消防水源建设，按照规定建设市政消防供水设施，制定市政消防水源管理办法，明确建设、管理维护部门和单位。

（三）在本级政府预算中安排必要的资金，保障消防站、消防供水、消防通信等公共消防设施和消防装备建设，促进消防事业发展。

（四）将消防公共服务事项纳入政府民生工程或为民办实事工程；在社会福利机构、幼儿园、托儿所、居民家庭、小旅馆、群租房以及住宿与生产、储存、经营合用的场所推广安装简易喷淋装置、独立式感烟火灾探测报警器。

（五）定期分析评估本地区消防安全形势，组织开展火灾隐患排查整治工作；对重大火灾隐患，应当组织有关部门制定整改措施，督促限期消除。

（六）加强消防宣传教育培训，有计划地建设公益性消防科普教育基地，开展消防科普教育活动。

（七）按照立法权限，针对本地区消防安全特点和实际情况，及时提请同级人大及其常委会制定、修订地方性法规，组织制定、修订地方政府规章、规范性文件。

**第九条** 乡镇人民政府消防工作职责：

（一）建立消防安全组织，明确专人负责消防工作，制定消防安全制度，落实消防安全措施。

（二）安排必要的资金，用于公共消防设施建设和业务经费支出。

（三）将消防安全内容纳入镇总体规划、乡规划，并严格组织实施。

（四）根据当地经济发展和消防工作的需要建立专职消防队、志愿消防队，承担火灾扑救、应急救援等职能，并开展消防宣传、防火巡查、隐患查改。

（五）因地制宜落实消防安全"网格化"管理的措施和要求，加强消防宣传和应急疏散演练。

（六）部署消防安全整治，组织开展消防安全检查，督促整改火灾隐患。

（七）指导村（居）民委员会开展群众性的消防工作，确定消防安全管理人，制定防火安全公约，根据需要建立志愿消防队或微型消防站，开展防火安全检查、消防宣传教育和应急疏散演练，提高城乡消防安全水平。

街道办事处应当履行前款第（一）、（四）、（五）、（六）、（七）项职责，并保障消防工作经费。

**第十条** 开发区管理机构、工业园区管理机构等地方人民政府的派出机关，负责管理区域内的消防工作，按照本办法履行同级别人民政府的消防工作职责。

第十一条　地方各级人民政府主要负责人应当组织实施消防法律法规、方针政策和上级部署要求，定期研究部署消防工作，协调解决本行政区域内的重大消防安全问题。

地方各级人民政府分管消防安全的负责人应当协助主要负责人，综合协调本行政区域内的消防工作，督促检查各有关部门、下级政府落实消防工作的情况。班子其他成员要定期研究部署分管领域的消防工作，组织工作督查，推动分管领域火灾隐患排查整治。

# 第三章　县级以上人民政府工作部门
# 消防安全职责

第十二条　县级以上人民政府工作部门应当按照谁主管、谁负责的原则，在各自职责范围内履行下列职责：

（一）根据本行业、本系统业务工作特点，在行业安全生产法规政策、规划计划和应急预案中纳入消防安全内容，提高消防安全管理水平。

（二）依法督促本行业、本系统相关单位落实消防安全责任制，建立消防安全管理制度，确定专（兼）职消防安全管理人员，落实消防工作经费；开展针对性消防安全检查治理，消除火灾隐患；加强消防宣传教育培训，每年组织应急演练，提高行业从业人员消防安全意识。

（三）法律、法规和规章规定的其他消防安全职责。

第十三条 具有行政审批职能的部门，对审批事项中涉及消防安全的法定条件要依法严格审批，凡不符合法定条件的，不得核发相关许可证照或批准开办。对已经依法取得批准的单位，不再具备消防安全条件的应当依法予以处理。

（一）公安机关负责对消防工作实施监督管理，指导、督促机关、团体、企业、事业等单位履行消防工作职责。依法实施建设工程消防设计审核、消防验收，开展消防监督检查，组织针对性消防安全专项治理，实施消防行政处罚。组织和指挥火灾现场扑救，承担或参加重大灾害事故和其他以抢救人员生命为主的应急救援工作。依法组织或参与火灾事故调查处理工作，办理失火罪和消防责任事故罪案件。组织开展消防宣传教育培训和应急疏散演练。

（二）教育部门负责学校、幼儿园管理中的行业消防安全。指导学校消防安全教育宣传工作，将消防安全教育纳入学校安全教育活动统筹安排。

（三）民政部门负责社会福利、特困人员供养、救助管理、未成年人保护、婚姻、殡葬、救灾物资储备、烈士纪念、军休军供、优抚医院、光荣院、养老机构等民政服务机构审批或管理中的行业消防安全。

（四）人力资源社会保障部门负责职业培训机构、技工院校审批或管理中的行业消防安全。做好政府专职消防队员、企业专职消防队员依法参加工伤保险工作。将消防法律法规和消防知识纳入公务员培训、职业培训内容。

（五）城乡规划管理部门依据城乡规划配合制定消防设施布局专项规划，依据规划预留消防站规划用地，并负责监督实施。

（六）住房城乡建设部门负责依法督促建设工程责任单位加强对房屋建筑和市政基础设施工程建设的安全管理，在组织制定工程建设规范以及推广新技术、新材料、新工艺时，应充分考虑消防安全因素，满足有关消防安全性能及要求。

（七）交通运输部门负责在客运车站、港口、码头及交通工具管理中依法督促有关单位落实消防安全主体责任和有关消防工作制度。

（八）文化部门负责文化娱乐场所审批或管理中的行业消防安全工作，指导、监督公共图书馆、文化馆（站）、剧院等文化单位履行消防安全职责。

（九）卫生计生部门负责医疗卫生机构、计划生育技术服务机构审批或管理中的行业消防安全。

（十）工商行政管理部门负责依法对流通领域消防产品质量实施监督管理，查处流通领域消防产品质量违法行为。

（十一）质量技术监督部门负责依法督促特种设备生产单位加强特种设备生产过程中的消防安全管理，在组织制定特种设备产品及使用标准时，应充分考虑消防安全因素，满足有关消防安全性能及要求，积极推广消防新技术在特种设备产品中的应用。按照职责分工对消防产品质量实施监督管理，依法查处消防产品质量违法行为。做好消防安全相关标准制修订工作，负责消防相关产品质量认证监督管理工作。

（十二）新闻出版广电部门负责指导新闻出版广播影视机构消防安全管理，协助监督管理印刷业、网络视听节目服务机构消防安全。督促新闻媒体发布针对性消防安全提示，面向社会开展消防宣传教育。

（十三）安全生产监督管理部门要严格依法实施有关行政审批，凡不符合法定条件的，不得核发有关安全生产许可。

**第十四条** 具有行政管理或公共服务职能的部门，应当结合本部门职责为消防工作提供支持和保障。

（一）发展改革部门应当将消防工作纳入国民经济和社会发展中长期规划。地方发展改革部门应当将公共消防设施建设列入地方固定资产投资计划。

（二）科技部门负责将消防科技进步纳入科技发展规划和中央财政科技计划（专项、基金等）并组织实施。组织指导消防安全重大科技攻关、基础研究和应用研究，会同有关部门推动消防科研成果转化应用。将消防知识纳入科普教育内容。

（三）工业和信息化部门负责指导督促通信业、通信设施建设以及民用爆炸物品生产、销售的消防安全管理。依据职责负责危险化学品生产、储存的行业规划和布局。将消防产业纳入应急产业同规划、同部署、同发展。

（四）司法行政部门负责指导监督监狱系统、司法行政系统强制隔离戒毒场所的消防安全管理。将消防法律法规纳入普法教育内容。

（五）财政部门负责按规定对消防资金进行预算管理。

（六）商务部门负责指导、督促商贸行业的消防安全管理工作。

（七）房地产管理部门负责指导、督促物业服务企业按照合同约定做好住宅小区共用消防设施的维护管理工作，并指导业主依照有关规定使用住宅专项维修资金对住宅小区共用消防设施进行维修、更新、改造。

（八）电力管理部门依法对电力企业和用户执行电力法律、行政法规的情况进行监督检查，督促企业严格遵守国家消防技术标准，落实企业主体责任。推广采用先进的火灾防范技术设施，引导用户规范用电。

（九）燃气管理部门负责加强城镇燃气安全监督管理工作，督促燃气经营者指导用户安全用气并对燃气设施定期进行安全检查、排除隐患，会同有关部门制定燃气安全事故应急预案，依法查处燃气经营者和燃气用户等各方主体的燃气违法行为。

（十）人防部门负责对人民防空工程的维护管理进行监督检查。

（十一）文物部门负责文物保护单位、世界文化遗产和博物馆的行业消防安全管理。

（十二）体育、宗教事务、粮食等部门负责加强体育类场馆、宗教活动场所、储备粮储存环节等消防安全管理，指导开展消防安全标准化管理。

（十三）银行、证券、保险等金融监管机构负责督促银行业金融机构、证券业机构、保险机构及服务网点、派出机构落实消防安全管理。保险监管机构负责指导保险公司开展火灾公众责任保险业务，鼓励保险机构发挥火灾风险评估管控和火灾事故预防功能。

（十四）农业、水利、交通运输等部门应当将消防水源、消防车通道等公共消防设施纳入相关基础设施建设工程。

（十五）互联网信息、通信管理等部门应当指导网站、移动互联网媒体等开展公益性消防安全宣传。

（十六）气象、水利、地震部门应当及时将重大灾害事故预警信息通报公安消防部门。

（十七）负责公共消防设施维护管理的单位应当保持消防供水、消防通信、消防车通道等公共消防设施的完好有效。

# 第四章　单位消防安全职责

**第十五条**　机关、团体、企业、事业等单位应当落实消防安全主体责任，履行下列职责：

（一）明确各级、各岗位消防安全责任人及其职责，制定本单位的消防安全制度、消防安全操作规程、灭火和应急疏散预案。定期组织开展灭火和应急疏散演练，进行消防工作检查考核，保证各项规章制度落实。

（二）保证防火检查巡查、消防设施器材维护保养、建筑消防设施检测、火灾隐患整改、专职或志愿消防队和微型消防站建设等消防工作所需资金的投入。生产经营单位安全费用应当保证适当比例用于消防工作。

（三）按照相关标准配备消防设施、器材，设置消防安全标志，定期检验维修，对建筑消防设施每年至少进行一次全面检测，确保完好有效。设有消防控制室的，实行 24 小时值班制度，每班不少于 2 人，并持证上岗。

（四）保障疏散通道、安全出口、消防车通道畅通，保证防火防烟分区、防火间距符合消防技术标准。人员密集场所的门窗不得设置影响逃生和灭火救援的障碍物。保证建筑构件、建筑材料和室内装修装饰材料等符合消防技术标准。

（五）定期开展防火检查、巡查，及时消除火灾隐患。

（六）根据需要建立专职或志愿消防队、微型消防站，加强队伍建设，定期组织训练演练，加强消防装备配备和灭火药剂储备，建立与公安消防队联勤联动机制，提高扑救初起火灾能力。

（七）消防法律、法规、规章以及政策文件规定的其他职责。

**第十六条**　消防安全重点单位除履行第十五条规定的职责外，还应当履行下列职责：

（一）明确承担消防安全管理工作的机构和消防安全管理人并报知当地公安消防部门，组织实施本单位消防安全管理。消防安全管理人应当经过消防培训。

（二）建立消防档案，确定消防安全重点部位，设置防火标志，实行严格管理。

（三）安装、使用电器产品、燃气用具和敷设电气线路、管线必须符合相关标准和用电、用气安全管理规定，并定期维护保养、检测。

（四）组织员工进行岗前消防安全培训，定期组织消防安全培训和疏散演练。

（五）根据需要建立微型消防站，积极参与消防安全区域联防联控，提高自防自救能力。

（六）积极应用消防远程监控、电气火灾监测、物联网技术等技防物防措施。

**第十七条**　对容易造成群死群伤火灾的人员密集场所、易燃易爆单位和高层、地下公共建筑等火灾高危单位，除履行第十五条、第十六条规定的职责外，还应当履行下列职责：

（一）定期召开消防安全工作例会，研究本单位消防工作，处理涉及消防经费投入、消防设施设备购置、火灾隐患整改等重大问题。

（二）鼓励消防安全管理人取得注册消防工程师执业资格，消防安全责任人和特有工种人员须经消防安全培训；自动消防设施操作人员应取得建（构）筑物消防员资格证书。

（三）专职消防队或微型消防站应当根据本单位火灾危险特性配备相应的消防装备器材，储备足够的灭火救援药剂和物资，定期组织消防业务学习和灭火技能训练。

（四）按照国家标准配备应急逃生设施设备和疏散引导器材。

（五）建立消防安全评估制度，由具有资质的机构定期开展评估，评估结果向社会公开。

（六）参加火灾公众责任保险。

**第十八条** 同一建筑物由两个以上单位管理或使用的，应当明确各方的消防安全责任，并确定责任人对共用的疏散通道、安全出口、建筑消防设施和消防车通道进行统一管理。

物业服务企业应当按照合同约定提供消防安全防范服务，对管理区域内的共用消防设施和疏散通道、安全出口、消防车通道进行维护管理，及时劝阻和制止占用、堵塞、封闭疏散通道、安全出口、消防车通道等行为，劝阻和制止无效的，立即向公安机关等主管部门报告。定期开展防火检查巡查和消防宣传教育。

第十九条　石化、轻工等行业组织应当加强行业消防安全自律管理，推动本行业消防工作，引导行业单位落实消防安全主体责任。

第二十条　消防设施检测、维护保养和消防安全评估、咨询、监测等消防技术服务机构和执业人员应当依法获得相应的资质、资格，依法依规提供消防安全技术服务，并对服务质量负责。

第二十一条　建设工程的建设、设计、施工和监理等单位应当遵守消防法律、法规、规章和工程建设消防技术标准，在工程设计使用年限内对工程的消防设计、施工质量承担终身责任。

# 第五章　责任落实

第二十二条　国务院每年组织对省级人民政府消防工作完成情况进行考核，考核结果交由中央干部主管部门，作为对各省级人民政府主要负责人和领导班子综合考核评价的重要依据。

第二十三条　地方各级人民政府应当建立健全消防工作考核评价体系，明确消防工作目标责任，纳入日常检查、政务督查的重要内容，组织年度消防工作考核，确保消防安全责任落实。加强消防工作考核结果运用，建立与主要负责人、分管负责人和直接责任人履职评定、奖励惩处相挂钩的制度。

第二十四条　地方各级消防安全委员会、消防安全联席会议等消防工作协调机制应当定期召开成员单位会议，分析研判消防安全形势，协调指导消防工作开展，督促解决消防工作重大问题。

第二十五条　各有关部门应当建立单位消防安全信用记录，纳入全国信用信息共享平台，作为信用评价、项目核准、用地审批、金融扶持、财政奖补等方面的参考依据。

第二十六条　公安机关及其工作人员履行法定消防工作职责时，应当做到公正、严格、文明、高效。

公安机关及其工作人员进行消防设计审核、消防验收和消防安全检查等，不得收取费用，不得谋取利益，不得利用职务指定或者变相指定消防产品的品牌、销售单位或者消防技术服务机构、消防设施施工单位。

国务院公安部门要加强对各地公安机关及其工作人员进行消防设计审核、消防验收和消防安全检查等行为的监督管理。

第二十七条　地方各级人民政府和有关部门不依法履行职责，在涉及消防安全行政审批、公共消防设施建设、重大火灾隐患整改、消防力量发展等方面工作不力、失职渎职的，依法依规追究有关人员的责任，涉嫌犯罪的，移送司法机关处理。

第二十八条　因消防安全责任不落实发生一般及以上火灾事故的，依法依规追究单位直接责任人、法定代表人、主要负责人或实际控制人的责任，对履行职责不力、失职渎职的政府及有关部门负责人和工作人员实行问责，涉嫌犯罪的，移送司法机关处理。

发生造成人员死亡或产生社会影响的一般火灾事故的，由事故发生地县级人民政府负责组织调查处理；发生较大火灾事故的，由事故发生地设区的市级人民政府负责组织调查处理；

发生重大火灾事故的，由事故发生地省级人民政府负责组织调
查处理；发生特别重大火灾事故的，由国务院或国务院授权有
关部门负责组织调查处理。

# 第六章　附则

第二十九条　具有固定生产经营场所的个体工商户，参照
本办法履行单位消防安全职责。

第三十条　微型消防站是单位、社区组建的有人员、有装
备，具备扑救初起火灾能力的志愿消防队。具体标准由公安消
防部门确定。

第三十一条　本办法自印发之日起施行。地方各级人民政
府、国务院有关部门等可结合实际制定具体实施办法。

# 公安部关于认真贯彻落实
# 《消防安全责任制实施办法》的通知

公消〔2017〕322号

各省、自治区、直辖市公安厅、局，新疆生产建设兵团公安局：

2017年10月29日，国务院办公厅印发了《消防安全责任制实施办法》（国办发〔2017〕87号，以下简称《办法》），进一步明确了地方各级政府、相关行业部门和社会单位的消防安全责任，强化了责任考评、结果运用和责任追究，对于健全完善消防安全责任体系、推动新时代消防事业持续健康发展具有重要意义。为切实做好《办法》的贯彻落实工作，现就有关要求通知如下：

一、充分认识《办法》重大意义。《办法》认真贯彻落实党的十九大精神和习近平总书记"党政同责、一岗双责、齐抓共管、失职追责"、"管行业必须管安全、管业务必须管安全、管生产经营必须管安全"等一系列新理念、新论断、新要求，总结消防工作实践经验，把握火灾防范客观规律，回应消防工作现实需要，就落实逐级消防安全责任制提出了明确意见，是指导新时代消防事业发展的重要文件。尤其是《办法》突出明责问效，首次明确了省、市县、乡镇政府和街道办事处的领导责任，具有行政审批和行政管理、公共服务职能的 38 个相关部门的监管责任，细化了社会单位、消防安全重点单位、火灾高危单位的主体责任，具有很强的指导性和操作性。贯彻落实好《办法》，对于推动消防安全责任制落实，打造共治共享治理格局，全面提升火灾防控水平，保障公共消防安全具有重大意义。

二、认真抓好《办法》学习宣传。各级公安机关及消防部门要把《办法》宣贯作为一项重要任务，紧密结合实际，研究制定具体方案，迅速掀起《办法》宣贯热潮。要组织广大公安民警尤其是消防监督干部认真学习、正确理解和全面掌握《办法》的精神实质，自觉用《办法》指导推动工作。要通过举办培训班、研讨会等形式，分批组织地方政府、行业部门和社会单位有关负责人进行集中学习，使他们尽快了解《办法》主要内容，知晓自身职责和承担的责任后果。要充分利用各种宣传媒体，采取多种形式，在全社会广泛宣传《办法》，积极营造声势，扩大影响，努力形成人人关注消防、支持消防、参与消防的良好氛围。

三、健全完善消防安全责任体系。要提请地方政府对照《办法》要求，结合实际抓紧出台具体实施意见，加快建立完善消防安全责任体系。要推动政府落实领导责任，结合实施"十三五"消防规划，切实加强组织领导，加大经费投入，统筹解决制约消防事业发展的重大问题；要督促相关行业部门落实监管责任，建立完善消防管理长效机制，同时对涉及消防安全的事项严格依法审批，确保本行业本系统消防安全；要强化单位主体责任，持续加强"四个能力"建设，落实"六加一"措施，修订完善管理制度和操作规程，加强风险识别和日常管控，从本质上提升消防安全管理水平。各级公安机关及消防部门要认真履行消防监督管理职能，积极为党委政府当好参谋，主动加强与行业部门沟通配合，加大对单位落实主体责任的监督检查力度，推动建立权责一致、依法履职、失职追责工作机制，深化形成政府统一领导、部门依法监管、单位全面负责、公民积极参与的消防工作格局。

四、加强消防安全责任考评和追究。要结合国务院办公厅《消防工作考核办法》，进一步完善消防工作考核评价体系，将消防安全责任落实作为重要内容，强化考评结果运用，消防工作考评结果抄送同级组织人事部门，作为各级政府、行业部门主要负责人和领导班子综合考核评价的重要依据。对不履行或不按规定履行消防安全职责的单位和个人，坚持事前追究与事后追究相结合，依法依规追究责任。要提请政府建立完善火灾事故调查处理机制，特别是按照《办法》要求，加大对较大和一般火灾事故的调查处理力度，按照"四不放过"原则，依法依纪逐级追究单位、主管部门和有关负责人责任。依法加大失火案、消防责任事故案办理力度，严格追究火灾中有关人员刑事责任，切实增强全社会消防法制观念，震慑和减少消防违法行为。

公安部办公厅

2017 年 11 月 21 日

# 于建华在国务院政策例行
# 吹风会上的讲话

（2017 年 11 月 10 日）

10 月 29 日，国务院办公厅印发了《消防安全责任制实施办法》（以下简称《办法》），充分体现了党中央、国务院对消防安全工作的高度重视，彰显了以习近平同志为核心的党中央坚持以人为本、心系百姓的鲜明执政理念。《办法》的出台，不仅有利于提升各级政府、行业部门和社会单位消防工作的积极性、主动性，而且对于解决新时期消防工作面临的新情况、新问题，为新时代中国特色社会主义建设创造良好稳定的消防安全环境，必将起到强有力的推动和促进作用。

出台《办法》，主要基于以下三点考虑：一是现实需要。一方面，通过对近年来发生的重特大火灾事故分析来看，都暴露出消防安全责任制不落实的问题。另一方面，现行消防法律法规和规范性文件，对消防安全责任规定不具体，针对性、操作性不强，尤其是行业系统消防安全监管职责不够明确，社会单位主体责任不落实、违法成本低，违规违章现象屡禁不止。国务院出台《办法》，有利于解决这些制约消防安全的"顽症"问题，切实形成消防工作合力，提升全社会公共安全水平。二是出于惯例。自"十五"以来，国家每五年都会出台有关消防工作文件。2001 年，国务院批转了公安部《关于"十五"期间消防工作发展指导意见》；2006 年，印发了《关于进一步加强消防工作的意见》；2011 年，印发了《关于加强和改进消防工作的意见》；2013 年，国务院办公厅印发了《消防工作考核办法》。这些文件的出台，对推动我国消防事业发展起到了十分重要的作用。"十三五"期间，有必要从国家层面出台文件，为新时代消防事业发展提供强有力的政策保障支持。三是基层期望。根据《消防工作考核办法》，国务院已经组织了 4 次省级政府消防工作考核。考核过程中，地方政府和部门行业有关负责同志普遍反映，消防安全责任不明确的问题非常突出，建议国家层面出台相关政策规定，为地方抓好消防工作提供政策支持。目前，全国已有 13 个省份出台了消防安全责任制相关规定，实践效果也很明显。

《办法》起草过程：整个起草历时一年半，是在充分调研论证、广泛征求意见的基础上形成的。起草工作组先后赶赴 20 余个省份，召开座谈会 30 余场次，组织各类专题调研 23 个，形成重大调研报告 5 个。形成初稿后，先后两轮征求了 31 个省级政府、44 个国务院相关部门、10 个全国性行业协会、7 家中央企业的意见建议。国务院办公厅组织进行了反复推敲和认真修改，形成了目前印发稿。可以说，《办法》的出台，离不开各级领导的关心和重视，凝聚了各级各部门、社会各界的智慧和心血。

《办法》的主要内容：《办法》共 6 章、31 条，第一章是总则，明确了法理政策依据、目的意义和指导原则；第二章是地方各级政府职责，规定了省、市、县和乡镇政府、街道办事处消防工作职责；第三章是政府部门职责，区分不同情况，分别规定了公安、教育、民政等 13 个具有行政审批职能的部门和发改、科技、工信等 25 个具有行政管理或公共服务职能的部门的消防安全职责；第四章是社会单位职责，分三个层次，规定了一般单位、消防安全重点单位和火灾高危单位的消防安全职责；第五章是责任落实，规定了消防工作考核、结果应用、责任追究等内容；第六章是附则，对专有名词作了解释。

# 强化责任落实　保障消防安全

（《人民公安报》评论员文章）

日前，国务院办公厅印发了《消防安全责任制实施办法》（以下简称《办法》），首次对建立健全消防安全责任制作出了全面、系统、具体的规定。这是贯彻落实中央领导同志关于公共安全和安全生产一系列重要指示精神，从源头上加强公共消防安全的重大举措，是当前和今后一个时期推动新时代消防事业创新发展的重要指导性文件。贯彻落实好《办法》，对于调动地方各级政府、各有关部门和社会单位消防工作积极性，切实履行消防安全职责、规范消防安全行为，努力预防和遏制重特大火灾事故，确保消防工作与经济社会发展相适应，为决胜全面建成小康社会、夺取新时代中国特色社会主义伟大胜利创造良好的消防安全环境具有重大而深远的意义。

当前，消防安全责任制不落实的问题，已经成为制约我国公共消防安全的重大问题。现行消防法律法规和政策规范性文件，对消防安全责任的规定不够具体，执行的操作性不强，使地方各级政府和政府工作部门的消防安全职责显得不够明晰，尤其是对社会单位消防安全主体责任不落实的惩处不够明晰、严厉，消防违法成本低，导致违法违规现象屡禁不止。剖析近年来发生的重特大火灾事故，其背后都暴露出消防安全责任制不落实的问题，教训深刻而惨痛。比如，天津港"8·12"特别重大火灾爆炸事故发生后，国务院调查组调查发现，涉及10多个职能部门没有履行法定职责，为事故发生埋下极大隐患。《办法》突出明责问效，首次系统、全面地明确了省、市县、乡镇政府和街道办事处的领导责任，具有行政审批和行政管理、公共服务职能的38个相关部门的监管责任，以及一般社会单位、消防安全重点单位、火灾高危单位的主体责任，有利于破解长期制约消防安全的"顽症"问题，切实形成消防工作合力，提升全社会公共安全水平。

明责知责，更须履责尽责。各地要对照《办法》规定要求，结合实际抓紧出台具体实施意见和措施，加快建立完善消防安全责任体系。地方各级政府要切实履行消防安全领导责任，结合实施"十三五"消防规划，切实加强组织领导，加大经费投入，统筹解决制约消防事业发展的重大问题。行业部门要认真履行消防安全监管责任，严格依法审批涉及消防安全的事项，建立完善行业部门消防安全监督管理长效机制，确保本行业本系统消防安全。社会单位要严格履行消防安全主体责任，持续加强单位消防安全"四个能力"建设，修订完善管理制度和操作规程，加强风险识别和日常管控，从本质上提升消防安全管理水平。各级公安机关和消防部门要认真履行消防工作监督管理职能，积极为党委政府当好参谋，主动加强与各个行业部门沟通配合，加大对单位落实主体责任的监督检查力度，推动建立权责一致、依法履职、失职追责工作机制，深化形成政府统一领导、部门依法监管、单位全面负责、公民积极参与的消防工作格局。

制度的生命力在于执行。各地要结合贯彻《办法》，进一步完善消防工作考核评价体系，将消防安全责任落实作为重要内容，强化考评结果运用，消防工作考评结果抄送同级组织人事部门，作为各级政府、行业部门主要负责人和领导班子综合考核评价的重要依据。对不履行或不按规定履行消防安全职责的单位和个人，要坚持事前追究与事后追究相结合，依法依规追究责任。要建立完善火灾事故调查处理机制，尤其是加大对较大和一般火灾事故的调查处理力度，按照"四不放过"原则，依法依纪逐级追究单位、主管部门和有关负责人责任。各级公安机关要依法加大失火案、消防责任事故案办理力度，严格追究火灾涉及有关人员刑事责任，切实增强全社会消防法制观念，震慑和减少消防违法行为。

# 深入落实消防安全责任制
# 全面提升消防工作社会化水平

于建华

10月29日，国务院办公厅专门印发了《消防安全责任制实施办法》（简称《办法》），就建立健全消防安全责任制作出了全面、系统、具体规定。《办法》紧密契合党的十九大精神，积极回应消防工作现实需要，充分体现了以习近平同志为核心的党中央对公共消防安全的高度关切和对人民生命安全的极端重视，彰显了坚持以人为本、心系百姓的鲜明执政理念，对在新的起点上推动新时代消防事业创新发展，必将起到强有力的推动和促进作用。各级、各部门、各单位要高度重视，切实抓好《办法》的贯彻落实，不断提升公共消防安全管理水平，为实现新时代党和国家宏伟蓝图创造更加良好的消防安全环境。

贯彻落实《办法》，前提是正确理解内容、准确把握实质。《办法》以现行消防法律法规为依据，结合近年来消防工作实践，致力于解决消防安全责任落地难的"顽症"，提出了许多创新性的规定和要求。概括讲，主要有"六大亮点"：一是系统地、完整地明确了消防安全责任制的基本原则。明确将"党政同责、一岗双责、齐抓共管、失职追责"作为总原则。各级政府主要负责人为消防工作第一责任人，分管负责人为主要责任人，班子其他成员对分管范围内的消防工作负领导责任。各行业部门落实"管行业必须管安全、管业务必须管安全、管生产经营必须管安全"。单位做到安全自查、隐患自除、责任自负。二是进一步明确和细化了省、市、县、乡镇四级消防安全的领导责任。在明确不同层级政府7个方面共同职责的基础上，省级政府突出宏观管理，市、县级政府突出具体执行，乡镇政府突出群防群治，分别作出了针对性规定，健全了逐级消防安全"责任清单"。三是明确和细化了行业部门的管理责任。明确各行业部门将消防安全纳入行业管理内容，定期开展消防检查和宣传培训。具有行政审批职能的部门要对涉及消防安全的审批事项依法严格审批，具有行政管理或公共服务职能的部门要为消防工作提供支持和保障。四是从严界定了单位的主体责任。区分一般单位、重点单位、火灾高危单位，分别从人防、物防、技防等方面作出了明确规定，提出了高危单位推行消防管理人员执业制度、建强专职消防队或微型消防站、参加火灾公众责任保险等要求。五是明确了对较大和一般亡人火灾的调查处理。在以前消防法律法规只明确重大以上火灾由省级政府或国务院组织调查处理的基础上，《办法》明确一般亡人火灾、较大火灾分别由县级、市级政府牵头组织调查处理，实现了对火灾事故调查处理的全覆盖。六是强化了消防工作责任考评和结果运用。明确国务院和地方各级政府每年组织开展消防工作考核，考核结果作为领导干部和班子综合考核评价的重要依据。对履职不力、失职渎职的，坚持事前追究与事后追究相结合，依法依规问责处理。各级各部门各单位要认真学习、正确理解和全面掌握《办法》的精神实质，进一步增强消防工作积极性、主动性，结合职责任务，对照"责任清单"，逐项抓好贯彻落实，提高公共消防安全水平。

贯彻落实《办法》，核心是健全责任体系、凝聚共治合力。维护公共消防安全是全社会的共同责任。要以贯彻落实《办法》为契机，建立完善政府、部门、单位、公众"四位一体"消防责任体系，打造共治共享社会消防治理格局。各级政府要加强对消防工作的组织领导。保障消防安全是政府公共服务职能的重要组成部分。地方各级政府应牢固树立安全发展理念，将消防工作融入经济社会发展大局，上升为政府工程、政府行为，保障消防工作与经济社会发展相适应。要定期召开政府常务会、办公会研究部署消防工作，健全由主要负责人或分管负责人牵头的消防工作协调组织，每年召开专题会议，层层签订责任书，加强督导检查和考评奖惩。要扎实开展消防安全风险评估，找准制约消防事业发展的瓶颈短板，协调解决涉及消防规划、消防设施和装备、消防力量发展、火灾隐患整治等重大问题。要积极推动社会治理重心向基层下移，各乡镇政府、街道办事处要建立消防组织、明确专人负责，强化落实消防安全"网格化"管理，真正做到有人抓、有人管、有人查，打通消防责任落实"最后一公里"。各行业部门要依法履行消防安全管理责任。行业系统履职尽责，依法加强监管，是维护公共消防安全的重要保障。按照"谁主管、谁负责"的原则，各行业部门要切实将消防工作与业务工作同部署、同检查、同落实，结合行业特点和突出问题，制定完善本部门、本行业消防管理规定，建立健全常态化消防检查和宣传培训等机制，提升行业消防管理整体水平，以每个行业系统的安全稳定来确保社会大局稳定。公安、教育、民政、规划、建设、文化、安全监管、工商、质监等具有行政审批职能的部门，对涉及消防安全的事项要依法严格审批，严防出现"先天性"隐患问题。发改、财政、科技、工信等具有行政管理或公共服务职能的部门，要结合各自职责加大对消防工作的支持和保障力度，房地产管理部门要指导督促物业服务企业履行消防安全职责，电力管理部门要加强用电安全管理、推广运用先进的火灾防范技术措施。社会单位要严格落实消防安全主体责任。社会单位主体责任不落实，始终是消防工作的一个"软肋"。据统计，我国90%以上的重特大火灾都发生在社会单位。单位主体责任不落实、管理水平上不去，消防安全就永无宁日。各单位要进一步深化消防安全"四个能力"建设，落实防火巡查、消防检查和宣传培训等日常制度，加强人防物防技防措施，从本质上提升消防管理水平。人防方面，要让专业人干专业事，单位消防安全责任人、管理人须经过消防培训或取得执业资格；设有消防控制室的，实行每班不少于 2 人、24 小时值班，并持证上岗。物防技防方面，要落实消防设施、电气、燃气定期检测，积极应用消防远程监控、电气火灾检测、物联网技术、烟感报警、简易喷淋等技防措施，提升消防安全设防等级和科技含量。尤其是《办法》规定，单位应当根据需要建立微型消防站，这也是国务院文件首次明确提出的要求。目前，全国已建成微型消防站 36.5 万个、180 余万人，接下来要进一步健全管理、培训、演练等机制，真正做大做强做实，更好地发挥其救早救小救初起的作用。要让防范火灾成为全民自觉行动。消防安全人人有责、人人共享。只有人人都重视消防安全，人人都遵守消防安全，人人都掌握自防自救技能，消防工作才能掌握主动权。对于公民来讲，掌握了消防技能就是守护神，违反了就是肇事者，遭受了损失就是受害者。要以"人人受到教育、人人掌握技能"为目标，在全社会大力普及消防知识和自救技能，使遵章守法、防范火灾成为全民的自觉行动。各级政府要组织开展经常性的消防宣传工作，采取政府购买公共服务等方式，推进消防教育培训、技术服务和物防、技防等工作。教育、文化、卫生、民政等系统要加强消防宣传教育培训，每年组织应急演练，提高从业人员消防安全意识。新闻出版广电、互联网信息、通信管理等部门要加大公益消防宣传力度，及时发布针对性消防提示，扩大消防宣传的受众面和覆盖率，在全社会叫响"全民消防、生命至上"。

贯彻落实《办法》，关键是加强责任考评、强化问责追究。执行是制度的生命，再好的制度不落实也是一纸空文。为督促、保障落实消防安全责任，《办法》明确了"权责一致、依法履职、失职追责"的原则，从消防责任的考评、奖惩、追究等方面作出了具体规定。这既是提高各级政府和有关部门公共消防安全管理执行力、公信力的基本要求，也是督促单位落实主体责任的重要保障。要注重消防目标责任考评，将其作为重要手段和有力抓手，地方各级政府要将消防工作纳入政府综合目标管理、平安建设、综合治理和文明创建之中，提高所占分值权重，同时进一步完善消防工作考核评价体系，每年组织专项考核，真正以考评推动目标任务落实、促进难点问题解决。要注重责任考评结果运用，积极沟通组织人事部门，将考评结果与各级政府、行业部门主要负责人、分管负责人和直接责任人履职评定、奖励惩处相挂钩，真正奖出士气、罚出干劲。要注重工作失职问责追究，坚持有责必查、有责必问、问责必严，坚持事前追究与事后追究相结合，紧盯不落实的事，处理不落实的人，通过最严格的责任追究，倒逼消防安全责任的落实，促使各级政府、各行业部门和社会单位责任人牢固树立安全意识和责任主体意识，自觉规范施政行为和管理经营行为。

新形势引领新时代，新征程期待新作为。让我们以贯彻落实《办法》为契机，举全社会之力，不断加强和创新消防治理，有效预防和遏制重特大火灾事故，努力开创新时代消防事业的新局面，使人民群众幸福感、安全感更加充实、更有保障、更可持续。

# 附录三　有关政策法律法规

# 《中华人民共和国消防法》

## 第一章　总则

**第一条**　为了预防火灾和减少火灾危害，加强应急救援工作，保护人身、财产安全，维护公共安全，制定本法。

**第二条**　消防工作贯彻预防为主、防消结合的方针，按照政府统一领导、部门依法监管、单位全面负责、公民积极参与的原则，实行消防安全责任制，建立健全社会化的消防工作网络。

**第三条**　国务院领导全国的消防工作。地方各级人民政府负责本行政区域内的消防工作。

各级人民政府应当将消防工作纳入国民经济和社会发展计划，保障消防工作与经济社会发展相适应。

**第四条**　国务院公安部门对全国的消防工作实施监督管理。县级以上地方人民政府公安机关对本行政区域内的消防工作实施监督管理，并由本级人民政府公安机关消防机构负责实施。军事设施的消防工作，由其主管单位监督管理，公安机关消防机构协助；矿井地下部分、核电厂、海上石油天然气设施的消防工作，由其主管单位监督管理。

县级以上人民政府其他有关部门在各自的职责范围内，依照本法和其他相关法律、法规的规定做好消防工作。

法律、行政法规对森林、草原的消防工作另有规定的，从其规定。

**第五条** 任何单位和个人都有维护消防安全、保护消防设施、预防火灾、报告火警的义务。任何单位和成年人都有参加有组织的灭火工作的义务。

**第六条** 各级人民政府应当组织开展经常性的消防宣传教育，提高公民的消防安全意识。

机关、团体、企业、事业等单位，应当加强对本单位人员的消防宣传教育。

公安机关及其消防机构应当加强消防法律、法规的宣传，并督促、指导、协助有关单位做好消防宣传教育工作。

教育、人力资源行政主管部门和学校、有关职业培训机构应当将消防知识纳入教育、教学、培训的内容。

新闻、广播、电视等有关单位，应当有针对性地面向社会进行消防宣传教育。

工会、共产主义青年团、妇女联合会等团体应当结合各自工作对象的特点，组织开展消防宣传教育。

村民委员会、居民委员会应当协助人民政府以及公安机关等部门，加强消防宣传教育。

**第七条** 国家鼓励、支持消防科学研究和技术创新，推广使用先进的消防和应急救援技术、设备；鼓励、支持社会力量开展消防公益活动。

对在消防工作中有突出贡献的单位和个人，应当按照国家有关规定给予表彰和奖励。

# 第二章　火灾预防

**第八条**　地方各级人民政府应当将包括消防安全布局、消防站、消防供水、消防通信、消防车通道、消防装备等内容的消防规划纳入城乡规划，并负责组织实施。

城乡消防安全布局不符合消防安全要求的，应当调整、完善；公共消防设施、消防装备不足或者不适应实际需要的，应当增建、改建、配置或者进行技术改造。

**第九条**　建设工程的消防设计、施工必须符合国家工程建设消防技术标准。建设、设计、施工、工程监理等单位依法对建设工程的消防设计、施工质量负责。

**第十条**　按照国家工程建设消防技术标准需要进行消防设计的建设工程，除本法第十一条另有规定的外，建设单位应当自依法取得施工许可之日起七个工作日内，将消防设计文件报公安机关消防机构备案，公安机关消防机构应当进行抽查。

**第十一条**　国务院公安部门规定的大型的人员密集场所和其他特殊建设工程，建设单位应当将消防设计文件报送公安机关消防机构审核。公安机关消防机构依法对审核的结果负责。

**第十二条**　依法应当经公安机关消防机构进行消防设计审核的建设工程，未经依法审核或者审核不合格的，负责审批该工程施工许可的部门不得给予施工许可，建设单位、施工单位不得施工；其他建设工程取得施工许可后经依法抽查不合格的，应当停止施工。

**第十三条** 按照国家工程建设消防技术标准需要进行消防设计的建设工程竣工，依照下列规定进行消防验收、备案：

（一）本法第十一条规定的建设工程，建设单位应当向公安机关消防机构申请消防验收；

（二）其他建设工程，建设单位在验收后应当报公安机关消防机构备案，公安机关消防机构应当进行抽查。

依法应当进行消防验收的建设工程，未经消防验收或者消防验收不合格的，禁止投入使用；其他建设工程经依法抽查不合格的，应当停止使用。

**第十四条** 建设工程消防设计审核、消防验收、备案和抽查的具体办法，由国务院公安部门规定。

**第十五条** 公众聚集场所在投入使用、营业前，建设单位或者使用单位应当向场所所在地的县级以上地方人民政府公安机关消防机构申请消防安全检查。

公安机关消防机构应当自受理申请之日起十个工作日内，根据消防技术标准和管理规定，对该场所进行消防安全检查。未经消防安全检查或者经检查不符合消防安全要求的，不得投入使用、营业。

**第十六条** 机关、团体、企业、事业等单位应当履行下列消防安全职责：

（一）落实消防安全责任制，制定本单位的消防安全制度、消防安全操作规程，制定灭火和应急疏散预案；

（二）按照国家标准、行业标准配置消防设施、器材，设置消防安全标志，并定期组织检验、维修，确保完好有效；

（三）对建筑消防设施每年至少进行一次全面检测，确保完好有效，检测记录应当完整准确，存档备查；

（四）保障疏散通道、安全出口、消防车通道畅通，保证防火防烟分区、防火间距符合消防技术标准；

（五）组织防火检查，及时消除火灾隐患；

（六）组织进行有针对性的消防演练；

（七）法律、法规规定的其他消防安全职责。

单位的主要负责人是本单位的消防安全责任人。

**第十七条**　县级以上地方人民政府公安机关消防机构应当将发生火灾可能性较大以及发生火灾可能造成重大的人身伤亡或者财产损失的单位，确定为本行政区域内的消防安全重点单位，并由公安机关报本级人民政府备案。

消防安全重点单位除应当履行本法第十六条规定的职责外，还应当履行下列消防安全职责：

（一）确定消防安全管理人，组织实施本单位的消防安全管理工作；

（二）建立消防档案，确定消防安全重点部位，设置防火标志，实行严格管理；

（三）实行每日防火巡查，并建立巡查记录；

（四）对职工进行岗前消防安全培训，定期组织消防安全培训和消防演练。

**第十八条**　同一建筑物由两个以上单位管理或者使用的，应当明确各方的消防安全责任，并确定责任人对共用的疏散通道、安全出口、建筑消防设施和消防车通道进行统一管理。

住宅区的物业服务企业应当对管理区域内的共用消防设施进行维护管理，提供消防安全防范服务。

**第十九条** 生产、储存、经营易燃易爆危险品的场所不得与居住场所设置在同一建筑物内，并应当与居住场所保持安全距离。

生产、储存、经营其他物品的场所与居住场所设置在同一建筑物内的，应当符合国家工程建设消防技术标准。

**第二十条** 举办大型群众性活动，承办人应当依法向公安机关申请安全许可，制定灭火和应急疏散预案并组织演练，明确消防安全责任分工，确定消防安全管理人员，保持消防设施和消防器材配置齐全、完好有效，保证疏散通道、安全出口、疏散指示标志、应急照明和消防车通道符合消防技术标准和管理规定。

**第二十一条** 禁止在具有火灾、爆炸危险的场所吸烟、使用明火。因施工等特殊情况需要使用明火作业的，应当按照规定事先办理审批手续，采取相应的消防安全措施；作业人员应当遵守消防安全规定。

进行电焊、气焊等具有火灾危险作业的人员和自动消防系统的操作人员，必须持证上岗，并遵守消防安全操作规程。

**第二十二条** 生产、储存、装卸易燃易爆危险品的工厂、仓库和专用车站、码头的设置，应当符合消防技术标准。易燃易爆气体和液体的充装站、供应站、调压站，应当设置在符合消防安全要求的位置，并符合防火防爆要求。

已经设置的生产、储存、装卸易燃易爆危险品的工厂、仓库和专用车站、码头，易燃易爆气体和液体的充装站、供应站、调压站，不再符合前款规定的，地方人民政府应当组织、协调有关部门、单位限期解决，消除安全隐患。

第二十三条　生产、储存、运输、销售、使用、销毁易燃易爆危险品，必须执行消防技术标准和管理规定。

进入生产、储存易燃易爆危险品的场所，必须执行消防安全规定。禁止非法携带易燃易爆危险品进入公共场所或者乘坐公共交通工具。

储存可燃物资仓库的管理，必须执行消防技术标准和管理规定。

第二十四条　消防产品必须符合国家标准；没有国家标准的，必须符合行业标准。禁止生产、销售或者使用不合格的消防产品以及国家明令淘汰的消防产品。

依法实行强制性产品认证的消防产品，由具有法定资质的认证机构按照国家标准、行业标准的强制性要求认证合格后，方可生产、销售、使用。实行强制性产品认证的消防产品目录，由国务院产品质量监督部门会同国务院公安部门制定并公布。

新研制的尚未制定国家标准、行业标准的消防产品，应当按照国务院产品质量监督部门会同国务院公安部门规定的办法，经技术鉴定符合消防安全要求的，方可生产、销售、使用。

依照本条规定经强制性产品认证合格或者技术鉴定合格的消防产品，国务院公安部门消防机构应当予以公布。

第二十五条　产品质量监督部门、工商行政管理部门、公安机关消防机构应当按照各自职责加强对消防产品质量的监督检查。

第二十六条　建筑构件、建筑材料和室内装修、装饰材料的防火性能必须符合国家标准；没有国家标准的，必须符合行业标准。

人员密集场所室内装修、装饰，应当按照消防技术标准的要求，使用不燃、难燃材料。

第二十七条　电器产品、燃气用具的产品标准，应当符合消防安全的要求。

电器产品、燃气用具的安装、使用及其线路、管路的设计、敷设、维护保养、检测，必须符合消防技术标准和管理规定。

第二十八条　任何单位、个人不得损坏、挪用或者擅自拆除、停用消防设施、器材，不得埋压、圈占、遮挡消火栓或者占用防火间距，不得占用、堵塞、封闭疏散通道、安全出口、消防车通道。人员密集场所的门窗不得设置影响逃生和灭火救援的障碍物。

第二十九条　负责公共消防设施维护管理的单位，应当保持消防供水、消防通信、消防车通道等公共消防设施的完好有效。在修建道路以及停电、停水、截断通信线路时有可能影响消防队灭火救援的，有关单位必须事先通知当地公安机关消防机构。

第三十条　地方各级人民政府应当加强对农村消防工作的领导，采取措施加强公共消防设施建设，组织建立和督促落实消防安全责任制。

第三十一条　在农业收获季节、森林和草原防火期间、重大节假日期间以及火灾多发季节，地方各级人民政府应当组织开展有针对性的消防宣传教育，采取防火措施，进行消防安全检查。

　　**第三十二条**　乡镇人民政府、城市街道办事处应当指导、支持和帮助村民委员会、居民委员会开展群众性的消防工作。村民委员会、居民委员会应当确定消防安全管理人，组织制定防火安全公约，进行防火安全检查。

　　**第三十三条**　国家鼓励、引导公众聚集场所和生产、储存、运输、销售易燃易爆危险品的企业投保火灾公众责任保险；鼓励保险公司承保火灾公众责任保险。

　　**第三十四条**　消防产品质量认证、消防设施检测、消防安全监测等消防技术服务机构和执业人员，应当依法获得相应的资质、资格；依照法律、行政法规、国家标准、行业标准和执业准则，接受委托提供消防技术服务，并对服务质量负责。

# 第三章　消防组织

　　**第三十五条**　各级人民政府应当加强消防组织建设，根据经济社会发展的需要，建立多种形式的消防组织，加强消防技术人才培养，增强火灾预防、扑救和应急救援的能力。

　　**第三十六条**　县级以上地方人民政府应当按照国家规定建立公安消防队、专职消防队，并按照国家标准配备消防装备，承担火灾扑救工作。

　　乡镇人民政府应当根据当地经济发展和消防工作的需要，建立专职消防队、志愿消防队，承担火灾扑救工作。

　　**第三十七条**　公安消防队、专职消防队按照国家规定承担重大灾害事故和其他以抢救人员生命为主的应急救援工作。

第三十八条　公安消防队、专职消防队应当充分发挥火灾扑救和应急救援专业力量的骨干作用；按照国家规定，组织实施专业技能训练，配备并维护保养装备器材，提高火灾扑救和应急救援的能力。

第三十九条　下列单位应当建立单位专职消防队，承担本单位的火灾扑救工作：

（一）大型核设施单位、大型发电厂、民用机场、主要港口；

（二）生产、储存易燃易爆危险品的大型企业；

（三）储备可燃的重要物资的大型仓库、基地；

（四）第一项、第二项、第三项规定以外的火灾危险性较大、距离公安消防队较远的其他大型企业；

（五）距离公安消防队较远、被列为全国重点文物保护单位的古建筑群的管理单位。

第四十条　专职消防队的建立，应当符合国家有关规定，并报当地公安机关消防机构验收。

专职消防队的队员依法享受社会保险和福利待遇。

第四十一条　机关、团体、企业、事业等单位以及村民委员会、居民委员会根据需要，建立志愿消防队等多种形式的消防组织，开展群众性自防自救工作。

第四十二条　公安机关消防机构应当对专职消防队、志愿消防队等消防组织进行业务指导；根据扑救火灾的需要，可以调动指挥专职消防队参加火灾扑救工作。

# 第四章　灭火救援

**第四十三条**　县级以上地方人民政府应当组织有关部门针对本行政区域内的火灾特点制定应急预案，建立应急反应和处置机制，为火灾扑救和应急救援工作提供人员、装备等保障。

**第四十四条**　任何人发现火灾都应当立即报警。任何单位、个人都应当无偿为报警提供便利，不得阻拦报警。严禁谎报火警。

人员密集场所发生火灾，该场所的现场工作人员应当立即组织、引导在场人员疏散。

任何单位发生火灾，必须立即组织力量扑救。邻近单位应当给予支援。

消防队接到火警，必须立即赶赴火灾现场，救助遇险人员，排除险情，扑灭火灾。

**第四十五条**　公安机关消防机构统一组织和指挥火灾现场扑救，应当优先保障遇险人员的生命安全。

火灾现场总指挥根据扑救火灾的需要，有权决定下列事项：

（一）使用各种水源；

（二）截断电力、可燃气体和可燃液体的输送，限制用火用电；

（三）划定警戒区，实行局部交通管制；

（四）利用邻近建筑物和有关设施；

（五）为了抢救人员和重要物资，防止火势蔓延，拆除或者破损毗邻火灾现场的建筑物、构筑物或者设施等；

（六）调动供水、供电、供气、通信、医疗救护、交通运输、环境保护等有关单位协助灭火救援。

根据扑救火灾的紧急需要，有关地方人民政府应当组织人员、调集所需物资支援灭火。

**第四十六条** 公安消防队、专职消防队参加火灾以外的其他重大灾害事故的应急救援工作，由县级以上人民政府统一领导。

**第四十七条** 消防车、消防艇前往执行火灾扑救或者应急救援任务，在确保安全的前提下，不受行驶速度、行驶路线、行驶方向和指挥信号的限制，其他车辆、船舶以及行人应当让行，不得穿插超越；收费公路、桥梁免收车辆通行费。交通管理指挥人员应当保证消防车、消防艇迅速通行。

赶赴火灾现场或者应急救援现场的消防人员和调集的消防装备、物资，需要铁路、水路或者航空运输的，有关单位应当优先运输。

**第四十八条** 消防车、消防艇以及消防器材、装备和设施，不得用于与消防和应急救援工作无关的事项。

**第四十九条** 公安消防队、专职消防队扑救火灾、应急救援，不得收取任何费用。

单位专职消防队、志愿消防队参加扑救外单位火灾所损耗的燃料、灭火剂和器材、装备等，由火灾发生地的人民政府给予补偿。

**第五十条** 对因参加扑救火灾或者应急救援受伤、致残或者死亡的人员，按照国家有关规定给予医疗、抚恤。

**第五十一条** 公安机关消防机构有权根据需要封闭火灾现

场，负责调查火灾原因，统计火灾损失。

火灾扑灭后，发生火灾的单位和相关人员应当按照公安机关消防机构的要求保护现场，接受事故调查，如实提供与火灾有关的情况。

公安机关消防机构根据火灾现场勘验、调查情况和有关的检验、鉴定意见，及时制作火灾事故认定书，作为处理火灾事故的证据。

# 第五章　监督检查

**第五十二条**　地方各级人民政府应当落实消防工作责任制，对本级人民政府有关部门履行消防安全职责的情况进行监督检查。

县级以上地方人民政府有关部门应当根据本系统的特点，有针对性地开展消防安全检查，及时督促整改火灾隐患。

**第五十三条**　公安机关消防机构应当对机关、团体、企业、事业等单位遵守消防法律、法规的情况依法进行监督检查。公安派出所可以负责日常消防监督检查、开展消防宣传教育，具体办法由国务院公安部门规定。

公安机关消防机构、公安派出所的工作人员进行消防监督检查，应当出示证件。

**第五十四条**　公安机关消防机构在消防监督检查中发现火灾隐患的，应当通知有关单位或者个人立即采取措施消除隐患；不及时消除隐患可能严重威胁公共安全的，公安机关消防机构应当依照规定对危险部位或者场所采取临时查封措施。

第五十五条 公安机关消防机构在消防监督检查中发现城乡消防安全布局、公共消防设施不符合消防安全要求，或者发现本地区存在影响公共安全的重大火灾隐患的，应当由公安机关书面报告本级人民政府。

接到报告的人民政府应当及时核实情况，组织或者责成有关部门、单位采取措施，予以整改。

第五十六条 公安机关消防机构及其工作人员应当按照法定的职权和程序进行消防设计审核、消防验收和消防安全检查，做到公正、严格、文明、高效。

公安机关消防机构及其工作人员进行消防设计审核、消防验收和消防安全检查等，不得收取费用，不得利用消防设计审核、消防验收和消防安全检查谋取利益。公安机关消防机构及其工作人员不得利用职务为用户、建设单位指定或者变相指定消防产品的品牌、销售单位或者消防技术服务机构、消防设施施工单位。

第五十七条 公安机关消防机构及其工作人员执行职务，应当自觉接受社会和公民的监督。

任何单位和个人都有权对公安机关消防机构及其工作人员在执法中的违法行为进行检举、控告。收到检举、控告的机关，应当按照职责及时查处。

# 第六章 法律责任

第五十八条 违反本法规定，有下列行为之一的，责令停止施工、停止使用或者停产停业，并处三万元以上三十万元以下罚款：

（一）依法应当经公安机关消防机构进行消防设计审核的建设工程，未经依法审核或者审核不合格，擅自施工的；

（二）消防设计经公安机关消防机构依法抽查不合格，不停止施工的；

（三）依法应当进行消防验收的建设工程，未经消防验收或者消防验收不合格，擅自投入使用的；

（四）建设工程投入使用后经公安机关消防机构依法抽查不合格，不停止使用的；

（五）公众聚集场所未经消防安全检查或者经检查不符合消防安全要求，擅自投入使用、营业的。

建设单位未依照本法规定将消防设计文件报公安机关消防机构备案，或者在竣工后未依照本法规定报公安机关消防机构备案的，责令限期改正，处五千元以下罚款。

第五十九条　违反本法规定，有下列行为之一的，责令改正或者停止施工，并处一万元以上十万元以下罚款：

（一）建设单位要求建筑设计单位或者建筑施工企业降低消防技术标准设计、施工的；

（二）建筑设计单位不按照消防技术标准强制性要求进行消防设计的；

（三）建筑施工企业不按照消防设计文件和消防技术标准施工，降低消防施工质量的；

（四）工程监理单位与建设单位或者建筑施工企业串通，弄虚作假，降低消防施工质量的。

第六十条　单位违反本法规定，有下列行为之一的，责令改正，处五千元以上五万元以下罚款：

（一）消防设施、器材或者消防安全标志的配置、设置不符合国家标准、行业标准，或者未保持完好有效的；

（二）损坏、挪用或者擅自拆除、停用消防设施、器材的；

（三）占用、堵塞、封闭疏散通道、安全出口或者有其他妨碍安全疏散行为的；

（四）埋压、圈占、遮挡消火栓或者占用防火间距的；

（五）占用、堵塞、封闭消防车通道，妨碍消防车通行的；

（六）人员密集场所在门窗上设置影响逃生和灭火救援的障碍物的；

（七）对火灾隐患经公安机关消防机构通知后不及时采取措施消除的。

个人有前款第二项、第三项、第四项、第五项行为之一的，处警告或者五百元以下罚款。

有本条第一款第三项、第四项、第五项、第六项行为，经责令改正拒不改正的，强制执行，所需费用由违法行为人承担。

**第六十一条** 生产、储存、经营易燃易爆危险品的场所与居住场所设置在同一建筑物内，或者未与居住场所保持安全距离的，责令停产停业，并处五千元以上五万元以下罚款。

生产、储存、经营其他物品的场所与居住场所设置在同一建筑物内，不符合消防技术标准的，依照前款规定处罚。

**第六十二条** 有下列行为之一的，依照《中华人民共和国治安管理处罚法》的规定处罚：

（一）违反有关消防技术标准和管理规定生产、储存、运输、销售、使用、销毁易燃易爆危险品的；

（二）非法携带易燃易爆危险品进入公共场所或者乘坐公共交通工具的；

（三）谎报火警的；

（四）阻碍消防车、消防艇执行任务的；

（五）阻碍公安机关消防机构的工作人员依法执行职务的。

**第六十三条** 违反本法规定，有下列行为之一的，处警告或者五百元以下罚款；情节严重的，处五日以下拘留：

（一）违反消防安全规定进入生产、储存易燃易爆危险品场所的；

（二）违反规定使用明火作业或者在具有火灾、爆炸危险的场所吸烟、使用明火的。

**第六十四条** 违反本法规定，有下列行为之一，尚不构成犯罪的，处十日以上十五日以下拘留，可以并处五百元以下罚款；情节较轻的，处警告或者五百元以下罚款：

（一）指使或者强令他人违反消防安全规定，冒险作业的；

（二）过失引起火灾的；

（三）在火灾发生后阻拦报警，或者负有报告职责的人员不及时报警的；

（四）扰乱火灾现场秩序，或者拒不执行火灾现场指挥员指挥，影响灭火救援的；

（五）故意破坏或者伪造火灾现场的；

（六）擅自拆封或者使用被公安机关消防机构查封的场所、部位的。

**第六十五条** 违反本法规定，生产、销售不合格的消防产品或者国家明令淘汰的消防产品的，由产品质量监督部门或者工商行政管理部门依照《中华人民共和国产品质量法》的规定从重处罚。

人员密集场所使用不合格的消防产品或者国家明令淘汰的消防产品的，责令限期改正；逾期不改正的，处五千元以上五万元以下罚款，并对其直接负责的主管人员和其他直接责任人员处五百元以上二千元以下罚款；情节严重的，责令停产停业。

公安机关消防机构对于本条第二款规定的情形，除依法对使用者予以处罚外，应当将发现不合格的消防产品和国家明令淘汰的消防产品的情况通报产品质量监督部门、工商行政管理部门。产品质量监督部门、工商行政管理部门应当对生产者、销售者依法及时查处。

**第六十六条** 电器产品、燃气用具的安装、使用及其线路、管路的设计、敷设、维护保养、检测不符合消防技术标准和管理规定的，责令限期改正；逾期不改正的，责令停止使用，可以并处一千元以上五千元以下罚款。

**第六十七条** 机关、团体、企业、事业等单位违反本法第十六条、第十七条、第十八条、第二十一条第二款规定的，责令限期改正；逾期不改正的，对其直接负责的主管人员和其他直接责任人员依法给予处分或者给予警告处罚。

**第六十八条**　人员密集场所发生火灾，该场所的现场工作人员不履行组织、引导在场人员疏散的义务，情节严重，尚不构成犯罪的，处五日以上十日以下拘留。

**第六十九条**　消防产品质量认证、消防设施检测等消防技术服务机构出具虚假文件的，责令改正，处五万元以上十万元以下罚款，并对直接负责的主管人员和其他直接责任人员处一万元以上五万元以下罚款；有违法所得的，并处没收违法所得；给他人造成损失的，依法承担赔偿责任；情节严重的，由原许可机关依法责令停止执业或者吊销相应资质、资格。

前款规定的机构出具失实文件，给他人造成损失的，依法承担赔偿责任；造成重大损失的，由原许可机关依法责令停止执业或者吊销相应资质、资格。

**第七十条**　本法规定的行政处罚，除本法另有规定的外，由公安机关消防机构决定；其中拘留处罚由县级以上公安机关依照《中华人民共和国治安管理处罚法》的有关规定决定。

公安机关消防机构需要传唤消防安全违法行为人的，依照《中华人民共和国治安管理处罚法》的有关规定执行。

被责令停止施工、停止使用、停产停业的，应当在整改后向公安机关消防机构报告，经公安机关消防机构检查合格，方可恢复施工、使用、生产、经营。

当事人逾期不执行停产停业、停止使用、停止施工决定的，由作出决定的公安机关消防机构强制执行。

责令停产停业，对经济和社会生活影响较大的，由公安机关消防机构提出意见，并由公安机关报请本级人民政府依法决定。本级人民政府组织公安机关等部门实施。

**第七十一条** 公安机关消防机构的工作人员滥用职权、玩忽职守、徇私舞弊，有下列行为之一，尚不构成犯罪的，依法给予处分：

（一）对不符合消防安全要求的消防设计文件、建设工程、场所准予审核合格、消防验收合格、消防安全检查合格的；

（二）无故拖延消防设计审核、消防验收、消防安全检查，不在法定期限内履行职责的；

（三）发现火灾隐患不及时通知有关单位或者个人整改的；

（四）利用职务为用户、建设单位指定或者变相指定消防产品的品牌、销售单位或者消防技术服务机构、消防设施施工单位的；

（五）将消防车、消防艇以及消防器材、装备和设施用于与消防和应急救援无关的事项的；

（六）其他滥用职权、玩忽职守、徇私舞弊的行为。

建设、产品质量监督、工商行政管理等其他有关行政主管部门的工作人员在消防工作中滥用职权、玩忽职守、徇私舞弊，尚不构成犯罪的，依法给予处分。

**第七十二条** 违反本法规定，构成犯罪的，依法追究刑事责任。

# 第七章 附则

**第七十三条** 本法下列用语的含义：

（一）消防设施，是指火灾自动报警系统、自动灭火系统、消火栓系统、防烟排烟系统以及应急广播和应急照明、安全疏散设施等。

（二）消防产品，是指专门用于火灾预防、灭火救援和火灾防护、避难、逃生的产品。

（三）公众聚集场所，是指宾馆、饭店、商场、集贸市场、客运车站候车室、客运码头候船厅、民用机场航站楼、体育场馆、会堂以及公共娱乐场所等。

（四）人员密集场所，是指公众聚集场所，医院的门诊楼、病房楼，学校的教学楼、图书馆、食堂和集体宿舍，养老院，福利院，托儿所，幼儿园，公共图书馆的阅览室，公共展览馆、博物馆的展示厅，劳动密集型企业的生产加工车间和员工集体宿舍，旅游、宗教活动场所等。

第七十四条　本法自 2009 年 5 月 1 日起施行。

# 《机关团体企业事业单位消防
# 安全管理规定》

## 第一章  总则

**第一条**  为了加强和规范机关、团体、企业、事业单位的消防安全管理，预防火灾和减少火灾危害，根据《中华人民共和国消防法》，制定本规定。

**第二条**  本规定适用于中华人民共和国境内的机关、团体、企业、事业单位（以下统称单位）自身的消防安全管理。法律、法规另有规定的除外。

**第三条**  单位应当遵守消防法律、法规、规章（以下统称消防法规），贯彻预防为主、防消结合的消防工作方针，履行消防安全职责，保障消防安全。

**第四条**  法人单位的法定代表人或者非法人单位的主要负责人是单位的消防安全责任人，对本单位的消防安全工作全面负责。

**第五条**  单位应当落实逐级消防安全责任制和岗位消防安全责任制，明确逐级和岗位消防安全职责，确定各级、各岗位的消防安全责任人。

# 第二章　消防安全责任

**第六条**　单位的消防安全责任人应当履行下列消防安全职责：

（一）贯彻执行消防法规，保障单位消防安全符合规定，掌握本单位的消防安全情况；

（二）将消防工作与本单位的生产、科研、经营、管理等活动统筹安排，批准实施年度消防工作计划；

（三）为本单位的消防安全提供必要的经费和组织保障；

（四）确定逐级消防安全责任，批准实施消防安全制度和保障消防安全的操作规程；

（五）组织防火检查，督促落实火灾隐患整改，及时处理涉及消防安全的重大问题；

（六）根据消防法规的规定建立专职消防队、义务消防队；

（七）组织制定符合本单位实际的灭火和应急疏散预案，并实施演练。

**第七条**　单位可以根据需要确定本单位的消防安全管理人。消防安全管理人对单位的消防安全责任人负责，实施和组织落实下列消防安全管理工作：

（一）拟订年度消防工作计划，组织实施日常消防安全管理工作；

（二）组织制定消防安全制度和保障消防安全的操作规程

并检查督促落实；

（三）拟订消防安全工作的资金投入和组织保障方案；

（四）组织实施防火检查和火灾隐患整改工作；

（五）组织实施对本单位消防设施、灭火器材和消防安全标志的维护保养，确保其完好有效，确保疏散通道和安全出口畅通；

（六）组织管理专职消防队和义务消防队；

（七）在员工中组织开展消防知识、技能的宣传教育和培训，组织灭火和应急疏散预案的实施和演练；

（八）单位消防安全责任人委托的其他消防安全管理工作。

消防安全管理人应当定期向消防安全责任人报告消防安全情况，及时报告涉及消防安全的重大问题。未确定消防安全管理人的单位，前款规定的消防安全管理工作由单位消防安全责任人负责实施。

**第八条** 实行承包、租赁或者委托经营、管理时，产权单位应当提供符合消防安全要求的建筑物，当事人在订立的合同中依照有关规定明确各方的消防安全责任；消防车通道、涉及公共消防安全的疏散设施和其他建筑消防设施应当由产权单位或者委托管理的单位统一管理。

承包、承租或者受委托经营、管理的单位应当遵守本规定，在其使用、管理范围内履行消防安全职责。

**第九条** 对于有两个以上产权单位和使用单位的建筑物，各产权单位、使用单位对消防车通道、涉及公共消防安全的疏散设施和其他建筑消防设施应当明确管理责任，可以委托统一管理。

第十条 居民住宅区的物业管理单位应当在管理范围内履行下列消防安全职责：

（一）制定消防安全制度，落实消防安全责任，开展消防安全宣传教育；

（二）开展防火检查，消除火灾隐患；

（三）保障疏散通道、安全出口、消防车通道畅通；

（四）保障公共消防设施、器材以及消防安全标志完好有效。

其他物业管理单位应当对受委托管理范围内的公共消防安全管理工作负责。

第十一条 举办集会、焰火晚会、灯会等具有火灾危险的大型活动的主办单位、承办单位以及提供场地的单位，应当在订立的合同中明确各方的消防安全责任。

第十二条 建筑工程施工现场的消防安全由施工单位负责。实行施工总承包的，由总承包单位负责。分包单位向总承包单位负责，服从总承包单位对施工现场的消防安全管理。

对建筑物进行局部改建、扩建和装修的工程，建设单位应当与施工单位在订立的合同中明确各方对施工现场的消防安全责任。

# 第三章 消防安全管理

第十三条 下列范围的单位是消防安全重点单位，应当按照本规定的要求，实行严格管理：

（一）商场（市场）、宾馆（饭店）、体育场（馆）、会堂、公共娱乐场所等公众聚集场所（以下统称公众聚集场所）；

（二）医院、养老院和寄宿制的学校、托儿所、幼儿园；

（三）国家机关；

（四）广播电台、电视台和邮政、通信枢纽；

（五）客运车站、码头、民用机场；

（六）公共图书馆、展览馆、博物馆、档案馆以及具有火灾危险性的文物保护单位；

（七）发电厂（站）和电网经营企业；

（八）易燃易爆化学物品的生产、充装、储存、供应、销售单位；

（九）服装、制鞋等劳动密集型生产、加工企业；

（十）重要的科研单位；

（十一）其他发生火灾可能性较大以及一旦发生火灾可能造成重大人身伤亡或者财产损失的单位。

高层办公楼（写字楼）、高层公寓楼等高层公共建筑，城市地下铁道、地下观光隧道等地下公共建筑和城市重要的交通隧道，粮、棉、木材、百货等物资集中的大型仓库和堆场，国家和省级等重点工程的施工现场，应当按照本规定对消防安全重点单位的要求，实行严格管理。

**第十四条** 消防安全重点单位及其消防安全责任人、消防安全管理人应当报当地公安消防机构备案。

**第十五条** 消防安全重点单位应当设置或者确定消防工作的归口管理职能部，并确定专职或者兼职的消防管理人员；其他单位应当确定专职或者兼职消防管理人员，可以确定消防工作的归口管理职能部门。归口管理职能部门和专兼职消防管理人员在消防安全责任人或者消防安全管理人的领导下开展消防安全管理工作。

**第十六条**　公众聚集场所应当在具备下列消防安全条件后，向当地公安消防机构申报进行消防安全检查，经检查合格后方可开业使用：

（一）依法办理建筑工程消防设计审核手续，并经消防验收合格；

（二）建立健全消防安全组织，消防安全责任明确；

（三）建立消防安全管理制度和保障消防安全的操作规程；

（四）员工经过消防安全培训；

（五）建筑消防设施齐全、完好有效；

（六）制定灭火和应急疏散预案。

**第十七条**　举办集会、焰火晚会、灯会等具有火灾危险的大型活动，主办或者承办单位应当在具备消防安全条件后，向公安消防机构申报对活动现场进行消防安全检查，经检查合格后方可举办。

**第十八条**　单位应当按照国家有关规定，结合本单位的特点，建立健全各项消防安全制度和保障消防安全的操作规程，并公布执行。

单位消防安全制度主要包括以下内容：消防安全教育、培训；防火巡查、检查；安全疏散设施管理；消防（控制室）值班；消防设施、器材维护管理；火灾隐患整改；用火、用电安全管理；易燃易爆危险物品和场所防火防爆；专职和义务消防队的组织管理；灭火和应急疏散预案演练；燃气和电气设备的检查和管理（包括防雷、防静电）；消防安全工作考评和奖惩；其他必要的消防安全内容。

**第十九条** 单位应当将容易发生火灾、一旦发生火灾可能严重危及人身和财产安全以及对消防安全有重大影响的部位确定为消防安全重点部位，设置明显的防火标志，实行严格管理。

**第二十条** 单位应当对动用明火实行严格的消防安全管理。禁止在具有火灾、爆炸危险的场所使用明火；因特殊情况需要进行电、气焊等明火作业的，动火部门和人员应当按照单位的用火管理制度办理审批手续，落实现场监护人，在确认无火灾、爆炸危险后方可动火施工。动火施工人员应当遵守消防安全规定，并落实相应的消防安全措施。

公众聚集场所或者两个以上单位共同使用的建筑物局部施工需要使用明火时，施工单位和使用单位应当共同采取措施，将施工区和使用区进行防火分隔，清除动火区域的易燃、可燃物，配置消防器材，专人监护，保证施工及使用范围的消防安全。

公共娱乐场所在营业期间禁止动火施工。

**第二十一条** 单位应当保障疏散通道、安全出口畅通，并设置符合国家规定的消防安全疏散指示标志和应急照明设施，保持防火门、防火卷帘、消防安全疏散指示标志、应急照明、机械排烟送风、火灾事故广播等设施处于正常状态。

严禁下列行为：

（一）占用疏散通道；

（二）在安全出口或者疏散通道上安装栅栏等影响疏散的

障碍物；

（三）在营业、生产、教学、工作等期间将安全出口上锁、遮挡或者将消防安全疏散指示标志遮挡、覆盖；

（四）其他影响安全疏散的行为。

第二十二条　单位应当遵守国家有关规定，对易燃易爆危险物品的生产、使用、储存、销售、运输或者销毁实行严格的消防安全管理。

第二十三条　单位应当根据消防法规的有关规定，建立专职消防队、义务消防队，配备相应的消防装备、器材，并组织开展消防业务学习和灭火技能训练，提高预防和扑救火灾的能力。

第二十四条　单位发生火灾时，应当立即实施灭火和应急疏散预案，务必做到及时报警，迅速扑救火灾，及时疏散人员。邻近单位应当给予支援。任何单位、人员都应当无偿为报火警提供便利，不得阻拦报警。

单位应当为公安消防机构抢救人员、扑救火灾提供便利和条件。

火灾扑灭后，起火单位应当保护现场，接受事故调查，如实提供火灾事故的情况，协助公安消防机构调查火灾原因，核定火灾损失，查明火灾事故责任。未经公安消防机构同意，不得擅自清理火灾现场。

# 第四章　防火检查

第二十五条　消防安全重点单位应当进行每日防火巡查，

并确定巡查的人员、内容、部位和频次。其他单位可以根据需要组织防火巡查。巡查的内容应当包括：

（一）用火、用电有无违章情况；

（二）安全出口、疏散通道是否畅通，安全疏散指示标志、应急照明是否完好；

（三）消防设施、器材和消防安全标志是否在位、完整；

（四）常闭式防火门是否处于关闭状态，防火卷帘下是否堆放物品影响使用；

（五）消防安全重点部位的人员在岗情况；

（六）其他消防安全情况。

公众聚集场所在营业期间的防火巡查应当至少每两小时一次；营业结束时应当对营业现场进行检查，消除遗留火种。医院、养老院、寄宿制的学校、托儿所、幼儿园应当加强夜间防火巡查，其他消防安全重点单位可以结合实际组织夜间防火巡查。

防火巡查人员应当及时纠正违章行为，妥善处置火灾危险，无法当场处置的，应当立即报告。发现初起火灾应当立即报警并及时扑救。

防火巡查应当填写巡查记录，巡查人员及其主管人员应当在巡查记录上签名。

**第二十六条** 机关、团体、事业单位应当至少每季度进行一次防火检查，其他单位应当至少每月进行一次防火检查。检查的内容应当包括：

（一）火灾隐患的整改情况以及防范措施的落实情况；

（二）安全疏散通道、疏散指示标志、应急照明和安全出口情况；

（三）消防车通道、消防水源情况；

（四）灭火器材配置及有效情况；

（五）用火、用电有无违章情况；

（六）重点工种人员以及其他员工消防知识的掌握情况；

（七）消防安全重点部位的管理情况；

（八）易燃易爆危险物品和场所防火防爆措施的落实情况以及其他重要物资的防火安全情况；

（九）消防（控制室）值班情况和设施运行、记录情况；

（十）防火巡查情况；

（十一）消防安全标志的设置情况和完好、有效情况；

（十二）其他需要检查的内容。

防火检查应当填写检查记录。检查人员和被检查部门负责人应当在检查记录上签名。

**第二十七条** 单位应当按照建筑消防设施检查维修保养有关规定的要求，对建筑消防设施的完好有效情况进行检查和维修保养。

**第二十八条** 设有自动消防设施的单位，应当按照有关规定定期对其自动消防设施进行全面检查测试，并出具检测报告，存档备查。

**第二十九条** 单位应当按照有关规定定期对灭火器进行维护保养和维修检查。对灭火器应当建立档案资料，记明配置类型、数量、设置位置、检查维修单位（人员）、更换药剂的时间等有关情况。

# 第五章　火灾隐患整改

**第三十条**　单位对存在的火灾隐患，应当及时予以消除。

**第三十一条**　对下列违反消防安全规定的行为，单位应当责成有关人员当场改正并督促落实：

（一）违章进入生产、储存易燃易爆危险物品场所的；

（二）违章使用明火作业或者在具有火灾、爆炸危险的场所吸烟、使用明火等违反禁令的；

（三）将安全出口上锁、遮挡，或者占用、堆放物品影响疏散通道畅通的；

（四）消火栓、灭火器材被遮挡影响使用或者被挪作他用的；

（五）常闭式防火门处于开启状态，防火卷帘下堆放物品影响使用的；

（六）消防设施管理、值班人员和防火巡查人员脱岗的；

（七）违章关闭消防设施、切断消防电源的；

（八）其他可以当场改正的行为。

违反前款规定的情况以及改正情况应当有记录并存档备查。

**第三十二条**　对不能当场改正的火灾隐患，消防工作归口管理职能部门或者专兼职消防管理人员应当根据本单位的管理分工，及时将存在的火灾隐患向单位的消防安全管理人或者消防安全责任人报告，提出整改方案。消防安全管理人或者消防安全责任人应当确定整改的措施、期限以及负责整改的部门、人员，并落实整改资金。

　　在火灾隐患未消除之前，单位应当落实防范措施，保障消防安全。不能确保消防安全，随时可能引发火灾或者一旦发生火灾将严重危及人身安全的，应当将危险部位停产停业整改。

　　**第三十三条**　火灾隐患整改完毕，负责整改的部门或者人员应当将整改情况记录报送消防安全责任人或者消防安全管理人签字确认后存档备查。

　　**第三十四条**　对于涉及城市规划布局而不能自身解决的重大火灾隐患，以及机关、团体、事业单位确无能力解决的重大火灾隐患，单位应当提出解决方案并及时向其上级主管部门或者当地人民政府报告。

　　**第三十五条**　对公安消防机构责令限期改正的火灾隐患，单位应当在规定的期限内改正并写出火灾隐患整改复函，报送公安消防机构。

# 第六章　消防安全宣传教育和培训

　　**第三十六条**　单位应当通过多种形式开展经常性的消防安全宣传教育。消防安全重点单位对每名员工应当至少每年进行一次消防安全培训。宣传教育和培训内容应当包括：

　　（一）有关消防法规、消防安全制度和保障消防安全的操作规程；

　　（二）本单位、本岗位的火灾危险性和防火措施；

　　（三）有关消防设施的性能、灭火器材的使用方法；

　　（四）报火警、扑救初起火灾以及自救逃生的知识和技能。

公众聚集场所对员工的消防安全培训应当至少每半年进行一次，培训的内容还应当包括组织、引导在场群众疏散的知识和技能。

单位应当组织新上岗和进入新岗位的员工进行上岗前的消防安全培训。

第三十七条　公众聚集场所在营业、活动期间，应当通过张贴图画、广播、闭路电视等向公众宣传防火、灭火、疏散逃生等常识。

学校、幼儿园应当通过寓教于乐等多种形式对学生和幼儿进行消防安全常识教育。

第三十八条　下列人员应当接受消防安全专门培训：

（一）单位的消防安全责任人、消防安全管理人；

（二）专、兼职消防管理人员；

（三）消防控制室的值班、操作人员；

（四）其他依照规定应当接受消防安全专门培训的人员。

前款规定中的第（三）项人员应当持证上岗。

# 第七章　灭火、应急疏散预案和演练

第三十九条　消防安全重点单位制定的灭火和应急疏散预案应当包括下列内容：

（一）组织机构，包括：灭火行动组、通讯联络组、疏散引导组、安全防护救护组；

（二）报警和接警处置程序；

（三）应急疏散的组织程序和措施；

（四）扑救初起火灾的程序和措施；

（五）通讯联络、安全防护救护的程序和措施。

**第四十条**　消防安全重点单位应当按照灭火和应急疏散预案，至少每半年进行一次演练，并结合实际，不断完善预案。其他单位应当结合本单位实际，参照制定相应的应急方案，至少每年组织一次演练。

消防演练时，应当设置明显标识并事先告知演练范围内的人员。

# 第八章　消防档案

**第四十一条**　消防安全重点单位应当建立健全消防档案。消防档案应当包括消防安全基本情况和消防安全管理情况。消防档案应当翔实，全面反映单位消防工作的基本情况，并附有必要的图表，根据情况变化及时更新。

单位应当对消防档案统一保管、备查。

**第四十二条**　消防安全基本情况应当包括以下内容：

（一）单位基本概况和消防安全重点部位情况；

（二）建筑物或者场所施工、使用或者开业前的消防设计审核、消防验收以及消防安全检查的文件、资料；

（三）消防管理组织机构和各级消防安全责任人；

（四）消防安全制度；

（五）消防设施、灭火器材情况；

（六）专职消防队、义务消防队人员及其消防装备配备情况；

（七）与消防安全有关的重点工种人员情况；

（八）新增消防产品、防火材料的合格证明材料；

（九）灭火和应急疏散预案。

**第四十三条** 消防安全管理情况应当包括以下内容：

（一）公安消防机构填发的各种法律文书；

（二）消防设施定期检查记录、自动消防设施全面检查测试的报告以及维修保养的记录；

（三）火灾隐患及其整改情况记录；

（四）防火检查、巡查记录；

（五）有关燃气、电气设备检测（包括防雷、防静电）等记录资料；

（六）消防安全培训记录；

（七）灭火和应急疏散预案的演练记录；

（八）火灾情况记录；

（九）消防奖惩情况记录。

前款规定中的第（二）、（三）、（四）、（五）项记录，应当记明检查的人员、时间、部位、内容、发现的火灾隐患以及处理措施等；第（六）项记录，应当记明培训的时间、参加人员、内容等；第（七）项记录，应当记明演练的时间、地点、内容、参加部门以及人员等。

**第四十四条** 其他单位应当将本单位的基本概况、公安消防机构填发的各种法律文书、与消防工作有关的材料和记录等统一保管备查。

# 第九章　奖惩

**第四十五条**　单位应当将消防安全工作纳入内部检查、考核、评比内容。对在消防安全工作中成绩突出的部门（班组）和个人，单位应当给予表彰奖励。对未依法履行消防安全职责或者违反单位消防安全制度的行为，应当依照有关规定对责任人员给予行政纪律处分或者其他处理。

**第四十六条**　违反本规定，依法应当给予行政处罚的，依照有关法律、法规予以处罚；构成犯罪的，依法追究刑事责任。

# 第十章　附则

**第四十七条**　公安消防机构对本规定的执行情况依法实施监督，并对自身滥用职权、玩忽职守、徇私舞弊的行为承担法律责任。

**第四十八条**　本规定自 2002 年 5 月 1 日起施行。本规定施行以前公安部发布的规章中的有关规定与本规定不一致的，以本规定为准。

# 《中共中央 国务院
# 关于推进安全生产领域改革
# 发展的意见》

中发〔2016〕32 号

安全生产是关系人民群众生命财产安全的大事，是经济社会协调健康发展的标志，是党和政府对人民利益高度负责的要求。党中央、国务院历来高度重视安全生产工作，党的十八大以来作出一系列重大决策部署，推动全国安全生产工作取得积极进展。同时也要看到，当前我国正处在工业化、城镇化持续推进过程中，生产经营规模不断扩大，传统和新型生产经营方式并存，各类事故隐患和安全风险交织叠加，安全生产基础薄弱、监管体制机制和法律制度不完善、企业主体责任落实不力等问题依然突出，生产安全事故易发多发，尤其是重特大安全事故频发势头尚未得到有效遏制，一些事故发生呈现由高危行业领域向其他行业领域蔓延趋势，直接危及生产安全和公共安全。为进一步加强安全生产工作，现就推进安全生产领域改革发展提出如下意见。

# 一　总体要求

（一）指导思想。

全面贯彻党的十八大和十八届三中、四中、五中、六中全会精神，以邓小平理论、"三个代表"重要思想、科学发展观为指导，深入贯彻习近平总书记系列重要讲话精神和治国理政新理念新思想新战略，进一步增强"四个意识"，紧紧围绕统筹推进"五位一体"总体布局和协调推进"四个全面"战略布局，牢固树立新发展理念，坚持安全发展，坚守发展决不能以牺牲安全为代价这条不可逾越的红线，以防范遏制重特大生产安全事故为重点，坚持安全第一、预防为主、综合治理的方针，加强领导、改革创新，协调联动、齐抓共管，着力强化企业安全生产主体责任，着力堵塞监督管理漏洞，着力解决不遵守法律法规的问题，依靠严密的责任体系、严格的法治措施、有效的体制机制、有力的基础保障和完善的系统治理，切实增强安全防范治理能力，大力提升我国安全生产整体水平，确保人民群众安康幸福、共享改革发展和社会文明进步成果。

（二）基本原则。

一是坚持安全发展：贯彻以人民为中心的发展思想，始终把人的生命安全放在首位，正确处理安全与发展的关系，大力实施安全发展战略，为经济社会发展提供强有力的安全保障。二是坚持改革创新：不断推进安全生产理论创新、制度创新、体制机制创新、科技创新和文化创新，增强企业内生动力，激发全社会创新活力，破解安全生产难题，推动安全生产与经济社会协调发展。三是坚持依法监管：大力弘扬社会主义法治精神，运用法治思维和法治方式，深化安全生产监管执法体制改革，完善安全生产法律法规和标准体系，严格规范公正文明执法，增强监管执法效能，提高安全生产法治化水平。四是坚持源头防范：严格安全生产市场准入，经济社会发展要以安全为前提，把安全生产贯穿城乡规划布局、设计、建设、管理和企业生产经营活动全过程。构建风险分级管控和隐患排查治理双重预防工作机制，严防风险演变、隐患升级导致生产安全事故发生。五是坚持系统治理：严密层级治理和行业治理、政府治理、社会治理相结合的安全生产治理体系，组织动员各方面力量实施社会共治。综合运用法律、行政、经济、市场等手段，落实人防、技防、物防措施，提升全社会安全生产治理能力。

（三）目标任务。

到 2020 年，安全生产监管体制机制基本成熟，法律制度基本完善，全国生产安全事故总量明显减少，职业病危害防治取得积极进展，重特大生产安全事故频发势头得到有效遏制，安全生产整体水平与全面建成小康社会目标相适应。到 2030年，实现安全生产治理体系和治理能力现代化，全民安全文明素质全面提升，安全生产保障能力显著增强，为实现中华民族伟大复兴中国梦奠定稳固可靠的安全生产基础。

## 二 健全落实安全生产责任制

（四）明确地方党委和政府领导责任。

坚持党政同责、一岗双责、齐抓共管、失职追责，完善安全生产责任体系。地方各级党委和政府要始终把安全生产摆在重要位置，加强组织领导。党政主要负责人是本地区安全生产第一责任人，班子其他成员对分管范围内的安全生产工作负领导责任。地方各级安全生产委员会主任由政府主要负责人担任，成员由同级党委和政府及相关部门负责人组成。地方各级党委要认真贯彻执行党的安全生产方针，在统揽本地区经济社会发展全局中同步推进安全生产工作，定期研究决定安全生产重大问题。加强安全生产监管机构领导班子、干部队伍建设。严格安全生产履职绩效考核和失职责任追究。强化安全生产宣传教育和舆论引导。发挥人大对安全生产工作的监督促进作用、政协对安全生产工作的民主监督作用。推动组织、宣传、政法、机构编制等单位支持保障安全生产工作。动员社会各界积极参与、支持、监督安全生产工作。地方各级政府要把安全生产纳入经济社会发展总体规划，制定实施安全生产专项规划，健全安全投入保障制度。及时研究部署安全生产工作，严格落实属地监管责任。充分发挥安全生产委员会作用，实施安全生产责任目标管理。建立安全生产巡查制度，督促各部门和下级政府履职尽责。加强安全生产监管执法能力建设，推进安全科技创新，提升信息化管理水平。严格安全准入标准，指导管控安全风险，督促整治重大隐患，强化源头治理。加强应急管理，完善安全应急救援体系。依法依规开展事故查处，督促落实问题整改。

（五）明确部门监管责任。

按照管行业必须管安全、管业务必须管安全、管生产经营必须管安全和谁主管谁负责的原则，厘清安全生产综合监管与行业监管的关系，明确各有关部门安全生产和职业健康工作职责，并落实到部门工作职责规定中。安全生产监督管理部门负责安全生产法规标准和政策规划制定修订、执法监督、事故调查处理、应急救援管理、统计分析、宣传教育培训等综合性工作，承担职责范围内行业领域安全生产和职业健康监管执法职责。负有安全生产监督管理职责的有关部门依法依规履行相关行业领域安全生产和职业健康监管职责，强化监管执法，严厉查处违法违规行为。其他行业领域主管部门负有安全生产管理责任，要将安全生产工作作为行业领域管理的重要内容，从行业规划、产业政策、法规标准、行政许可等方面加强行业安全生产工作，指导督促企事业单位加强安全管理。党委和政府其他有关部门要在职责范围内为安全生产工作提供支持保障，共同推进安全发展。

（六）严格落实企业主体责任。

企业对本单位安全生产和职业健康工作负全面责任，要严格履行安全生产法定责任，建立健全自我约束、持续改进的内生机制。企业实行全员安全生产责任制度，法定代表人和实际控制人同为安全生产第一责任人，主要技术负责人负有安全生产技术决策和指挥权，强化部门安全生产职责，落实一岗双责。完善落实混合所有制企业以及跨地区、多层级和境外中资企业投资主体的安全生产责任。建立企业全过程安全生产和职业健康管理制度，做到安全责任、管理、投入、培训和应急救援"五到位"。国有企业要发挥安全生产工作示范带头作用，自觉接受属地监管。

（七）健全责任考核机制。

建立与全面建成小康社会相适应和体现安全发展水平的考

核评价体系。完善考核制度，统筹整合、科学设定安全生产考核指标，加大安全生产在社会治安综合治理、精神文明建设等考核中的权重。各级政府要对同级安全生产委员会成员单位和下级政府实施严格的安全生产工作责任考核，实行过程考核与结果考核相结合。各地区各单位要建立安全生产绩效与履职评定、职务晋升、奖励惩处挂钩制度，严格落实安全生产"一票否决"制度。

（八）严格责任追究制度。

实行党政领导干部任期安全生产责任制，日常工作依责尽职、发生事故依责追究。依法依规制定各有关部门安全生产权力和责任清单、尽职照单免责、失职照单问责。建立企业生产经营全过程安全责任追溯制度。严肃查处安全生产领域项目审批、行政许可、监管执法中的失职渎职和权钱交易等腐败行为。严格事故直报制度，对瞒报、谎报、漏报、迟报事故的单位和个人依法依规追责。对被追究刑事责任的生产经营者依法实施相应的职业禁入，对事故发生负重大责任的社会服务机构和人员依法追究法律责任，并依法实施相应行业禁入。

# 三　改革安全监管监察体制

（九）完善监督管理体制。

加强各级安全生产委员会组织领导，充分发挥其统筹协调作用，切实解决突出矛盾和问题。各级安全生产监督管理部门承担本级安全生产委员会日常工作，负责指导协调、监督检查、巡查考核本级政府有关部门和下级政府安全生产工作，履行综合监管职责。负有安全生产监督管理职责的部门，依照有关法律法规和部门职责，健全安全生产监管体制，严格落实监管职责。相关部门按照各自职责建立完善安全生产工作机制，形成齐抓共管格局。坚持管安全生产必须管职业健康，建立安全生产和职业健康一体化监管执法体制。

（十）改革重点行业领域安全监管监察体制。

依托国家煤矿安全监察体制，加强非煤矿山安全生产监管监察，优化安全监察机构布局，将国家煤矿安全监察机构负责的安全生产行政许可事项移交给地方政府承担。着重加强危险化学品安全监管体制改革和力量建设，明确和落实危险化学品建设项目立项、规划、设计、施工及生产、储存、使用、销售、运输、废弃处置等环节的法定安全监管责任，建立有力的协调联动机制，消除监管空白。完善海洋石油安全生产监督管理体制机制，实行政企分开。理顺民航、铁路、电力等行业跨区域监管体制，明确行业监管、区域监管与地方监管职责。

（十一）进一步完善地方监管执法体制。

地方各级党委和政府要将安全生产监督管理部门作为政府工作部门和行政执法机构，加强安全生产执法队伍建设，强化行政执法职能。统筹加强安全监管力量，重点充实市、县两级安全生产监管执法人员，强化乡镇（街道）安全生产监管力量建设。完善各类开发区、工业园区、港区、风景区等功能区安全生产监管体制，明确负责安全生产监督管理的机构及港区安全生产地方监管和部门监管责任。

（十二）健全应急救援管理体制。

按照政事分开原则，推进安全生产应急救援管理体制改革，强化行政管理职能，提高组织协调能力和现场救援时效。健全省、市、县三级安全生产应急救援管理工作机制，建设联动互通的应急救援指挥平台。依托公安消防、大型企业、工业园区等应急救援力量，加强矿山和危化品等应急救援基地和队伍建设，实行区域化应急救援资源共享。

# 四　大力推进依法治理

（十三）健全法律法规体系。

建立健全安全生产法律法规立改废释工作协调机制。加强涉及安全生产相关法规一致性审查，增强安全生产法制建设的系统性、可操作性。制定安全生产中长期立法规划，加快制定修订安全生产法配套法规。加强安全生产和职业健康法律法规衔接融合。研究修改刑法有关条款，将生产经营过程中极易导致重大生产安全事故的违法行为列入刑法调整范围。制定完善高危行业领域安全规程。设区的市根据立法法的立法精神，加强安全生产地方性法规建设，解决区域性安全生产突出问题。

（十四）完善标准体系。

加快安全生产标准制定修订和整合，建立以强制性国家标准为主体的安全生产标准体系。鼓励依法成立的社会团体和企业制定更加严格规范的安全生产标准，结合国情积极借鉴实施国际先进标准。国务院安全生产监督管理部门负责生产经营单位职业危害预防治理国家标准制定发布工作；统筹提出安全生产强制性国家标准立项计划，有关部门按照职责分工组织起草、审查、实施和监督执行，国务院标准化行政主管部门负责及时立项、编号、对外通报、批准并发布。

（十五）严格安全准入制度。

严格高危行业领域安全准入条件。按照强化监管与便民服务相结合原则，科学设置安全生产行政许可事项和办理程序，优化工作流程，简化办事环节，实施网上公开办理，接受社会监督。对与人民群众生命财产安全直接相关的行政许可事项，依法严格管理。对取消、下放、移交的行政许可事项，要加强事前事后安全监管。

（十六）规范监管执法行为。

完善安全生产监管执法制度，明确每个生产经营单位安全生产监督和管理主体，制定实施执法计划，完善执法程序规定，依法严格查处各类违法违规行为。建立行政执法和刑事司法衔接制度，负有安全生产监督管理职责的部门要加强与公安、检察院、法院等协调配合，完善安全生产违法线索通报、案件移送与协查机制。对违法行为当事人拒不执行安全行政执法决定的，负有安全生产监督管理职责部门应依法申请司法机关强制执行。完善司法机关参与事故调查机制，严肃查处违法犯罪行为。研究建立安全生产民事和行政公益诉讼制度。

（十七）完善执法监督机制。

各级人大常委会要定期检查安全生产法律法规实施情况，开展专题询问。各级政协要围绕安全生产突出问题开展民主监督和协商调研。建立执法行为审议制度和重大行政执法决策机制，评估执法效果，防止滥用职权。健全领导干部非法干预安全生产监管执法的记录、通报和责任追究制度。完善安全生产执法纠错和执法信息公开制度，加强社会监督和舆论监督，保证执法严明、有错必纠。

（十八）健全监管执法保障体系。

制定安全生产监管监察能力建设规划，明确监管执法装备及现场执法和应急救援用车配备标准，加强监管执法技术支撑体系建设，保障监管执法需要。建立完善负有安全生产监督管理职责的部门监管执法经费保障机制，将监管执法经费纳入同级财政全额保障范围。加强监管执法制度化、标准化、信息化建设，确保规范高效监管执法。建立安全生产监管执法人员依法履行法定职责制度，激励保证监管执法人员忠于职守、履职尽责。严格监管执法人员资格管理，制定安全生产监管执法人员录用标准，提高专业监管执法人员比例。建立健全安全生产监管执法人员凡进必考、入职培训、持证上岗和定期轮训制度。统一安全生产执法标志标识和制式服装。

（十九）完善事故调查处理机制。

坚持问责与整改并重，充分发挥事故查处对加强和改进安全生产工作的促进作用。完善生产安全事故调查组组长负责制。健全典型事故提级调查、跨地区协同调查和工作督导机制。建立事故调查分析技术支撑体系，所有事故调查报告要设立技术和管理问题专篇，详细分析原因并全文发布，做好解读，回应公众关切。对事故调查发现有漏洞、缺陷的有关法律法规和标准制度，及时启动制定修订工作。建立事故暴露问题整改督办制度，事故结案后一年内，负责事故调查的地方政府和国务院有关部门组织开展评估，要向社会公开，对履职不力、整改措施不落实要依法依规追究有关单位和人员责任。

# 五 建立安全预防控制体系

（二十）加强安全风险管控。

地方各级政府要建立完善安全风险评估与论证机制，科学合理确定企业选址和基础设施建设、居民生活区空间布局。高危项目审批必须把安全生产作为前置条件，城乡规划布局、设计、建设、管理等各项工作必须以安全为前提，实行重大安全风险"一票否决"。加强新材料、新工艺、新业态安全风险评估和管控。紧密结合供给侧结构性改革，推动高危产业转型升级。位置相邻、行业相近、业态相似的地区和行业要建立完善重大安全风险联防联控机制。构建国家、省、市、县四级重大危险源信息管理体系，对重点行业、重点区域、重点企业实行风险预警控制，有效防范重特大生产安全事故。

（二十一）强化企业预防措施。

企业要定期开展风险评估和危害辨识。针对高危工艺、设备、物品、场所和岗位，建立分级管控制度，制定落实安全操作规程。树立隐患就是事故的观念，建立健全隐患排查治理制度、重大隐患治理情况向负有安全生产监督管理职责的部门和企业职代会"双报告"制度，实行自查自改自报闭环管理。严格执行安全生产和职业健康"三同时"制度。大力推进企业安全生产标准化建设，实现安全管理、操作行为、设备设施和作业环境的标准化。开展经常性的应急演练和人员避险自救培训，着力提升现场应急处置能力。

（二十二）建立隐患治理监督机制。

制定生产安全事故隐患分级和排查治理标准。负有安全生产监督管理职责的部门要建立与企业隐患排查治理系统联网的信息平台，完善线上线下配套监管制度。强化隐患排查治理监督执法，对重大隐患整改不到位的企业依法采取停产停业、停止施工、停止供电和查封扣押等强制措施，按规定给予上限经济处罚，对构成犯罪的要移交司法机关依法追究刑事责任。严格重大隐患挂牌督办制度，对整改和督办不力的纳入政府核查问责范围，实行约谈告诫、公开曝光，情节严重的依法依规追究相关人员责任。

（二十三）强化城市运行安全保障。

定期排查区域内安全风险点、危险源，落实管控措施，构建系统性、现代化的城市安全保障体系，推进安全发展示范城市建设。提高基础设施安全配置标准，重点加强对城市高层建筑、大型综合体、隧道桥梁、管线管廊、轨道交通、燃气、电力设施及电梯、游乐设施等的检测维护。完善大型群众性活动安全管理制度，加强人员密集场所安全监管。加强公安、民政、国土资源、住房城乡建设、交通运输、水利、农业、安全监管、气象、地震等相关部门的协调联动，严防自然灾害引发事故。

（二十四）加强重点领域工程治理。

深入推进对煤矿瓦斯、水害等重大灾害以及矿山采空区、尾矿库的工程治理。加快实施人口密集区域的危险化学品和化工企业生产、仓储场所安全搬迁工程。深化油气开采、输送、炼化、码头接卸等领域安全整治。实施高速公路、乡村公路和急弯陡坡、临水临崖危险路段公路安全生命防护工程建设。加强高速铁路、跨海大桥、海底隧道、铁路浮桥、航运枢纽、港口等防灾监测、安全检测及防护系统建设。完善长途客运车辆、旅游客车、危险物品运输车辆和船舶生产制造标准，提高安全性能，强制安装智能视频监控报警、防碰撞和整车整船安全运行监管技术装备，对已运行的要加快安全技术装备改造升级。

（二十五）建立完善职业病防治体系。

将职业病防治纳入各级政府民生工程及安全生产工作考核体系，制定职业病防治中长期规划，实施职业健康促进计划。加快职业病危害严重企业技术改造、转型升级和淘汰退出，加强高危粉尘、高毒物品等职业病危害源头治理。健全职业健康监管支撑保障体系，加强职业健康技术服务机构、职业病诊断鉴定机构和职业健康体检机构建设，强化职业病危害基础研究、预防控制、诊断鉴定、综合治疗能力。完善相关规定，扩大职业病患者救治范围，将职业病失能人员纳入社会保障范围，对符合条件的职业病患者落实医疗与生活救助措施。加强企业职业健康监管执法，督促落实职业病危害告知、日常监测、定期报告、防护保障和职业健康体检等制度措施，落实职业病防治主体责任。

# 六　加强安全基础保障能力建设

（二十六）完善安全投入长效机制。

加强中央和地方财政安全生产预防及应急相关资金使用管

理，加大安全生产与职业健康投入，强化审计监督。加强安全生产经济政策研究，完善安全生产专用设备企业所得税优惠目录。落实企业安全生产费用提取管理使用制度，建立企业增加安全投入的激励约束机制。健全投融资服务体系，引导企业集聚发展灾害防治、预测预警、检测监控、个体防护、应急处置、安全文化等技术、装备和服务产业。

（二十七）建立安全科技支撑体系。

优化整合国家科技计划，统筹支持安全生产和职业健康领域科研项目，加强研发基地和博士后科研工作站建设。开展事故预防理论研究和关键技术装备研发，加快成果转化和推广应用。推动工业机器人、智能装备在危险工序和环节广泛应用。提升现代信息技术与安全生产融合度，统一标准规范，加快安全生产信息化建设，构建安全生产与职业健康信息化全国"一张网"。加强安全生产理论和政策研究，运用大数据技术开展安全生产规律性、关联性特征分析，提高安全生产决策科学化水平。

（二十八）健全社会化服务体系。

将安全生产专业技术服务纳入现代服务业发展规划，培育多元化服务主体。建立政府购买安全生产服务制度。支持发展安全生产专业化行业组织，强化自治自律。完善注册安全工程师制度。改革完善安全生产和职业健康技术服务机构资质管理办法。支持相关机构开展安全生产和职业健康一体化评价等技术服务，严格实施评价公开制度，进一步激活和规范专业技术服务市场。鼓励中小微企业订单式、协作式购买运用安全生产管理和技术服务。建立安全生产和职业健康技术服务机构公示制度和由第三方实施的信用评定制度，严肃查处租借资质、违法挂靠、弄虚作假、垄断收费等各类违法违规行为。

（二十九）发挥市场机制推动作用。

取消安全生产风险抵押金制度，建立健全安全生产责任保险制度，在矿山、危险化学品、烟花爆竹、交通运输、建筑施工、民用爆炸物品、金属冶炼、渔业生产等高危行业领域强制实施，切实发挥保险机构参与风险评估管控和事故预防功能。完善工伤保险制度，加快制定工伤预防费用的提取比例、使用和管理具体办法。积极推进安全生产诚信体系建设，完善企业安全生产不良记录"黑名单"制度，建立失信惩戒和守信激励机制。

（三十）健全安全宣传教育体系。

将安全生产监督管理纳入各级党政领导干部培训内容。把安全知识普及纳入国民教育，建立完善中小学安全教育和高危行业职业安全教育体系。把安全生产纳入农民工技能培训内容。严格落实企业安全教育培训制度，切实做到先培训、后上岗。推进安全文化建设，加强警示教育，强化全民安全意识和法治意识。发挥工会、共青团、妇联等群团组织作用，依法维护职工群众的知情权、参与权与监督权。加强安全生产公益宣传和舆论监督。建立安全生产"12350"专线与社会公共管理平台统一接报、分类处置举报投诉机制。鼓励开展安全生产志愿服务和慈善事业。加强安全生产国际交流合作，学习借鉴国外安全生产与职业健康先进经验。

各地区各部门要加强组织领导，严格实行领导干部安全生产工作责任制，根据本意见提出的任务和要求，结合实际认真研究制定实施办法，抓紧出台推进安全生产领域改革发展的具体政策措施，明确责任分工和时间进度要求，确保各项改革举措和工作要求落实到位。贯彻落实情况要及时向党中央、国务院报告，同时抄送国务院安全生产委员会办公室。中央全面深化改革领导小组办公室将适时牵头组织开展专项监督检查。

# 《中共中央办公厅　国务院办公厅关于推进城市安全发展的意见》

中办发〔2018〕1号

随着我国城市化进程明显加快，城市人口、功能和规模不断扩大，发展方式、产业结构和区域布局发生了深刻变化，新材料、新能源、新工艺广泛应用，新产业、新业态、新领域大量涌现，城市运行系统日益复杂，安全风险不断增大。一些城市安全基础薄弱，安全管理水平与现代化城市发展要求不适应、不协调的问题比较突出。近年来，一些城市甚至大型城市相继发生重特大生产安全事故，给人民群众生命财产安全造成重大损失，暴露出城市安全管理存在不少漏洞和短板。为强化城市运行安全保障，有效防范事故发生，现就推进城市安全发展提出如下意见。

## 一　总体要求

（一）指导思想。

全面贯彻党的十九大精神，以习近平新时代中国特色社会主义思想为指导，紧紧围绕统筹推进"五位一体"总体布局和协调推进"四个全面"战略布局，牢固树立安全发展理念，弘扬生命至上、安全第一的思想，强化安全红线意识，推进安全生产领域改革发展，切实把安全发展作为城市现代文明的重要标志，落实完善城市运行管理及相关方面的安全生产责任制，健全公共安全体系，打造共建共治共享的城市安全社会治理格局，促进建立以安全生产为基础的综合性、全方位、系统化的城市安全发展体系，全面提高城市安全保障水平，有效防范和坚决遏制重特大安全事故发生，为人民群众营造安居乐业、幸福安康的生产生活环境。

（二）基本原则。

——坚持生命至上、安全第一。牢固树立以人民为中心的发展思想，始终坚守发展决不能以牺牲安全为代价这条不可逾越的红线，严格落实地方各级党委和政府的领导责任、部门监管责任、企业主体责任，加强社会监督，强化城市安全生产防范措施落实，为人民群众提供更有保障、更可持续的安全感。

——坚持立足长效、依法治理。加强安全生产、职业健康法律法规和标准体系建设，增强安全生产法治意识，健全安全监管机制，规范执法行为，严格执法措施，全面提升城市安全生产法治化水平，加快建立城市安全治理长效机制。

——坚持系统建设、过程管控。健全公共安全体系，加强城市规划、设计、建设、运行等各个环节的安全管理，充分运用科技和信息化手段，加快推进安全风险管控、隐患排查治理体系和机制建设，强化系统性安全防范制度措施落实，严密防范各类事故发生。

——坚持统筹推动、综合施策。充分调动社会各方面的积极性，优化配置城市管理资源，加强安全生产综合治理，切实将城市安全发展建立在人民群众安全意识不断增强、从业人员安全技能素质显著提高、生产经营单位和区域安全保障水平持续改进的基础上，有效解决影响城市安全的突出矛盾和问题。

（三）总体目标。

到 2020 年，城市安全发展取得明显进展，建成一批与全面建成小康社会目标相适应的安全发展示范城市；在深入推进示范创建的基础上，到 2035 年，城市安全发展体系更加完善，安全文明程度显著提升，建成与基本实现社会主义现代化相适应的安全发展城市。持续推进形成系统性、现代化的城市安全保障体系，加快建成以中心城区为基础，带动周边、辐射县乡、惠及民生的安全发展型城市，为把我国建成富强民主文明和谐美丽的社会主义现代化强国提供坚实稳固的安全保障。

## 二 加强城市安全源头治理

（四）科学制定规划。

坚持安全发展理念，严密细致制定城市经济社会发展总体规划及城市规划、城市综合防灾减灾规划等专项规划，居民生活区、商业区、经济技术开发区、工业园区、港区以及其他功能区的空间布局要以安全为前提。加强建设项目实施前的评估论证工作，将安全生产的基本要求和保障措施落实到城市发展的各个领域、各个环节。

（五）完善安全法规和标准。

加强体现安全生产区域特点的地方性法规建设，形成完善的城市安全法治体系。完善城市高层建筑、大型综合体、综合交通枢纽、隧道桥梁、管线管廊、道路交通、轨道交通、燃气工程、排水防涝、垃圾填埋场、渣土受纳场、电力设施及电梯、大型游乐设施等的技术标准，提高安全和应急设施的标准要求，增强抵御事故风险、保障安全运行的能力。

（六）加强基础设施安全管理。

城市基础设施建设要坚持把安全放在第一位，严格把关。有序推进城市地下管网依据规划采取综合管廊模式进行建设。加强城市交通、供水、排水防涝、供热、供气和污水、污泥、垃圾处理等基础设施建设、运营过程中的安全监督管理，严格落实安全防范措施。强化与市政设施配套的安全设施建设，及时进行更换和升级改造。加强消防站点、水源等消防安全设施建设和维护，因地制宜规划建设特勤消防站、普通消防站、小型和微型消防站，缩短灭火救援响应时间。加快推进城区铁路平交道口立交化改造，加快消除人员密集区域铁路平交道口。加强城市交通基础设施建设，优化城市路网和交通组织，科学规范设置道路交通安全设施，完善行人过街安全设施。加强城市棚户区、城中村和危房改造过程中的安全监督管理，严格治理城市建成区违法建设。

（七）加快重点产业安全改造升级。

完善高危行业企业退城入园、搬迁改造和退出转产扶持奖励政策。制定中心城区安全生产禁止和限制类产业目录，推动城市产业结构调整，治理整顿安全生产条件落后的生产经营单位，经整改仍不具备安全生产条件的，要依法实施关闭。加强矿产资源型城市塌（沉）陷区治理。加快推进城镇人口密集区不符合安全和卫生防护距离要求的危险化学品生产、储存企业就地改造达标、搬迁进入规范化工园区或依法关闭退出。引导企业集聚发展安全产业，改造提升传统行业工艺技术和安全装备水平。结合企业管理创新，大力推进企业安全生产标准化建设，不断提升安全生产管理水平。

# 三　健全城市安全防控机制

（八）强化安全风险管控。

对城市安全风险进行全面辨识评估，建立城市安全风险信息管理平台，绘制"红、橙、黄、蓝"四色等级安全风险空间分布图。编制城市安全风险白皮书，及时更新发布。研究制定重大安全风险"一票否决"的具体情形和管理办法。明确风险管控的责任部门和单位，完善重大安全风险联防联控机制。对重点人员密集场所、安全风险较高的大型群众性活动开展安全风险评估，建立大客流监测预警和应急管控处置机制。

（九）深化隐患排查治理。

制定城市安全隐患排查治理规范，健全隐患排查治理体系。进一步完善城市重大危险源辨识、申报、登记、监管制度，建立动态管理数据库，加快提升在线安全监控能力。强化对各类生产经营单位和场所落实隐患排查治理制度情况的监督检查，严格实施重大事故隐患挂牌督办。督促企业建立隐患自查自改评价制度，定期分析、评估隐患治理效果，不断完善隐患治理工作机制。加强施工前作业风险评估，强化检维修作业、临时用电作业、盲板抽堵作业、高空作业、吊装作业、断路作业、动土作业、立体交叉作业、有限空间作业、焊接与热切割作业以及塔吊、脚手架在使用和拆装过程中的安全管理，严禁违章违规行为，防范事故发生。加强广告牌、灯箱和楼房外墙附着物管理，严防倒塌和坠落事故。加强老旧城区火灾隐患排查，督促整改私拉乱接、超负荷用电、线路短路、线路老化和影响消防车通行的障碍物等问题。加强城市隧道、桥梁、易积水路段等道路交通安全隐患点段排查治理，保障道路安全通行条件。加强安全社区建设。推行高层建筑消防安全经理人或楼长制度，建立自我管理机制。明确电梯使用单位安全责任，督促使用、维保单位加强检测维护，保障电梯安全运行。加强对油、气、煤等易燃易爆场所雷电灾害隐患排查。加强地震风险普查及防控，强化城市活动断层探测。

（十）提升应急管理和救援能力。

坚持快速、科学、有效救援，健全城市安全生产应急救援管理体系，加快推进建立城市应急救援信息共享机制，健全多部门协同预警发布和响应处置机制，提升防灾减灾救灾能力，提高城市生产安全事故处置水平。完善事故应急救援预案，实现政府预案与部门预案、企业预案、社区预案有效衔接，定期开展应急演练。加强各类专业化应急救援基地和队伍建设，重点加强危险化学品相对集中区域的应急救援能力建设，鼓励和支持有条件的社会救援力量参与应急救援。建立完善日常应急救援技术服务制度，不具备单独建立专业应急救援队伍的中小型企业要与相邻有关专业救援队伍签订救援服务协议，或者联合建立专业应急救援队伍。完善应急救援联动机制，强化应急状态下交通管制、警戒、疏散等防范措施。健全应急物资储备调用机制。开发适用高层建筑等条件下的应急救援装备设施，加强安全使用培训。强化有限空间作业和现场应急处置技能。根据城市人口分布和规模，充分利用公园、广场、校园等宽阔地带，建立完善应急避难场所。

# 四 提升城市安全监管效能

（十一）落实安全生产责任。

完善党政同责、一岗双责、齐抓共管、失职追责的安全生产责任体系。全面落实城市各级党委和政府对本地区安全生产工作的领导责任、党政主要负责人第一责任人的责任，及时研究推进城市安全发展重点工作。按照管行业必须管安全、管业务必须管安全、管生产经营必须管安全和谁主管谁负责的原则，落实各相关部门安全生产和职业健康工作职责，做到责任落实无空档、监督管理无盲区。严格落实各类生产经营单位安全生产与职业健康主体责任，加强全员全过程全方位安全管理。

（十二）完善安全监管体制。

加强负有安全生产监督管理职责部门之间的工作衔接，推动安全生产领域内综合执法，提高城市安全监管执法实效。合理调整执法队伍种类和结构，加强安全生产基层执法力量。科学划分经济技术开发区、工业园区、港区、风景名胜区等各类功能区的类型和规模，明确健全相应的安全生产监督管理机构。完善民航、铁路、电力等监管体制，界定行业监管和属地监管职责。理顺城市无人机、新型燃料、餐饮场所、未纳入施工许可管理的建筑施工等行业领域安全监管职责，落实安全监督检查责任。推进实施联合执法，解决影响人民群众生产生活安全的"城市病"。完善放管服工作机制，提高安全监管实效。

（十三）增强监管执法能力。

加强安全生产监管执法机构规范化、标准化、信息化建设，充分运用移动执法终端、电子案卷等手段提高执法效能，改善现场执法、调查取证、应急处置等监管执法装备，实施执法全过程记录。实行派驻执法、跨区域执法或委托执法等方式，加强街道（乡镇）和各类功能区安全生产执法工作。加强安全监管执法教育培训，强化法治思维和法治手段，通过组织开展公开裁定、现场模拟执法、编制运用行政处罚和行政强制指导性案例等方式，提高安全监管执法人员业务素质能力。建立完善安全生产行政执法和刑事司法衔接制度。定期开展执法效果评估，强化执法措施落实。

（十四）严格规范监管执法。

完善执法人员岗位责任制和考核机制，严格执法程序，加强现场精准执法，对违法行为及时作出处罚决定。依法明确停产停业、停止施工、停止使用相关设施或设备，停止供电、停止供应民用爆炸物品，查封、扣押、取缔和上限处罚等执法决定的适用情形、时限要求、执行责任，对推诿或消极执行、拒绝执行停止供电、停止供应民用爆炸物品的有关职能部门和单位，下达执法决定的部门可将有关情况提交行业主管部门或监察机关作出处理。严格执法信息公开制度，加强执法监督和巡查考核，对负有安全生产监督管理职责的部门未依法采取相应执法措施或降低执法标准的责任人实施问责。严肃事故调查处理，依法依规追究责任单位和责任人的责任。

# 五 强化城市安全保障能力

（十五）健全社会化服务体系。

制定完善政府购买安全生产服务指导目录，强化城市安全专业技术服务力量。大力实施安全生产责任保险，突出事故预防功能。加快推进安全信用体系建设，强化失信惩戒和守信激励，明确和落实对有关单位及人员的惩戒和激励措施。将生产经营过程中极易导致生产安全事故的违法行为纳入安全生产领域严重失信联合惩戒"黑名单"管理。完善城市社区安全网格化工作体系，强化末梢管理。

（十六）强化安全科技创新和应用。

加大城市安全运行设施资金投入，积极推广先进生产工艺和安全技术，提高安全自动监测和防控能力。加强城市安全监管信息化建设，建立完善安全生产监管与市场监管、应急保障、环境保护、治安防控、消防安全、道路交通、信用管理等部门公共数据资源开放共享机制，加快实现城市安全管理的系统化、智能化。深入推进城市生命线工程建设，积极研发和推广应用先进的风险防控、灾害防治、预测预警、监测监控、个体防护、应急处置、工程抗震等安全技术和产品。建立城市安全智库、知识库、案例库，健全辅助决策机制。升级城市放射性废物库安全保卫设施。

（十七）提升市民安全素质和技能。

建立完善安全生产和职业健康相关法律法规、标准的查询、解读、公众互动交流信息平台。坚持谁执法谁普法的原则，加大普法力度，切实提升人民群众的安全法治意识。推进安全生产和职业健康宣传教育进企业、进机关、进学校、进社区、进农村、进家庭、进公共场所，推广普及安全常识和职业病危害防治知识，增强社会公众对应急预案的认知、协同能力及自救互救技能。积极开展安全文化创建活动，鼓励创作和传播安全生产主题公益广告、影视剧、微视频等作品。鼓励建设具有城市特色的安全文化教育体验基地、场馆，积极推进把安全文化元素融入公园、街道、社区，营造关爱生命、关注安全的浓厚社会氛围。

# 六　加强统筹推动

（十八）强化组织领导。

城市安全发展工作由国务院安全生产委员会统一组织，国务院安全生产委员会办公室负责实施，中央和国家机关有关部门在职责范围内负责具体工作。各省（自治区、直辖市）党委和政府要切实加强领导，完善保障措施，扎实推进本地区城市安全发展工作，不断提高城市安全发展水平。

（十九）强化协同联动。

把城市安全发展纳入安全生产工作巡查和考核的重要内容，充分发挥有关部门和单位的职能作用，加强规律性研究，形成工作合力。鼓励引导社会化服务机构、公益组织和志愿者参与推进城市安全发展，完善信息公开、举报奖励等制度，维护人民群众对城市安全发展的知情权、参与权、监督权。

（二十）强化示范引领。

国务院安全生产委员会负责制定安全发展示范城市评价与管理办法，国务院安全生产委员会办公室负责制定评价细则，组织第三方评价，并组织各有关部门开展复核、公示，拟定命名或撤销命名"国家安全发展示范城市"名单，报国务院安全生产委员会审议通过后，以国务院安全生产委员会名义授牌或摘牌。各省（自治区、直辖市）党委和政府负责本地区安全发展示范城市建设工作。

# 《国务院关于加强和改进消防工作的意见》

国发〔2011〕46 号

"十一五"以来，各地区、各有关部门认真贯彻国家有关加强消防工作的部署和要求，坚持预防为主、防消结合，全面落实各项消防安全措施，抗御火灾的整体能力不断提升，火灾形势总体平稳，为服务经济社会发展、保障人民生命财产安全作出了重要贡献。但是，随着我国经济社会的快速发展，致灾因素明显增多，火灾发生概率和防控难度相应增大，一些地区、部门和单位消防安全责任不落实、工作不到位，公共消防安全基础建设同经济社会发展不相适应，消防安全保障能力同人民群众的安全需求不相适应，公众消防安全意识同现代社会管理要求不相适应，消防工作形势依然严峻，总体上仍处于火灾易发、多发期。为进一步加强和改进消防工作，现提出以下意见：

## 一 指导思想、基本原则和主要目标

（一）指导思想。

以邓小平理论和"三个代表"重要思想为指导，深入贯彻落实科学发展观，认真贯彻《中华人民共和国消防法》等法律法规，坚持政府统一领导、部门依法监管、单位全面负责、公民积极参与，加强和创新消防安全管理，落实责任，强化预防，整治隐患，夯实基础，进一步提升火灾防控和灭火应急救援能力，不断提高公共消防安全水平，有效预防火灾和减少火灾危害，为经济社会发展、人民安居乐业创造良好的消防安全环境。

（二）基本原则。

坚持政府主导，不断完善社会化消防工作格局；坚持改革创新，努力完善消防安全管理体制机制；坚持综合治理，着力夯实城乡消防安全基础；坚持科技支撑，大力提升防火和灭火应急救援能力；坚持以人为本，切实保障人民群众生命财产安全。

（三）主要目标。

到 2015 年，消防工作与经济社会发展基本适应，消防法律法规进一步健全，社会化消防工作格局基本形成，公共消防设施和消防装备建设基本达标，覆盖城乡的灭火应急救援力量体系逐步完善，公民消防安全素质普遍增强，全社会抗御火灾能力明显提升，重特大尤其是群死群伤火灾事故得到有效遏制。

## 二　切实强化火灾预防

（四）加强消防安全源头管控。

制定城乡规划要充分考虑消防安全需要，留足消防安全间距，确保消防车通道等符合标准。建立建设工程消防设计、施工质量和消防审核验收终身负责制，建设、设计、施工、监理单位及执业人员和公安消防部门要严格遵守消防法律法规，严禁擅自降低消防安全标准。行政审批部门对涉及消防安全的事项要严格依法审批，凡不符合法定审批条件的，规划、建设、房地产管理部门不得核发建设工程相关许可证照，安全监管部门不得核发相关安全生产许可证照，教育、民政、人力资源社会保障、卫生、文化、文物、人防等部门不得批准开办学校、幼儿园、托儿所、社会福利机构、人力资源市场、医院、博物馆和公共娱乐等人员密集场所。对不符合消防安全条件的宾馆、景区，在限期改正、消除隐患之前，旅游部门不得评定为星级宾馆、A级景区。对生产、经营假冒伪劣消防产品的，质检部门要依法取消其相关产品市场准入资格，工商部门要依照消防法和产品质量法吊销其营业执照；对使用不合格消防产品的，公安消防部门要依法查处。

（五）强化火灾隐患排查整治。

要建立常态化火灾隐患排查整治机制，组织开展人员密集场所、易燃易爆单位、城乡接合部、城市老街区、集生产储存居住为一体的"三合一"场所、"城中村""棚户区"、出租屋、连片村寨等薄弱环节的消防安全治理，对存在影响公共消防安全的区域性火灾隐患的，当地政府要制定并组织实施整治工作规划，及时督促消除火灾隐患；对存在严重威胁公共消防安全隐患的单位和场所，要督促采取改造、搬迁、停产、停用等措施加以整改。要严格落实重大火灾隐患立案销案、专家论证、挂牌督办和公告制度，当地人民政府接到报请挂牌督办、停产停业整改报告后，要在 7 日内作出决定，并督促整改。要建立完善火灾隐患举报、投诉制度，及时查处受理的火灾隐患。

（六）严格火灾高危单位消防安全管理。

对容易造成群死群伤火灾的人员密集场所、易燃易爆单位和高层、地下公共建筑等高危单位，要实施更加严格的消防安全监管，督促其按要求配备急救和防护用品，落实人防、物防、技防措施，提高自防自救能力。要建立火灾高危单位消防安全评估制度，由具有资质的机构定期开展评估，评估结果向社会公开，作为单位信用评级的重要参考依据。火灾高危单位应当参加火灾公众责任保险。省级人民政府要制定火灾高危单位消防安全管理规定，明确界定范围、消防安全标准和监管措施。

（七）严格建筑工地、建筑材料消防安全管理。

要依法加强对建设工程施工现场的消防安全检查，督促施工单位落实用火用电等消防安全措施，公共建筑在营业、使用期间不得进行外保温材料施工作业，居住建筑进行节能改造作业期间应撤离居住人员，并设消防安全巡逻人员，严格分离用火用焊作业与保温施工作业，严禁在施工建筑内安排人员住宿。新建、改建、扩建工程的外保温材料一律不得使用易燃材料，严格限制使用可燃材料。住房和城乡建设部要会同有关部门，抓紧修订相关标准规范，加快研发和推广具有良好防火性能的新型建筑保温材料，采取严格的管理措施和有效的技术措施，提高建筑外保温材料系统的防火性能，减少火灾隐患。建筑室内装饰装修材料必须符合国家、行业标准和消防安全要求。相关部门要尽快研究提高建筑材料性能，建立淘汰机制，将部分易燃、有毒及职业危害严重的建筑材料纳入淘汰范围。

（八）加强消防宣传教育培训。

要认真落实《全民消防安全宣传教育纲要（2011—2015）》，多形式、多渠道开展以"全民消防、生命至上"为主题的消防宣传教育，不断深化消防宣传进学校、进社区、进企业、进农村、进家庭工作，大力普及消防安全知识。注意加强对老人、妇女和儿童的消防安全教育。要重视发挥继续教育作用，将消防法律法规和消防知识纳入党政领导干部及公务员培训、职业培训、科普和普法教育、义务教育内容。报刊、广播、电视、网络等新闻媒体要积极开展消防安全宣传，安排专门时段、版块刊播消防公益广告。中小学要在相关课程中落实好消防教育，每年开展不少于1次的全员应急疏散演练。居（村）委会和物业服务企业每年至少组织居民开展1次灭火应急疏散演练。充分依托公安消防专业院校加强人才培养。国家鼓励高等学校开设与消防工程、消防管理相关的专业和课程，支持社会力量开展消防培训，积极培养社会消防专业人才。要加强对单位消防安全责任人、消防安全管理人、消防控制室操作人员和消防设计、施工、监理人员及保安、电（气）焊工、消防技术服务机构从业人员的消防安全培训。

# 三　着力夯实消防工作基础

（九）完善消防法律法规体系。

要及时制定消防法实施条例，完善消防产品质量监督和市场准入制度、社会消防技术服务、建设工程消防监督审核和消防监督检查等方面的消防法规和技术标准规范。有立法权的地方要针对本地消防安全突出问题，及时制定、完善地方性法规、地方政府规章和技术标准。直辖市、省会市、副省级市和其他大城市要从建设工程防火设计、公共消防设施建设、隐患排查整治、灭火救援等方面制定并执行更加严格的消防安全标准。

（十）强化消防科学技术支撑。

要继续将消防科学技术研究纳入科技发展规划和科研计划，积极推动消防科学技术创新，不断提高利用科学技术抗御火灾的水平。要研究落实相关政策措施，鼓励和支持先进技术装备的研发和推广应用。要加强火灾科学与消防工程、灾害防控基础理论研究，加快消防科研成果转化应用。要加强高层、地下建筑和轨道交通等防火、灭火救援技术与装备的研发，鼓励自主创新和引进消化吸收国际先进技术，推广应用消防新产品、新技术、新材料，加快推进消防救援装备向通用化、系列化、标准化方向发展。要加强消防信息化建设和应用，不断提高消防工作信息化水平。

（十一）加强公共消防设施建设。

要科学编制和严格落实城乡消防规划，对没有消防规划内容的城乡规划不得批准实施。要合理布设生产、储存易燃易爆危险品的单位和场所，确保城乡消防安全布局符合要求，消防站、消防供水、消防通信、消防车通道等公共消防设施建设要与城乡基础设施建设同步发展，确保符合国家标准。负责公共消防设施维护管理的部门和单位要加强公共消防设施维护保养，保证其能够正常使用。商业步行街、集贸市场等公共场所和住宅区要保证消防车通道畅通。任何单位和个人不得埋压、圈占、损坏公共消防设施，不得挪用、挤占公共消防设施建设用地。

（十二）大力发展多种形式消防队伍。

要逐步加强现役消防力量建设，加强消防业务技术骨干力量建设。要按照国家有关规定，大力发展政府专职消防队、企业事业单位专职消防队和志愿消防队。多种形式消防队伍要配备必要的装备器材，开展相应的业务训练，不断提升战斗力。继续探索发展和规范消防执法辅助队伍。要确保非现役消防员工资待遇与当地经济社会发展和所从事的高危险职业相适应，将非现役消防员按规定纳入当地社会保险体系；对因公伤亡的非现役消防员，要按照国家有关规定落实各项工伤保险待遇，参照有关规定评功、评烈。省级人民政府要制定专职消防队伍管理办法，明确建队范围、建设标准、用工性质、车辆管理、经费保障和优惠政策。

（十三）规范消防技术服务机构及从业人员管理。

要制定消防技术服务机构管理规定，严格消防技术服务机构资质、资格审批，规范发展消防设施检测、维护保养和消防安全评估、咨询、监测等消防技术服务机构，督促消防技术服务机构规范服务行为，不断提升服务质量和水平。消防技术服务机构及从业人员违法违规、弄虚作假的要依法依规追究责任，并降低或取消相关资质、资格。要加强消防行业特有工种职业技能鉴定工作，完善消防从业人员职业资格制度，探索建立行政许可类消防专业人员职业资格制度，推进社会消防从业人员职业化建设。

（十四）提升灭火应急救援能力。

县级以上地方人民政府要依托公安消防队伍及其他优势专业应急救援队伍加强综合性应急救援队伍建设，建立健全灭火应急救援指挥平台和社会联动机制，完善灭火应急救援预案，强化灭火应急救援演练，提高应急处置水平。公安消防部门要加强对高层建筑、石油化工等特殊火灾扑救和地震等灾害应急救援的技战术研究和应用，强化各级指战员专业训练，加强执勤备战，不断提高快速反应、攻坚作战能力。要加强消防训练基地和消防特勤力量建设，优化消防装备结构，配齐灭火应急救援常规装备和特种装备，探索使用直升机进行应急救援。要加强灭火应急救援装备和物资储备，建立平战结合、遂行保障的战勤保障体系。

## 四　全面落实消防安全责任

（十五）全面落实消防安全主体责任。

机关、团体、企业事业单位法定代表人是本单位消防安全第一责任人。各单位要依法履行职责，保障必要的消防投入，切实提高检查消除火灾隐患、组织扑救初起火灾、组织人员疏散逃生和消防宣传教育培训的能力。要建立消防安全自我评估机制，消防安全重点单位每季度、其他单位每半年自行或委托有资质的机构对本单位进行一次消防安全检查评估，做到安全自查、隐患自除、责任自负。要建立建筑消防设施日常维护保养制度，每年至少进行一次全面检测，确保消防设施完好有效。要严格落实消防控制室管理和应急程序规定，消防控制室操作人员必须持证上岗。

（十六）依法履行管理和监督职责。

坚持谁主管、谁负责，各部门、各单位在各自职责范围内依法做好消防工作。建设、商务、文化、教育、卫生、民政、文物等部门要切实加强建筑工地、宾馆、饭店、商场、市场、学校、医院、公共娱乐场所、社会福利机构、烈士纪念设施、旅游景区（点）、博物馆、文物保护单位等消防安全管理，建立健全消防安全制度，严格落实各项消防安全措施。安全监管、工商、质检、交通运输、铁路、公安等部门要加强危险化学品和烟花爆竹、压力容器的安全监管，依法严厉打击违法违规生产、运输、经营、燃放烟花爆竹的行为。环境保护等部门要加强核电厂消防安全检查，落实火灾防控措施。

公安机关及其消防部门要严格履行职责，每半年对消防安全形势进行分析研判和综合评估，及时报告当地政府，采取针对性措施解决突出问题。要加大执法力度，依法查处消防违法行为，对严重危及公众生命安全的要依法从严查处；公安派出所和社区（农村）警务室要加强日常消防监督检查，开展消防安全宣传，及时督促整改火灾隐患。

（十七）切实加强组织领导。

地方各级人民政府全面负责本地区消防工作，政府主要负责人为第一责任人，分管负责人为主要责任人，其他负责人要认真落实消防安全"一岗双责"制度。要将消防工作纳入经济社会发展总体规划，纳入政府目标责任、社会管理综合治理内容，严格督查考评。要加大消防投入，保障消防事业发展所需经费。中央和省级财政对贫困地区消防事业发展给予一定的支持。市、县两级人民政府要组织制定并实施城乡消防规划，切实加强公共消防设施、消防力量、消防装备建设，整治消除火灾隐患。乡镇人民政府和街道办事处要建立消防安全组织，明确专人负责消防工作，推行消防安全网格化管理，加强消防安全基础建设，全面提升农村和社区消防工作水平。地方各级人民政府要建立健全消防工作协调机制，定期研究解决重大消防安全问题，扎实推进社会消防安全"防火墙"工程，认真组织开展火灾事故调查和统计工作。对热心消防公益事业、主动报告火警和扑救火灾的单位和个人，要给予奖励。各省、自治区、直辖市人民政府每年要将本地区消防工作情况向国务院作出专题报告。

（十八）严格考核和责任追究。

要建立健全消防工作考核评价体系，对各地区、各部门、各单位年度消防工作完成情况进行严格考核，并建立责任追究机制。地方各级人民政府和有关部门不依法履行职责，在涉及消防安全行政审批、公共消防设施建设、重大火灾隐患整改、消防力量发展等方面工作不力、失职渎职的，要依法依纪追究有关人员的责任，涉嫌犯罪的，移送司法机关处理。公安机关及其消防部门工作人员滥用职权、玩忽职守、徇私舞弊、以权谋私的，要依法依纪严肃处理。各单位因消防安全责任不落实、火灾防控措施不到位，发生人员伤亡火灾事故的，要依法依纪追究有关人员的责任；发生重大火灾事故的，要依法依纪追究单位负责人、实际控制人、上级单位主要负责人和当地政府及有关部门负责人的责任；发生特别重大火灾事故的，要根据情节轻重，追究地市级分管领导或主要领导的责任；后果特别严重、影响特别恶劣的，要按照规定追究省部级相关领导的责任。

# 《国务院办公厅关于印发消防工作考核办法的通知》

国办发〔2013〕16 号

**第一条**　为严格落实消防工作责任，有效预防火灾和减少火灾危害，进一步提高公共消防安全水平，根据《中华人民共和国消防法》和《国务院关于加强和改进消防工作的意见》（国发〔2011〕46 号）等有关规定，制定本办法。

**第二条**　消防工作考核是指对各省、自治区、直辖市年度消防工作完成情况进行考核。

地方政府主要负责人为本地区消防工作第一责任人，分管负责人为主要责任人。

**第三条**　考核工作由公安部牵头，会同中央综治办、发展改革委、监察部、民政部、财政部、住房城乡建设部、文化部、安全监管总局组成考核工作组，负责组织实施。

**第四条**　考核工作组每年 4 月底前对各省、自治区、直辖市上一年度消防工作完成情况进行考核，并将考核结果上报国务院。

**第五条**　考核工作坚持客观公正、科学合理、公开透明、求真务实的原则。

　　**第六条**　考核内容包括火灾预防、消防安全基础、消防安全责任三个部分。

　　**第七条**　考核工作组结合每年初各省、自治区、直辖市报国务院的消防工作专题报告，通过听取汇报、查阅资料、座谈走访、暗访调查等方式，按照考核计分表和实施细则逐项细化并进行量化评分。

　　考核采用评分法，满分为 100 分。考核结果分为优秀、良好、合格、不合格四个等级。考核得分 90 分以上为优秀，80 分以上 90 分以下为良好，60 分以上 80 分以下为合格，60 分以下为不合格。（以上包括本数，以下不包括本数）

　　考核工作实施细则，由考核工作组根据经济社会发展情况，结合消防工作实际研究制定。

　　**第八条**　考核结果经国务院审定后，由公安部向各省、自治区、直辖市政府和有关部门进行通报。对考核结果为优秀的予以表扬，有关部门在相关项目安排上优先予以考虑。

　　考核结果为不合格的省、自治区、直辖市政府，应在考核结果通报后一个月内，提出整改措施，向国务院作出书面报告，抄送考核工作组各成员单位。

　　**第九条**　经国务院审定后的考核结果，交由中央干部主管部门，作为对各省、自治区、直辖市政府主要负责人和领导班子综合考核评价的重要依据。

　　**第十条**　对在考核工作中弄虚作假、瞒报虚报情况的，予以通报批评，对有关责任人员依法依纪追究责任。

**第十一条** 各省、自治区、直辖市政府应根据本办法，结合当地实际，对本行政区域内各级政府消防工作进行考核。

**第十二条** 本办法自印发之日起施行。

# 《国务院安全生产委员会成员单位安全生产工作职责分工》

安委〔2015〕5 号

## 一　总则

　　坚持以人为本、安全发展的理念，坚持安全第一、预防为主、综合治理的方针，推动建立生产经营单位负责、职工参与、政府监管、行业自律和社会监督的机制，各司其职、各负其责，共同推进安全生产工作。

　　国务院安全生产监督管理部门依法对全国安全生产工作实施综合监督管理；负有安全生产监督管理职责的国务院有关部门在各自职责范围内，对有关行业领域的安全生产工作实施监督管理；负有行业领域管理职责的国务院有关部门要将安全生产工作作为行业领域管理工作的重要内容，切实承担起指导安全管理的职责，指导督促生产经营单位做好安全生产工作，制定实施有利于安全生产的政策措施，推进产业结构调整升级，严格行业准入条件，提高行业安全生产水平；其他有关部门结合本部门工作职责，为安全生产工作提供支持和保障。

# 二 安全生产工作职责分工

（一）国家发展改革委。

（1）把安全生产和职业病防治工作纳入国民经济和社会发展规划。与安全监管总局联合发布实施安全生产监管部门和煤矿安全监察机构监管监察能力建设规划，研究安排安全生产监管监察基础设施、执法装备、执法和应急救援用车、信息化建设、技术支撑体系、应急救援体系建设和隐患治理等所需中央预算内投资，并对投资计划执行情况进行监督检查。

（2）按照职责分工，参与对不符合有关矿山工业发展规划和总体规划、不符合产业政策、布局不合理等矿井关闭及关闭是否到位情况进行监督和指导。

（二）教育部。

（1）负责教育系统的安全监督管理。指导地方加强各类学校（含幼儿园）的安全监督管理工作，督促各类学校制定安全管理制度和突发事件应急预案，落实安全防范措施。

（2）将安全教育纳入学校教育内容，指导学校开展安全教育活动，普及安全知识，加强实训实习期间和校外社会实践活动的安全管理。

（3）加强安全科学与工程及职业卫生相关学科建设，加快培养煤矿、化工等安全生产和职业卫生相关专业人才。

（4）会同有关部门依法负责校车安全管理的有关工作。

（5）负责教育系统安全管理统计分析，依法参加有关事故的调查处理，按照职责分工对事故发生单位落实防范和整改措施的情况进行监督检查。

（三）科技部。

（1）将安全生产科技进步纳入科技发展规划和中央财政科技计划（专项、基金等）并组织实施。

（2）负责安全生产重大科技攻关、基础研究和应用研究的组织指导工作，会同有关部门推动安全生产科研成果的转化应用。

（3）加大对安全生产重大科研项目的投入，引导企业增加安全生产研发资金投入，促使企业逐步成为安全生产科技投入和技术保障的主体。

（4）在国家科学技术奖励工作中，加大对安全生产领域重大研究成果的支持，引导社会力量参与安全生产科技工作。

（四）工业和信息化部。

（1）指导工业加强安全生产管理。在行业发展规划、政策法规、标准规范等方面统筹考虑安全生产，严格行业规范和准入管理，实施传统产业技术改造，淘汰落后工艺和产能，指导重点行业排查治理隐患，促进产业结构升级和布局调整，促进工业化和信息化深度融合，从源头治理上指导相关行业提高企业本质安全水平。

（2）负责通信业及通信设施建设和民用飞机、民用船舶制造业安全生产监督管理及民用船舶建造质量安全监管，制定相关行业安全生产规章制度、标准规范并组织实施，指挥协调生产安全事故应急通信。

（3）负责民用爆炸物品生产、销售的安全监督管理，按照职责分工组织查处非法生产、销售（含储存）民用爆炸物品的行为。

（4）按照职责分工，依法负责危险化学品生产、储存的行业规划和布局。严格道路机动车辆生产企业及产品准入许可。会同有关部门推动安全产业、应急产业发展。

（5）负责相关行业安全生产统计分析，依法参加有关事故的调查处理，按照职责分工对事故发生单位落实防范和整改措施的情况进行监督检查。

（五）公安部。

（1）负责对全国的消防工作实施监督管理，指导、监督地方公安机关开展消防监督、火灾扑救和重大灾害事故及其他以抢救人员生命为主的应急救援工作。

（2）负责全国道路交通安全管理工作，指导、监督地方公安机关预防和处理道路交通事故，维护道路交通秩序以及机动车辆、驾驶人管理工作，开展道路交通安全宣传教育。

（3）指导、协调、监督地方公安机关对民用爆炸物品购买、运输、爆破作业及烟花爆竹运输、燃放环节实施安全监管，监控民用爆炸物品流向，按照职责分工组织查处非法购买、运输、使用（含储存）民用爆炸物品的行为和非法运输、燃放烟花爆竹的行为。

（4）指导、监督地方公安机关依法核发剧毒化学品购买许可证、剧毒化学品道路运输通行证，并负责危险化学品运输车辆的道路交通安全管理。

（5）指导、监督地方公安机关依法对相关大型群众性活动实施安全管理。

（6）依法参加有关事故的调查处理；负责指导、监督地方公安机关依法组织或参加道路交通事故、火灾事故等有关事故的调查处理，开展统计分析，按照职责分工对事故发生单位落实防范和整改措施的情况进行监督检查；指导地方公安机关查处相关刑事案件和治安案件。

（六）监察部。

（1）加强对行政监察对象依法履行安全生产监督管理职责的监督。

（2）依法参加有关重特大生产安全事故调查处理，查处事故涉及的失职渎职、以权谋私、权钱交易等违法违纪行为。

（3）督促落实重特大生产安全事故责任人员的责任追究决定和意见。

（七）司法部。

（1）将安全生产法律法规纳入公民普法的重要内容，会同有关部门广泛宣传普及安全生产法律法规知识；指导律师、公证、基层法律服务工作，为生产经营单位提供安全生产法律服务。

（2）负责全国监狱安全管理工作，指导、监督司法行政系统戒毒场所安全管理工作，贯彻执行安全生产法律法规和标准，落实安全生产责任制，完善安全生产条件，消除事故隐患。

（3）负责司法行政系统安全生产统计分析。

（八）财政部。

（1）完善有利于安全生产的财政、税收、信贷等经济政策，健全安全生产投入保障机制，加强对安全生产预防、重大安全隐患治理和监管监察能力建设的支持。

（2）指导地方健全安全生产监管执法经费保障机制，将安全生产监管执法经费纳入同级财政保障范围。

（九）人力资源社会保障部。

（1）将安全生产法律、法规及安全生产知识纳入相关行政机关、事业单位工作人员职业教育、继续教育和培训学习计划并组织实施，将安全生产履职情况作为行政机关、事业单位工作人员奖惩、考核的重要内容。会同有关部门按照国家有关规定对安全生产领域先进集体和先进个人以及在事故救援工作中做出突出贡献的单位和个人进行评比表彰。

（2）拟订工伤保险政策、规划和标准，指导和监督落实企业参加工伤保险有关政策措施，会同国务院财政、卫生行政、安全生产监督管理等部门制定工伤预防费用的提取比例、使用和管理的具体办法，加大工伤预防的投入。依据职业病诊断结果，做好职业病人的社会保障工作。

（3）负责劳动合同及工伤保险法律法规实施情况监督检查工作，督促用人单位依法签订劳动合同和参加工伤保险，规范企业劳动用工行为；指导农民工培训教育工作。

（4）制定工作时间、休息休假政策，按照职责分工制定女职工、未成年工特殊劳动保护政策。

（5）会同有关部门制定和实施安全生产领域各类专业技术人才、技能人才规划、培养、继续教育、考核、奖惩等相关政策。

（6）指导技工学校、职业培训机构的安全管理工作。指导技工学校、职业培训机构开展安全知识和技能教育培训，制定突发事件应急预案，落实安全防范措施。

（7）会同有关部门制定安全生产领域职业资格相关政策，与国务院安全生产监督管理部门一并会同国务院有关部门制定注册安全工程师按专业分类管理的具体办法。

（十）国土资源部。

（1）负责查处重大无证勘查开采、持勘查许可证采矿、超越批准的矿区范围采矿等违法违规行为，维护良好的矿产资源开发秩序。

（2）按照职责分工，负责对无采矿许可证和超层越界开采、资源接近枯竭、不符合矿产资源规划等矿井关闭工作及关闭是否到位情况进行监督和指导；会同相关部门组织指导并监督检查全国废弃矿井的治理工作。

（3）负责矿产资源开发的管理，组织编制实施矿产资源规划，合理布局探矿权和采矿权。负责管理地质勘查行业及资质，加强对地质勘查活动的监督检查。

（十一）环境保护部。

（1）负责核安全和辐射安全的监督管理。拟订有关政策、规划、标准，参与核事故应急处理，负责辐射环境事故应急处理工作。监督管理核设施安全、放射源安全，监督管理核设施、核技术应用、电磁辐射、伴有放射性矿产资源开发利用中的污染防治。对核材料的管制和民用核安全设备的设计、制造、安装和无损检验活动实施监督管理。负责全国放射性废物的安全监督管理工作，对放射性物品运输的核与辐射安全实施监督管理。

（2）按照职责分工，负责对破坏生态环境、污染严重的矿井关闭及关闭是否到位情况进行监督和指导。

（3）依法对废弃危险化学品等危险废物的收集、储存、处置等进行监督管理。依法组织危险化学品的环境危害性鉴定和环境风险程度评估，确定实施重点环境管理的危险化学品，负责危险化学品环境管理登记和新化学物质环境管理登记；按照职责分工调查相关危险化学品环境污染事故和生态破坏事件，负责危险化学品事故现场的应急环境监测。

（4）按照职责分工，牵头协调相关重特大环境污染事故和生态破坏事件的调查处理，指导协调地方政府开展相关重特大突发环境事件的应急、预警工作。

（十二）住房城乡建设部。

（1）依法对全国的建设工程安全生产实施监督管理（按照国务院规定职责分工的铁路、交通、水利、民航、电力、通信专业建设工程除外）。负责拟订建筑安全生产政策、规章制度并监督执行，依法查处建筑安全生产违法违规行为。监督管理房屋建筑工地和市政工程工地用起重机械、专用机动车辆的安装、使用。

（2）依法组织编制和实施城乡规划，并与安全生产规划、管道发展规划相衔接，加强有关建设项目规划环节的安全把关。指导地方城乡规划主管部门依法将管道建设选线方案纳入当地城乡规划管理，根据城乡规划为管道建设项目核发规划许可。指导镇、乡、村庄规划的编制和实施，指导农村住房建设、农村住房安全和危房改造。

（3）指导城市市政公用设施建设、安全和应急管理，指导城市供水、燃气、热力、园林、市容环境治理、城市规划区绿化、城镇污水处理设施和管网、城市地下空间开发利用、风景名胜区等安全监督管理。会同有关部门加强对地下管线建设管理工作的指导和监督检查，指导地方住房城乡建设部门会同有关部门负责城市地下管线综合管理。指导城市地铁、轨道交通规划和建设的安全监督管理。

（4）负责建筑施工、建筑安装、建筑装饰装修、勘察设计、建设监理等建筑业和房地产开发、物业管理、房屋征收拆迁等房地产业安全生产监督管理工作。负责指导和监督省级建设主管部门负责的建筑施工企业安全生产准入管理，指导建筑施工企业从业人员安全生产教育培训工作。

（5）负责建筑业、房地产业和住房城乡建设系统安全生产统计分析，依法组织或参加有关事故的调查处理，按照职责分工对事故发生单位落实防范和整改措施的情况进行监督检查。

（十三）交通运输部。

（1）指导公路、水路行业安全生产和应急管理工作。拟订并监督实施公路、水路行业安全生产政策、规划和应急预案，指导有关安全生产和应急处置体系建设，承担公路、水路重大突发事件处置的组织协调工作，承担有关公路、水路运输企业安全生产监督管理工作。

（2）负责水上交通安全监督管理。负责水上交通管制、船舶及相关水上设施检验、登记和防治污染、水上消防、航海保障、救助打捞、通信导航、船舶与港口设施保安等工作。负责危险货物水路运输安全监督管理。负责船员管理有关工作。负责中央管理水域水上交通安全事故、船舶及相关水上设施污染事故的应急处置，指导地方水上交通安全监督管理工作。

（3）负责道路运输管理工作。指导运输线路、营运车辆、枢纽、运输场站等管理工作；负责拟订经营性机动车营运安全标准并监督实施，指导机动车维修、营运车辆综合性能检测管理，参与机动车报废政策、标准制定工作，负责机动车驾驶员培训机构和驾驶员培训管理工作；指导公共汽车、城市地铁和轨道交通运营、出租汽车、汽车租赁等安全监督管理工作。

（4）负责公路、水路建设工程安全生产监督管理工作。按规定制定公路、水路工程建设有关政策、制度和技术标准并监督实施。组织协调公路、水路有关重点工程建设安全生产监督管理工作，指导交通运输基础设施管理和维护，承担有关重要设施的管理和维护。

（5）按照职责分工指导并组织开展交通运输行业安全生产专项整治工作。指导各地组织实施公路安保工程，加强道路交通安全设施建设；负责查处船舶超载和打击无牌、无证、报废船舶营运等违法行为；指导或配合有关部门查处车辆超载和打击无牌、无证、报废车辆营运等违法行为。

（6）指导危险货物道路运输、水路运输的许可以及运输工具的安全管理和从业人员资格认定。按照职责范围组织拟订危险货物有关标准。

（7）负责河道采砂影响航道及通航安全的管理工作。

（8）指导有关交通运输企业安全评估、安全生产标准化建设和从业人员的安全生产教育培训工作。

（9）负责交通运输行业安全生产统计分析，依法组织或参加有关事故的调查处理，按照职责分工对事故发生单位落实防范和整改措施的情况进行监督检查。

（十四）水利部。

（1）负责水利行业安全生产工作，组织、指导水库、水电站大坝、农村水电站及其配套电网的安全监督管理。

（2）组织实施水利工程建设安全生产监督管理工作，按规定制定水利工程建设有关政策、制度、技术标准和重大事故应急预案并监督实施。

（3）负责组织、协调和指导长江宜宾以下干流河道采砂活动的统一管理和监督检查；牵头负责河道采砂监督管理工作并对采砂影响防洪安全、河势稳定、堤防安全负责。

（4）负责病险水库除险加固工作。

（5）指导、监督水利行业从业人员的安全生产教育培训考核工作。

（6）负责水利行业安全生产统计分析，依法参加有关事故的调查处理，按照职责分工对事故发生单位落实防范和整改措施的情况进行监督检查。

（十五）农业部。

（1）指导农业行业安全生产工作，拟订农业行业安全生产政策、规划和应急预案并组织实施。

（2）指导渔业安全生产工作。代表国家行使渔政渔港和渔船检验监督管理权，依法对渔港水域交通安全实施监督管理，负责渔港、渔船、渔业船员等监督管理。

（3）指导农机安全生产工作。指导农机作业安全和维修管理；按照职责分工，依法指导农机登记、安全检验、事故处理、农机驾驶人员培训和考核发证工作。

（4）指导草原防火工作。负责农药监督管理工作，承担农药使用环节安全指导工作。指导农村可再生能源综合开发利用。指导畜禽屠宰行业安全生产工作。

（5）负责农业行业安全生产统计分析，依法组织或参加有关事故的调查处理，按照职责分工对事故发生单位落实防范和整改措施的情况进行监督检查。

（十六）商务部。

（1）配合有关部门做好商贸服务业（含餐饮业、住宿业）安全生产监督管理工作，按有关规定对拍卖、典当、租赁、汽车流通、旧货流通行业等和成品油流通进行监督管理，指导再生资源回收工作。指导督促商贸、流通企业贯彻执行安全生产法律法规，加强安全管理，落实安全防范措施。

（2）会同有关部门指导督促对外投资合作企业境内主体加强境外投资合作项目安全生产工作。

（3）配合有关部门对商贸、流通企业违反安全生产法律法规行为进行查处。

（十七）文化部。

（1）在职责范围内依法对文化市场安全生产工作实施监督管理，拟订文化市场有关安全生产政策，组织制定文化市场突发事件应急预案，加强应急管理。

（2）在职责范围内依法对互联网上网服务经营场所、娱乐场所和营业性演出、文化艺术经营活动执行有关安全生产法律法规的情况进行监督检查。

（3）负责文化系统所属单位的安全监督管理，指导图书馆、博物馆、文化馆（站）、文物保护单位等文化单位和重大文化活动、基层群众文化活动加强安全管理，落实安全防范措施。

（4）加强对有关安全生产法律法规和安全生产知识的宣传，配合有关部门共同开展安全生产重大宣传活动。

（5）负责文化市场和文化系统安全生产统计分析，依法参加有关事故的调查处理，按照职责分工对事故发生单位落实防范和整改措施的情况进行监督检查。

（十八）国家卫生计生委。

（1）按照职责分工，负责职业卫生、放射卫生的监督管理工作。

（2）负责卫生计生系统安全管理工作。指导医疗卫生机构、计划生育技术服务机构等制定安全管理制度和突发事件应急预案，落实安全防范措施，做好医疗废物、放射性物品安全处置管理工作。

（3）协调指导生产安全事故的医疗卫生救援工作，对重特大生产安全事故组织实施紧急医学救援。

（十九）国务院国资委。

（1）按照国有资产出资人的职责，负责检查督促中央企业贯彻落实党和国家的安全生产方针政策及有关法律法规、标准等，指导督促中央企业加强安全生产管理和落实安全生产主体责任。

（2）督促中央企业主要负责人落实安全生产第一责任人的责任和企业安全生产责任制，开展中央企业负责人安全生产考核。

（3）依照有关规定，参与或组织开展对中央企业安全生产和应急管理的检查、督查，督促中央企业落实各项安全防范和隐患治理措施。

（4）参加中央企业特别重大生产安全事故的调查，负责落实事故责任追究的有关规定。

（5）督促中央企业搞好统筹规划，把安全生产纳入中长期发展规划，保障职工健康与安全。

（二十）工商总局。

（1）严格依法办理涉及安全生产前置审批事项的工商登记。

（2）配合有关部门开展安全生产专项整治，按照职责分工依法查处无照经营等非法违法行为；对有关许可审批部门依法吊销、撤销许可证或者其他批准文件，或者许可证、其他批准文件有效期届满的生产经营单位，根据有关部门的通知，依法责令其办理变更登记或注销登记，对于擅自从事相关经营活动情节严重的，依法撤销注册登记或者吊销营业执照；配合有关部门依法查处取缔未经安全生产（经营）许可的生产经营单位。

（3）配合有关部门加强对商品交易市场的安全检查和促进市场主办单位依法加强安全管理。

（二十一）质检总局。

（1）负责对全国特种设备安全实施监督管理，承担综合管理特种设备安全监察、监督工作的责任。管理锅炉、压力容器、压力管道、电梯、起重机械、客运索道、大型游乐设施、场（厂）内专用机动车辆等特种设备的安全监察、监督工作。

（2）监督管理特种设备的生产（包括设计、制造、安装、改造、修理）、经营、使用、检验、检测和进出口。

（3）监督管理特种设备检验检测机构和检验检测人员、作业人员的资质资格。

（4）依法负责保障劳动安全的产品、影响生产安全的产品质量安全监督管理。负责危险化学品及其包装物、容器生产企业的工业产品生产许可证的管理工作，并依法对其产品质量实施监督，负责对进出口烟花爆竹、危险化学品及其包装实施检验。

（5）负责会同有关部门根据技术进步和产业升级需要，组织制修订安全生产国家标准。

（6）负责特种设备安全生产统计分析，依法组织或参加有关事故的调查处理，按照职责分工对事故发生单位落实防范和整改措施的情况进行监督检查。

（二十二）新闻出版广电总局。

（1）负责指导、监督新闻出版广播影视机构及设施设备安全管理，协助监督管理印刷业安全生产，指导、协调全国性重大广播电视、电影活动，推进应急广播建设，制定新闻出版广播影视有关安全制度和处置重大突发事件预案并组织实施。

（2）组织指导新闻出版广播影视机构及新闻媒体开展安全生产宣传教育，配合有关部门共同开展安全生产重大宣传活动，对违反安全生产法律法规的行为进行舆论监督。

（二十三）体育总局。

（1）负责公共体育设施安全运行的监督管理。

（2）按照有关规定，负责监督指导高危险性体育项目、有关重要体育赛事和活动、体育彩票发行的安全管理工作。

（3）负责本系统所属单位的安全管理工作，监督检查系统内单位贯彻执行有关安全法律法规的情况，落实安全防范措施。

（二十四）国家林业局。

（1）依法履行林业安全生产监督管理职责。负责指导林区、林场、自然保护区、森林公园等单位安全监督管理工作。

（2）负责林业系统安全生产统计分析，依法参加有关事故的调查处理，按照职责分工对事故发生单位落实防范和整改措施的情况进行监督检查。

（二十五）国家旅游局。

（1）负责旅游安全监督管理工作，在职责范围内对旅游安全实施监督管理。指导地方对旅行社企业安全生产及应急管理工作进行监督检查，依法指导景区建立具备开放的安全条件。

（2）会同国家有关部门对旅游安全实行综合治理，配合有关部门加强旅游客运安全管理。

（3）负责全国旅游安全管理的宣传、教育、培训工作。

（4）负责旅游行业安全生产统计分析，依法参加有关事故的调查处理，按照职责分工对事故发生单位落实防范和整改措施的情况进行监督检查。

（二十六）国务院法制办。

（1）负责审查有关部门报送国务院的有关安全生产法律草案、行政法规草案，起草或组织起草有关安全生产重要法律草案、行政法规草案。

（2）负责有关安全生产地方性法规、地方政府规章和国务院部门规章的备案审查。

（3）负责有关安全生产行政法规解释的具体承办工作，承办申请国务院裁决的有关安全生产行政复议案件，指导、监督全国安全生产行政复议工作。

（二十七）中国气象局。

（1）建立健全气象灾害监测预报预警联动机制，根据天气气候变化情况及防灾减灾工作需要，及时向各有关地区和部门提供气象灾害监测、预报、预警及气象灾害风险评估等信息。负责为安全生产预防控制和事故应急救援提供气象服务保障。

（2）依法履行雷电灾害安全防御的监督管理职责，组织制定有关安全生产政策措施并监督实施，依法参加有关事故的调查，指导省级气象主管机构的监督管理工作。

（3）会同有关部门指导无人驾驶自由气球和系留气球安全生产监督管理工作，组织制定有关安全生产政策措施并监督实施。负责人工影响天气作业期间的安全检查和事故防范。

（二十八）国家能源局。

（1）拟订并组织实施能源发展战略、规划和政策，组织制定煤炭、石油、天然气、电力、新能源和可再生能源等能源，以及炼油、煤制燃料和燃料乙醇的产业政策及相关标准。制定实施有利于安全生产的政策措施，指导督促能源行业加强安全生产管理，严格行业准入条件，提高行业安全生产水平。

（2）协调有关方面开展煤层气开发、淘汰煤炭落后产能、煤矿瓦斯治理和利用工作，制定相关标准和政策措施，会同有关部门推进煤炭企业兼并重组。

（3）负责汇总提出能源的中央财政性建设资金投资安排建议，按规定权限核准、审核国家规划内和年度计划规模内能源投资项目，将安全设施"三同时"纳入建设项目管理程序。

（4）负责核电管理，组织核电厂的核事故应急管理工作。

（5）负责电力安全生产监督管理、可靠性管理和电力应急工作，制定除核安全外的电力运行安全、电力建设工程施工安全、工程质量安全监督管理办法并组织监督实施，组织实施依法设定的行政许可，负责水电站大坝的安全监督管理。指导和监督电力行业安全生产教育培训考核工作，组织电力安全生产新技术的推广应用。

（6）依法主管全国石油天然气管道保护工作，协调跨省、自治区、直辖市管道保护的重大问题。组织核准跨省、自治区、直辖市油气输送管道建设项目。组织编制并实施全国管道发展相关规划，统筹协调跨省、自治区、直辖市管道规划与其他专项规划的衔接。起草或制修订职责范围内涉及油气输送管道的标准规范。组织推进油气输送管道行业重大设备研发，指导科技进步、成套设备的引进消化创新，组织协调相关重大示范工程和推广应用新工艺、新技术、新设备。指导督促各省、自治区、直辖市人民政府能源主管部门依法主管本行政区域的管道保护工作，协调处理本行政区域管道保护的重大问题。指导督促油气输送管道企业落实安全生产主体责任，加强日常安全管理，保障管道安全运行。

（7）负责电力行业和石油天然气管道保护安全生产统计分析，依法组织或参加有关事故的调查处理，按照职责分工对事故发生单位落实防范和整改措施的情况进行监督检查。

（二十九）国家国防科工局。

（1）负责核、航天、航空、船舶、兵器及军工电子行业（民用核设施、民用飞机、民用船舶除外）和军工系统安全生产监督管理工作，指导协调并监督检查相关行业和军工系统安全生产工作。

（2）组织拟订军工系统安全生产政策、标准规范并组织实施，指导推进军工系统安全生产标准化和诚信体系建设。

（3）牵头负责国家核事故应急管理工作，负责军工核设施安全监督管理工作。

（4）负责相关行业和军工系统安全生产统计分析，依法参加有关事故的调查处理，按照职责分工对事故发生单位落实防范和整改措施的情况进行监督检查。

（三十）国家海洋局。

（1）负责机动渔船底拖网禁渔区线外侧和特定渔业资源渔场的渔业执法检查并组织调查处理渔业生产纠纷。参与海上应急救援，依法组织或参加调查处理海上渔业生产安全事故，按规定权限调查处理相关海洋环境污染事故等，按照职责分工对事故发生单位落实防范和整改措施的情况进行监督检查。

（2）负责制定海洋观测预报、海域海岛监视监测和海洋灾害警报制度并监督实施，组织编制并实施海洋观测网规划，发布海洋预报、海岛及其周边海域监视监测结果、海洋灾害警报和公报，建设海洋环境安全保障体系，参与重大海洋灾害应急处置。

（三十一）国家铁路局。

（1）负责铁路安全生产监督管理，制定铁路运输安全、工程质量安全和设备质量安全监督管理办法并组织实施，组织实施依法设定的行政许可，指导、监督铁路行政执法工作，依法查处影响铁路安全的违法违规行为。

（2）组织监督铁路运输安全情况，按照法律法规规定的条件和程序办理铁路运输有关行政许可并承担相应责任，组织拟订规范铁路运输市场秩序政策措施并监督实施。

（3）组织拟订规范铁路工程建设市场秩序政策措施并监督实施，组织监督铁路工程质量安全和工程建设招标投标工作。

（4）组织监督铁路设备产品质量安全，按照法律法规规定的条件和程序办理铁路机车车辆设计生产维修进口许可、铁路运输安全设备生产企业认定等行政许可并承担相应责任。

（5）负责危险货物铁路运输及其运输工具的安全监督管理。

（6）负责组织监测分析铁路运行安全情况，负责铁路行业安全生产统计分析，依法组织或参加有关事故的应急救援和调查处理，按照职责分工对事故发生单位落实防范和整改措施的情况进行监督检查。

（三十二）中国民航局。

（1）负责民航行业安全生产监督管理工作。起草相关法律法规草案、规章草案、政策和标准，按规定拟订有关规划和计划，并监督实施。组织民航重大安全科技项目开发与应用，推进安全管理信息化建设，指导民航行业安全教育培训、安全科技工作。

（2）承担民航飞行安全和地面安全监管责任。负责民用航空器运营人资格、航空人员资格、航空人员训练机构资格、飞行训练设备、维修单位资格和民用航空产品的审定和监督检查，负责危险品航空运输监管、民用航空器运行评审工作，负责机场飞行程序和运行最低标准监督管理工作。

（3）负责监督民航空中交通管理工作，负责监督管理民航通信导航监视、航行情报、航空气象服务工作。

（4）承担民航空防安全监管责任。负责民航安全保卫的监督管理、民航安全检查、机场消防救援的监督管理。

（5）拟订民用航空器事故标准，组织协调民航突发事件应急处置。

（6）负责民用机场建设和安全运行的监督管理。负责民用机场的场址、总体规划、工程设计审批和使用许可管理工作，承担民用机场应急救援、净空保护有关管理工作和机场内供油企业安全运行监督管理工作，负责民航专业工程质量和安全监督管理。

（7）负责民航行业安全生产统计分析，依法组织或参加有关事故的调查处理，按照职责分工对事故发生单位落实防范和整改措施的情况进行监督检查。

（三十三）国家邮政局。

（1）负责邮政行业安全生产监督管理，负责邮政行业运行安全的监测、预警和应急管理，保障邮政通信与信息安全。

（2）依法监管邮政市场，负责快递等邮政业务的市场准入，监督检查寄递企业执行有关法律法规和落实安全保障制度情况，依法查处寄递危险化学品、易燃易爆物品等违法违规行为。

（3）负责邮政行业安全生产统计分析，依法参加有关事故的调查处理，按照职责分工对事故发生单位落实防范和整改措施的情况进行监督检查。

（三十四）全国总工会。

（1）依法对安全生产和职业病防治工作进行监督，反映劳动者的诉求，提出意见和建议，维护劳动者的合法权益，对企业和个体工商户遵守劳动保障法律法规的情况进行监督。

（2）调查研究安全生产工作中涉及职工合法权益的重大问题，参与涉及职工切身利益的有关安全生产政策、措施、制度和法律、法规草案的拟订工作。

（3）指导地方工会参与职工劳动安全卫生的培训和教育工作。开展群众性劳动安全卫生活动，动员广大职工开展群众性安全生产监督和隐患排查，落实职工岗位安全责任，推进群防群治。

（4）依法参加特别重大生产安全事故和严重职业病危害事故的调查处理，代表职工监督事故发生单位防范和整改措施的落实。

（三十五）安全监管总局。

（1）组织起草安全生产综合性法律法规草案，拟订安全生产政策和规划，指导协调全国安全生产工作，综合管理全国安全生产统计工作，分析和预测全国安全生产形势，发布全国安全生产信息，协调解决安全生产中的重大问题。

（2）承担国家安全生产综合监督管理责任，依法行使综合监督管理职权，指导协调、监督检查国务院有关部门和各省、自治区、直辖市人民政府安全生产工作，监督考核并通报安全生产控制指标执行情况，监督事故查处和责任追究落实情况。

（3）承担工矿商贸行业安全生产监督管理责任，按照分级、属地原则，依法监督检查工矿商贸生产经营单位贯彻执行安全生产法律法规情况及其安全生产条件和有关设备（包括海洋石油开采特种设备和非煤矿山井下特种设备，其他特种设备除外）、材料、劳动防护用品使用的安全生产管理工作，负责监督管理中央管理的工矿商贸企业安全生产工作。

（4）承担中央管理的非煤矿山企业和危险化学品、烟花爆竹生产经营企业安全生产准入管理责任，依法组织并指导监督实施安全生产准入制度；负责危险化学品安全监督管理综合工作和烟花爆竹生产、经营的安全生产监督管理工作。

（5）负责起草职业卫生监管有关法规，制定用人单位职业卫生监管相关规章，组织拟订国家职业卫生标准中的相关标准。负责用人单位职业卫生监督检查工作，依法监督用人单位贯彻执行国家有关职业病防治法律法规和标准情况。组织查处职业病危害事故和违法违规行为。负责监督管理用人单位职业病危害项目申报工作。负责职业卫生检测、评价技术服务机构的监督管理工作。

（6）会同有关部门制定实施安全生产标准发展规划和年度计划。制定和发布工矿商贸行业安全生产规章、标准和规程并组织实施，监督检查安全生产标准化建设、重大危险源监控和重大事故隐患排查治理工作，依法查处不具备安全生产条件的工矿商贸生产经营单位。

（7）负责组织国务院安全生产大检查和专项督查，根据国务院授权，依法组织特别重大生产安全事故调查处理和办理结案工作，监督事故查处和责任追究落实情况。按照职责分工对工矿商贸行业事故发生单位落实防范和整改措施的情况进行监督检查。

（8）负责安全生产应急管理的综合监管，组织指挥和协调安全生产应急救援工作，会同有关部门加强生产安全事故应急能力建设，健全完善全国安全生产应急救援体系。

（9）负责综合监督管理煤矿安全监察工作，拟订煤炭行业管理中涉及安全生产的重大政策，按规定制定煤炭行业规范和标准，指导煤矿企业安全生产标准化、相关科技发展和煤矿整顿关闭工作，对重大煤炭建设项目提出意见，会同有关部门审核煤矿安全技术改造和瓦斯综合治理与利用项目。

（10）指导监督职责范围内建设项目安全设施和职业卫生"三同时"工作。

（11）组织指导并监督特种作业人员（煤矿特种作业人员、特种设备作业人员除外）的操作资格考核工作和非煤矿山、危险化学品、烟花爆竹、金属冶炼等生产经营单位主要负责人、安全生产管理人员的安全生产知识和管理能力考核工作，监督检查工矿商贸生产经营单位安全生产培训和用人单位职业卫生培训工作。

（12）指导协调全国安全评价、安全生产检测检验工作，监督管理安全评价、安全生产检测检验、安全标志等安全生产专业服务机构，监督和指导注册安全工程师执业资格考试和注册管理工作。

（13）指导协调和监督全国安全生产行政执法工作。

（14）组织拟订安全生产科技规划，指导协调安全生产重大科技研究推广和安全生产信息化工作。

（15）组织开展安全生产方面的国际交流与合作。

（16）承担国务院安全生产委员会的日常工作和国务院安全生产委员会办公室的主要职责。

（三十六）国家煤矿安监局。

（1）拟订煤矿安全生产政策，参与起草有关煤矿安全生产的法律法规草案，拟订相关规章、规程、安全标准，按规定拟订煤炭行业规范和标准，提出煤矿安全生产规划。

（2）承担国家煤矿安全监察责任，检查指导地方政府煤矿安全监督管理工作。对地方政府贯彻落实煤矿安全生产法律法规、标准，煤矿整顿关闭，煤矿安全监督检查执法，煤矿安全生产专项整治、事故隐患整改及复查，煤矿事故责任人的责任追究落实等情况进行监督检查，并向地方政府及其有关部门提出意见和建议。

（3）承担煤矿安全生产准入监督管理责任，依法组织实施煤矿安全生产准入制度，指导和管理煤矿安全有关资格证的考核颁发工作并监督检查，指导和监督相关安全培训工作。

（4）负责拟订煤矿职业卫生监管相关规章，组织起草煤矿职业卫生相关标准。负责煤矿职业卫生监督检查工作，依法监督煤矿贯彻执行国家有关职业病防治法律法规和标准情况。组织查处煤矿职业病危害事故和违法违规行为。负责煤炭采选业职业卫生技术服务机构资质专业能力审查，指导并监督检查煤矿职业卫生培训工作。负责指导监督煤矿职业病危害项目申报工作。

（5）负责对煤矿企业安全生产实施重点监察、专项监察和定期监察，依法监察煤矿企业贯彻执行安全生产法律法规情况及其安全生产条件、设备设施（包括煤矿井下特种设备）安全情况，依法查处违法违规行为。

（6）依法组织或参加煤矿生产安全事故调查处理，监督事故查处的落实情况，分析全国煤矿生产安全事故与职业病危害情况。

（7）负责煤炭重大建设项目安全核准工作，指导监督煤矿建设项目安全设施和职业卫生"三同时"工作，依法查处不具备安全生产条件的煤矿企业。

（8）负责组织指导和协调煤矿事故应急救援工作。

（9）指导煤矿安全生产和职业卫生科技研究及成果推广工作，组织对煤矿使用的设备、材料、仪器仪表的安全监察工作。

（10）指导煤炭企业安全基础管理工作，指导推进煤矿企业安全生产标准化和诚信体系建设，会同有关部门指导和监督煤矿生产能力核定和煤矿整顿关闭工作，对煤矿安全技术改造和瓦斯综合治理与利用项目提出审核意见。

（三十七）中国铁路总公司。

（1）遵守国家有关安全生产、职业安全卫生与劳动保护的法律法规，执行国家有关政策，加强安全生产管理，建立健全安全生产责任制和安全生产规章制度，提高安全生产水平，确保安全生产。

（2）负责国家铁路安全管理工作，负责铁路运输安全、设备质量安全、运营食品安全以及职工劳动安全管理，承担企业安全主体责任并督促所属企业落实安全主体责任。

（3）负责铁路运输统一调度指挥，承担国家铁路客货运输经营管理及国家规定的公益性运输、关系国计民生的重点运输和特运、专运、抢险救灾运输等任务的安全管理责任。

（4）负责国家铁路（含控股合资铁路）新线投产运营的安全评估，负责路网日常养护维修和更新改造，承担相关建设工程的质量安全管理责任，负责铁路运输装备的购置、调配、处置，承担设备运用维护管理责任。

（5）组织制定并实施铁路生产安全事故应急救援预案，参与有关事故调查处理，组织落实事故防范和整改措施。

中央宣传部、中央编办、共青团中央、全国妇联和总参谋部应急办、武警总部依照有关规定履行相关安全生产工作职责，为安全生产工作提供支持和保障。其他负有安全生产工作职责的国务院有关部门及其管理的国家局，按照国务院批准的部门"三定"规定和《安全生产法》及其他有关法律、行政法规、规范性文件赋予的职责，负责本行业领域或本部门、本系统的安全生产监督管理工作。